U0343004

幼儿之城

[日]日比野设计 著

超人气
日本幼儿园设计

清华大学出版社
北京

图书在版编目（CIP）数据

幼儿之城 : 超人气日本幼儿园设计 / 日比野设计著. —北京 : 清华大学出版社，2020.9
ISBN 978-7-302-54761-7

Ⅰ. ①幼… Ⅱ. ①日… Ⅲ. ①幼儿园－建筑设计－日本 Ⅳ. ①TU244.1

中国版本图书馆CIP数据核字（2020）第013233号

责任编辑：孙元元
装帧设计：谢晓翠
责任校对：王荣静
责任印制：杨　艳

出版发行：清华大学出版社
网　址：http://www.tup.com.cn,　http://www.wqbook.com
地　址：北京清华大学学研大厦A座　　邮　编：100084
社总机：010-62770175　　邮　购：010-62786544
投稿与读者服务：010-62776969, c-service@tup.tsinghua.edu.cn
质量反馈：010-62772015, zhiliang@tup.tsinghua.edu.cn
印装者：小森印刷（北京）有限公司
经　销：全国新华书店
开　本：185mm×250mm　　印　张：30.5　　字　数：672千字
版　次：2020年9月第1版　　印　次：2020年9月第1次印刷
定　价：299.00 元

产品编号：082320-01

使孩子运动神经良好发育的36种运动为：（1）操作系动作：持、拿，支撑，搬运，压，按，拔，举，握，递，越过，堆积，挖，晃动，投，打，踢，拉，推倒，捉住；（2）平衡系动作：站立，起身，转圈，组合，穿过，悬挂，倒立，乘坐，浮；（3）移动系动作：走，跑，跳跃，滑，跳起，攀，爬，钻，游泳。（中村和彦《让运动神经变得更好》，Makino出版）

作者简介　日比野设计

组建幼儿之城（Youji No Shiro）的日比野设计事务所，是1972年在神奈川县厚木市创立的，已经有40多年的历史了，根本方针是“诚意、热情、善意和创意”。当时社会正处于高度成长期，新增了很多公共建筑。一直以来，事务所秉承“建筑和社会关系密不可分”的理念，40多年来，通过设计学校、公民馆、园舍等，逐步确立了自己的“know-how”（秘诀），意识到要设计出和当地匹配的建筑。其中分化出一支专门进行幼儿设施设计的专业团队——幼儿之城。今后，我们也会继续认真思考环境、社会和园舍建筑的关系。

20世纪70年代

1972年，日比野满（名誉会长）创建了事务所。当时日本正处在经济的高度成长期。那时候，城市以外的设计事务所特别少。随着经济的发展，地方公共设施也逐渐增多。作为设计事务所的先驱，日比野设计在神奈川县里承担了诸如学校、公民馆等各种公共建筑的设计。

20世纪80年代

日本泡沫经济时期。建筑业也迎来了春天，日本涌现出很多私立大学建筑专业，建筑师和设计事务所一下子增多。日比野设计的职员也从几名增加到了十几名，工作范围从公共设施延伸到了个人住宅和别墅等。从这时起，得奖的设计也越来越多。

20世纪90年代

日本泡沫经济崩溃。为了适应当时飞速发展的社会需求变化，日比野设计决定将幼儿设施和老年福祉设施专门划分出来。1991年成立了专门针对儿童设施的设计部门——幼儿之城。那时出生率的低下在日本已是很严重的社会问题，幼儿教育设施中都是统一规格的教室。因此，事务所开始思考，认为缺乏变化的单调的建筑已经不适应社会的发展，空间的创造需要经过更多创意设计。秉持着这个想法，我们为孩子们设计了越来越多的空间。

21世纪

幼儿之城成立的近30年以来，已经在全日本范围内建造了超过500所幼稚园，这其中包括新建的幼稚园，以及对原有幼稚园的改建，内部的翻新。近年来，日比野设计更是将业务推进到了全世界，并成立了为园所提供高品质附属产品设计的品牌“KIDS DESIGN LABO”。

中文版序

日比野拓

我们的事务所已经进入第48个年头，而我作为儿童设施及其附属产品的设计专家，从事设计师及运营顾问这一职业也有17年经验了。迄今为止我们已承接此类项目超过500件，其中在中国的相关项目也超过了20件。我们的特色是以建筑设计为基础，延伸到室内装修设计，直至家具设计与制造、制服与VI设计等多个维度，从而有了更加突出的卖点。同时，我们基于“让孩子们更好地成长”的教育理念，一直与大学等调研机构合作，致力于更加精准高效的设计。可以说，一切为了孩子——正是这样强烈的信念推动我们能够保持长久的热情。尽管随着时代的前进，出现了各种各样的尖端技术，但是对人类来说，童年时期能学得过来的事也就是那么多。这在中国也好，日本也好，其他国家也好，道理都是一样的，父母都希望自己的孩子能平安健康地茁壮成长。我们今后将一如既往地、纯粹地为了孩子们和辛苦养育孩子的父母们继续提供各种各样的方案。另外，我们也希望这本书能促使更多的读者开始思考“对孩子们来说什么才是必要的事情”，从而看到孩子们更多的笑容。

2019年2月

（孙元元　译）

目录
CONTENTS

第1部分 园舍设计座谈会11讲

第2部分
园舍设计30例

第3部分 园舍设计的17个细节

第4部分
园舍设计实务

第5部分
幼儿之城新事例16个

注：本书内容文字及图片由日比野设计提供，中文版由阳光之下监制出品，由牟美璇女士、方翀博先生翻译，并得到涂先明女士、刘扬先生、李丁女士和吕峰先生的支持，特此致谢！

第 1 部分

园舍设计座谈会 11 讲

幼儿之城要建造大人孩子都满意的园舍，一直以来都非常重视园舍业主的意见。参与园所设计和建设的人除了建筑师、设计师之外，还有业主、幼稚园、保育园园长。使用者和设计者共同思考园舍的设计。这些保有童心的成年人，带着对设计、教育和保育的不同思考，认真地去探讨和解决每一个细节，处处以孩子的使用为中心进行设计——本着对儿童负责任的信念，才能将设计从始至终完美展现。

01

业主座谈会：拜访大人孩子都倾心的园舍

园舍＊建造时业主一方会面临哪些烦恼，又是如何解决的呢？

小朋友的入口。像隧道一样连接庭园和中庭。夏天从天花板喷出喷雾预防中暑。

＊译者注：园舍是指幼稚园里的建筑，即和软件对应的硬件。

外国人眼中日本园舍
强大的建筑和教育

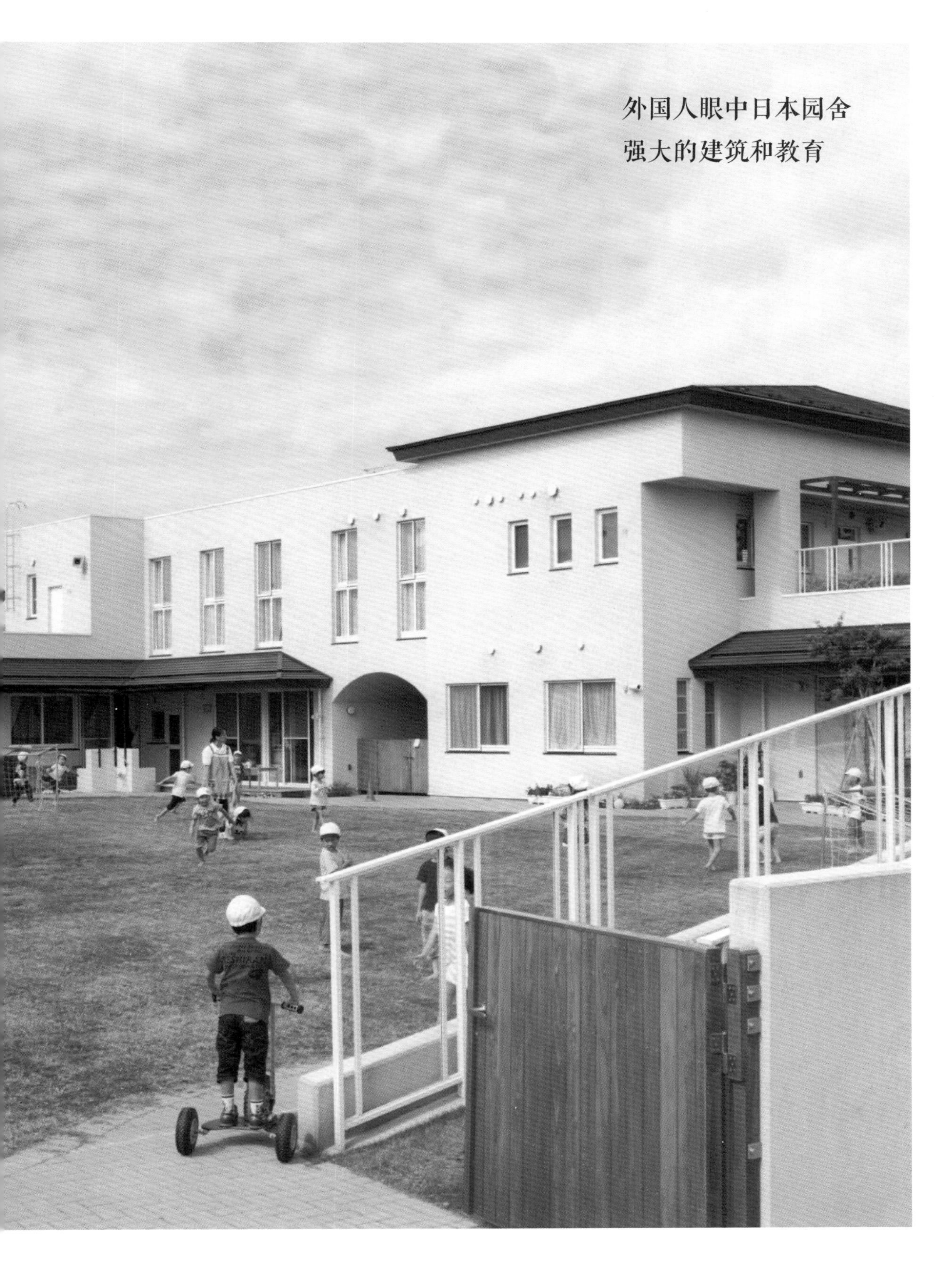

一位男士在东京都西多摩的 SG 保育园（P130）里边走边看，时不时与往来的孩子们打着招呼。“您是谁的爸爸？”一个孩子问道。“我也是保育园的老师！”他回答。“哦——”孩子满意地点了点头走开了。这位男士，是社会福祉法人 Sense of Wonder 的山崎英明老师。他所在的栎木县宇都宫市的 THK 保育园正在幼儿之城的设计、监理下施工。他此行的目的，是为了拜访同样委托这家设计事务所的“前辈”——宫林佳子老师，谈一谈园舍建造的体验。

重视健康饮食教育（后简称“食育”）。门帘可以全部打开，连接中庭，很舒适的餐厅位于建筑的中央。

面向庭园的建筑外部铺了砖。砖路弯弯曲曲犹如乡间小路，引导孩子们自由活动。

“佳子老师的想法促成了屋顶庭园的修建。”
——佐佐木真理

爬上小斜坡就到了屋顶庭园，有一棵象征树。斜坡起起伏伏，是一处富有变化的游乐场地。

人物介绍

宫林佳子

SG 保育园副园长。从父辈开始已经有 40 年的保育园经营经验，20 年前接手，2007 年担任副园长。干劲十足。保育园详情请见 130 页。

佐佐木真理

日比野设计幼儿之城的项目经理。曾设计 SG 保育园。

山崎英明

宇都宫市两所幼稚园的副园长。当时正在和幼儿之城合作设计建造 THK 保育园，2013 年 4 月开园。

（1）能向孩子们阐述理念的园舍

宫林　山崎先生，您那边什么时候开园？

山崎　2013 年 4 月，目前现场正在紧锣密鼓的建设中。其前身是“学校法人山崎学院釜井台”，经过多年经营，2009 年“御幸原保育园”并入学校法人。2010 年，“社会福祉法人 Sense of Wonder”成立并交接了运营业务。我们计划分成两个园，现在委托日比野设计所做的就是其中之一的 THK 保育园的搬迁和改建。

宫林　要拆分成两个园吗？

山崎　是的。园舍老化问题是一方面；另一方面，为了得到“安心儿童基金”针对改建工程的补助，需要增加定员人数。在公立时期对于定员人数并没有明确规定，从面积上说是可以容纳 100 人左右规模的幼稚园，现在已经大约有 140 人了。在此基础上再增加的话，这里的环境就不适合孩子们成长了，所以选择了分园。

佐佐木　正如法人名称一样，山崎先生希望以雷切尔・卡森的名著《万物皆奇迹》（*The Sense of Wonder*）作为园舍的理念。项目组的设计师们在设计阶段不仅读了这本书，还就“设

观察餐厅通风处的山崎先生：
“感觉视线一点也不受阻。”

从中庭可以看到餐厅、保育室、屋顶庭园。不管身在何处都不会孤单，热热闹闹。

计如何启发孩子们的感性”做了很多考虑。

宫林 山崎老师跟孩子们说过这些想法吗？

山崎 还真没说过（笑）。比如，“为什么橡子会从绿色变成茶色？”“为什么天冷了树会落叶？”……重要的是启发孩子们在接触周围的人、自然、事物等环境的过程中，思考为什么、怎么回事，感受惊奇、有趣。是这样吧？

宫林 把这些想法跟孩子们沟通，他们会很高兴吧。我们园里也有孩子会问：“我们的保育园为什么叫这个名字呢？”改建的时候，我有一个强烈的意愿，就是要能很好地回答这个问题。

佐佐木 设计之初，佳子老师写下了象征树的故事交给我们，她说这就是孩子们成长的环境。我们由此做了方案。以前，我们没有尝试过故事性的设计风格，但是一旦开始工作，就预感这样的设计将会兼具现代感。

宫林 让人惊讶的是，佐佐木小姐给我的初期方案与我手绘的草图非常接近。比如斜坡的布置，屋顶庭园的象征树。

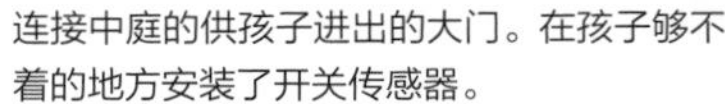

连接中庭的供孩子进出的大门。在孩子够不着的地方安装了开关传感器。

山崎　那真是想到一块儿了。

宫林　的确很不容易啊，我要求得太多（笑）。

佐佐木　哪里哪里（笑）。佳子老师和员工们反复讨论，明确地告诉我们业主方想怎么做，我们就去实现这些想法。虽然也碰到了一些技术和预算上的课题，但都并非难事。

宫林　决策上的确没有举棋不定。我们园是改建，目前的园舍有哪些不足，该怎么做，哪些不能做，通过参观其他园舍找到了答案。具体到窗户的高度，门怎么开，过道的宽度，我们都用尺子实际测量，用纸盒模拟空间去验证。这样建成的园舍，某种意义上也给员工们带来了自信。他们会想：“我们竟然付出了这么多。”

山崎　的确，参观后给我的感觉是，空间设计是经过深思熟虑的。比如说，走廊的尽头装了窗户，面对面的门上用了玻璃窗，能一眼看到头，视线不受阻。日常用品的收纳，也让人感觉是事先考虑好了哪些东西该怎么放，之后才设计出这样的空间。职员们一起出谋划策，并将这些想法反映到设计中，这是最理想的做法。

宫林　当然，即便做了这么多，一旦开始使用还是会出现这样那样的问题。这些都是可以通过沟通进一步改善的。大家一起思考、讨论，我的作用就是把大家商量的结果传达出去，同时纠正讨论过程中的方向性错误。

山崎　真需要向您学习啊……我在幼稚园工作多年，对新园舍也有自己的想法。我担任园长的幼稚园刚刚民营化不久，今后还需要不断的积累。对职员们来讲，光是手头的保育工作就已经很忙了，再要求他们统一保育理念和对空间设计的想法就更有难度。也许我的说法有失妥当，就我自身而言，园舍做成个箱子状就可以了。要说新校园，那就是大家一起画画的地方。园舍是按我的想法来设计的。

从餐厅可以看到保育室、隧道前方的庭园，以及二楼的空间。门帘可以全部打开，晴天的时候就像一个开放的咖啡馆。

佐佐木　我们也认为园舍建成并非结束。重要的是怎样最大限度地利用它。我们也为园舍留有今后改造的空间。

宫林　说到需求和设计的融合，现在的午餐厅就是个很好的例子。以前，来参观园舍的人很多是希望有午餐厅的。但是那时我们园也处在过渡期，所以未能如愿。其实我们从旧园舍那会儿就计划过建午餐厅，经过十多年的努力才做成现在新园舍的模样。

山崎　我们那里的新园舍也要建餐厅，但是苦于不知道如何管理。是采用半自助式，还是让值班的孩子们配餐，职员们如何参与，很难选择。

宫林　这个嘛，一定程度上确定方向性之后，只能时刻关注实际情况来做调整了。我们这里采用半自助，大人负责配餐，孩子们自己提要求。我们降低了配餐台一侧的地板高度，使大人、孩子的视线高度一致。这个设计也是建立在旧园舍的实践基础上，那时候我们在孩子那侧放了一排台阶来增加高度。

（2）相比过度保护，应重视对方法的理解，创造自我学习型园舍

佐佐木　跟山崎老师和佳子老师打交道，从设计方的立场来说最让我欣慰的是，你们都没有过度保护的倾向。不是说这儿危险那儿危险，而是时刻守护着孩子们，重视他们的自我体验。这种态度让设计方有更大的构思空间。

山崎　要消灭所有的死角和起伏，本来就是做不到的，这些地方反而能给孩子提供体验的机会。在孩子成长的道路上，我们不可能一辈子为他们捡起绊脚石。要理解这一点有时候有难度，需要我们不轻言放弃地耐心地说服对方。

宫林　安全考量是理所当然的，但是孩子们总是能发明让大人们看来很危险的游戏（笑）。

SG 保育园为了实现理想中的餐厅，在旧园舍时就不断尝试、纠正错误，不断改变和更新运营方法和餐厅使用对象。

我们园本来想做乡间小路似的格局，拐个弯就能看到不同的世界，但是这样一来，孩子们跑起来就容易碰撞。在连接屋顶庭园的斜坡上，孩子们也有可能会爬到扶手的外侧去。本来我们也可以在那里放一些盆栽，让孩子们爬不上去，但是我们没有这样做。如果摔疼了下次就不会再爬了，让孩子们自己领悟如何规避危险最重要。

佐佐木　但是，这些方面被监护人投诉的例子很多，你们怎么说服他们呢？

宫林　这是每家幼稚园都会遇到的问题。如果在入园之前就理解我们的保育方针，这种问题就能很好解决，但是目前保育所的情况并非如此。这要求我们不厌其烦地告诉孩子们为什么不能爬栏杆，有时候也要严厉批评。只有这样，孩子们才会喜欢上老师，喜欢上保育园。这种做法使监护人也不会冒失地投诉。因为，孩子们的感受是愉快的。作为教育者，在面对孩子的时候，监护人是不可分离的存在。这也许过于理想化，但是我们希望能与他们坦诚相对。

（3）幼稚园、保育园在社区应当承担的责任

山崎　如此说来，我认为这不仅关系到孩子和监护人，园舍也要融合到社区中去。我们新园舍周边是住宅区。临近的居民会在意园舍搬迁后，日照、通风和声响的变化。而且，现在的“御幸原保育园”跟某些地方一样，久居在这里的人不多，社区关系薄弱。因此，如果能以保育园为中心加强与社区的联系，又何乐而不为呢？比如，招呼老爷爷老奶奶、准妈妈和新妈妈到园里来，

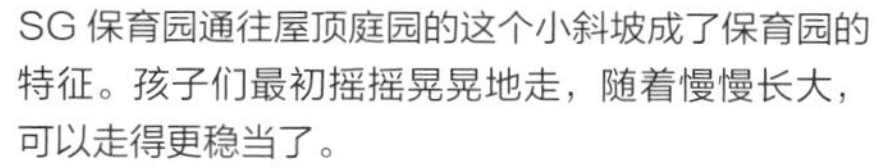
SG保育园通往屋顶庭园的这个小斜坡成了保育园的特征。孩子们最初摇摇晃晃地走，随着慢慢长大，可以走得更稳当了。

这所园舍一直将餐厅的使用方法放在心上，并且不断改进。为了让孩子看到做饭过程，厨房安装了窗户。

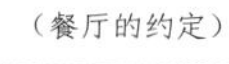
（餐厅的约定）

让园舍成为他们轻松到访的去处，通过承担社会责任来加深居民对保育园的理解。

宫林　这个想法太了不起了！

山崎　不仅仅是让他们理解，同时我们要借助社区的力量，让孩子们在多样的价值观中得到成长。同时也让社区居民通过跟孩子们的接触变得健康向上，重新发现生活的意义。这是一种相互支撑的关系。如此一来，园舍本身的存在价值也会发生变化。

宫林　不管是改建还是新建，建造园舍是件大事。这关系到方方面面，能成为社区的基点就更好了。改建时我们成立了项目组，负责人向监护人通报情况，并向佐佐木女士传达全体职员的想法。我们说，现场开始施工以后，现场监督也要做同样的事情。新旧园舍临近，在充分保证安全的前提下，我们带孩子们来参观了现场。孩子们明白了“那位姐姐画图，那位哥哥干活”，他们热情高涨，使得现场监督也融入这个团队中来。孩子们和现场监督的对话很有趣，“他说了今天工作的车子几点过来，所以我一定要去看”，孩子们说（笑）。

山崎　很遗憾我们园离现场比较远。目前建筑主体还没有完成，职员们的团队协作也是今后要开展的工作，很多事情让人不放心。但是我预感，这项工作以后肯定会很有意思。

宫林　山崎老师那里跟我们这边不同，在于改造和新建。区别在于多大程度上能够将大家的想法反映到空间设计中去。园舍建成后，大家同心协力培育这个空间。真让人期待！

山崎　开园之后请你们一定过来看一看。

02 SG 保育园：只为建造让孩子和职员都舒适的园舍

SG 保育园的改建是在 2011 年完成的。之后 3 年，就在那边团队逐渐稳定的时候，SG 学园（P96）落成了。这个地区新增了很多住户，“待机儿童”（在日本，把需要进入保育所，但由于设施或人手不足等原因只能在家排队等待保育所空位的 0～6 岁的幼儿称为待机儿童）问题一直存在。身为董事长的父亲一直以来就有新修园舍的想法，但是作为我本人，说实话，不太明白为什么一定要在现在这个节骨眼儿上新修园舍。这边园舍修好以后，就不得不抽调有经验的老师过来，这对工作中的老师和孩子来说都是一种负担。因此我才考虑，是不是让新园舍和现有的园舍维系一种“表兄妹”的关系会比较好呢？比起任何时候都在一起的关系亲密的亲兄妹，这种“表兄妹”关系多了一份独立性。我想要让两个园之间既有相似之处，又各有特色，比如有的游乐设施 SG 保育园没有，只有 SG 学园才有。

因为 SG 保育园就是幼儿之城设计的，所以这次我们毫不犹豫选择了幼儿之城。负责设计的佐佐木女士，已经和我们有了合作经验，所以我们聊得来，沟通很容易。因为 SG 学园是小型的保育园，我们执意要木造平房。完工后，只有事务室有

SG 保育园的副园长（右）宫林佳子
和担任两个园舍设计工作的幼儿之城项目负责人——佐佐木真理（左）。

一个二层空间，孩子们玩耍的区域其实是大平层。整个建筑不论从哪里都能进去，空间可以随意隔断，这是我们从上次建园开始就提出的要求。此外，这次从一开始，我们就要求在入口旁设计一个不用换鞋的咖啡角。家长可以在这里聊天，如果周边地区的老人们也能来这里坐坐，那该多好啊。我是在这里长大的，所以我体会到，跟当地老人交流，对孩子来说是非常有益的一件事。

园舍是孩子生活的地方，这自不必说，但我越来越意识到，园舍同时也是成年人的地方。都说保育员离职率高，但如果能让保育员意识到“这里是我们努力工作的职场”，就会在经历了结婚、怀孕、生子之后，仍然有继续在此工作的意愿。从这点来看，我们两个园之间徒步就能走到，所以职员可以将孩子寄放在对方的园里。因为互相了解，所以可以安心寄放，并且更能集中精力工作。我认为这是我们园的一个优势。如果说做了屋顶绿化的 SG 保育园像一个田园，那这个地方原本就是果树园，如今又种了更多树木的 SG 学园就像森林了。果然两个园舍成了表兄妹一样的朋友。

决定园舍重建的年轻园长们的对话

人物介绍

伊藤大介

2008年，入职学校法人D1幼稚园。2014年开始，任D2幼稚园园长。

舆水基

1980年出生。2005年起任AM幼稚园副园长，2008年起任该保育园园长。2015年起任AM幼稚园园长。

铃木涉太

1976年出生于神奈川县。2008年入职日比野设计。现在是幼儿之城项目负责人，同时任公司董事。

——首先请两位介绍一下各自的情况。

伊藤　就我来说，自从1956年祖父建园以来，经历了祖母、父亲、本人三代人。现在运营着3家幼稚园和1家保育园，父亲作为法人担任理事长一职。我担任其中一个园的园长。D1幼稚园在1973年由第二代园长主持改造工程，改建成两层钢筋混凝土结构。这次算是时隔40余年的新建工程。

舆水　我们的园舍原本是教会修建的，所以来园的牧师兼任园长是惯例。第三位牧师就是我的父亲。我是2015年春天开始担任第四任园长，既要兼顾教会又要经营园舍。我觉得有点力不从心，所以我选择一心一意经营园舍。

——在这个时候进行园的重建，是出于怎样的考虑呢？

伊藤　园舍老化是一方面；另一方面，我们发现旧的园舍没办法实现我们新的教育方针。同时，这也是面向社会的一种挑战，我们希望包括D1幼稚园在内的所有孩子的生活环境都可以变得更好。

舆水　说实话，我们能够获得“安心儿童基金”是改建的重要原因。因为之前连运营幼稚园都十分艰难，差点儿坚持不下去，那时候我就想为什么还要去改建呢，就用旧的不就行了？

铃木　二位的努力方向虽然不同，但是对园舍的想法却相当明确，这是最让人欣慰的。

——和幼儿之城 的定期会议感觉如何？

舆水　我和我作为理事长的父亲，追求和信念有所不同，所以每次开会都会讨论到很晚。经常是一边吃晚饭一边开会。（笑）

伊藤　会遇到各种难题，在畅谈梦想和交换意见的时候，不知不觉时间就过去了。我们和幼儿之城应该是互相尊敬和信赖的伙伴关系吧。大家都很专业，为了一个共同的目标而努力。

——说起来二位都是“继承家业”，肩负过去的重担，又要建造新的园舍，有没有感觉很困难？

舆水　新园舍建成以后，我便取代父亲成为园长，父亲担任理事长。一直以来我都是幼稚园的领导——我并不认为担任园长是件困难的事，但是真的交接工作开始时，才发现担任园长并非易事。要怎样从父亲那里接手工作，自己又该站在什么立场？不可否认，我至今还很困惑。

伊藤　我担任园长的那个幼稚园，前任园长是我的祖母，她任职了 58 年。从祖母手中接管园舍，不管是周围相关的人还是我自己，都会有所不安。但是对祖父、祖母、父亲和我来说，也有好的一面——我难道不能可以按照我的理念对园舍做出一些贡献吗？之前的园长成为我最好的请教对象。我真的觉得非常幸运。希望今后我们可以发现并发挥每一位老师的长处，互助成长。

舆水　我从不认为幼儿设施是家族企业，但是父亲的理想从来没有改变过，所以我想我也应该基于这种理想来经营园舍。因此，在新园建成之后，我要将理想转化为实践。

——对园舍有什么展望呢？

铃木　我们平时认为，建筑作为园舍的硬件，必须与园舍的软件，也就是理念相统一。

——二位经营的园舍特色体现得非常明显。因为经营者理念不同，所以两个园舍各有特点也是理所当然。如果没有理念的话，园舍无非就是一定数量的教室罗列起来的建筑罢了。

舆水　在和铃木先生聊天的过程中，很多地方我深有体会。我们园舍中楼梯处设有滑梯，0～2 岁孩子的保育室建在了楼上，还有很多死角……看起来也许很不方便。但是，作为成年人，对危险的地方多加小心，不中意的地方稍加忍耐，或者干脆利用这些不便，就能设计成让孩子们开心玩耍的场所。我们对此深有体会。

伊藤　我希望我们的园舍能成为人们首选的园舍。现在看起来是开放式的园舍（不断改进变化），但我们并没有拘泥于形式，封闭的（一次性建设成型）也不是不行。我们希望园舍能成为大家的梦想和创造力启航的地方。建筑竣工并不能为园舍画上句号，因为园舍是生活在这里的人们进行思考和创作的地方。如果建筑能紧跟教育实践的步伐那就太好了。因此，对于 5 年后、10 年后的园舍会如何变化，我非常期待。

舆水　对此我也有同感。成为园长开始经营园舍后，发现的问题和想做的事情越来越多。将园舍运营得好，让其成为家长和地区居民交流的场所，就是其中一个努力方向。纵然要花费很多精力，也是值得期待的。

DS保育园：让大家与太阳和大自然成为朋友的园舍建成啦

使用了25年的DS保育园（P80）旧园舍开始老化，加上孩子数量不断增加，因此在离旧园舍不远的地方建了这所新园舍。

我们原本就对木造园舍感兴趣，参加幼儿之城和SH构造公司共同举办的木造园舍研讨会后深受启发，另外，关于设计费方面也听取了详细说明，最终决定将新园舍的设计工作委托给幼儿之城。

设计过程是这样：我将园舍理念跟设计师进行了大概说明，沟通几次后确定了基本方针。细节方面，我和保育主任、营养师组成小组进行商谈。所以大家都强烈意识到这是所有人齐心协力建造的园舍。在小组内部，没有职位高低之分，大家畅所欲言，不过这反而让设计师很头疼吧（笑）。

这个地区被海洋环绕，地形独特，风力强劲。幼儿之城提议将建筑划分为四个区域，用走廊连接，每块区域设计成风车叶片的形状。就像被风吹着咕噜咕噜转动的风车，作为“风之子”的孩子们和风融为一体，在建筑里四处奔跑。

旧园舍是一个二层建筑，新园舍则是宽阔的木造平房。当然一是因为我们希望感受到木材的温润，更重要的是，二层的建筑

“孩子们自然流露出的笑容是那么纯真美好”，中山照仁董事长、园长说道。

对保育员来说也是一种体力负担。虽然不是什么严重的问题，但是长期腰痛的保育员还是挺多的。作为员工，也希望园舍是一个工作起来很方便的地方。

我们园舍的理念是“让大家与太阳和大自然成为朋友”。首先，园舍的采光非常好，阳光从天花板照射进来，孩子们一整天都可以感受到自然光。一开始，因为光线实在太好了——“咦？是开了灯吗？”总给人这样的错觉（笑）。然后是种满了绿色植物的中庭，也能让孩子和大自然亲密接触。柱子和木梁特意显露在外，让人觉得随时身处大自然中。这种亲近太阳和大自然的设计，可以培养孩子对世间万物的感性，朋友之间也能够友好相处，共同游玩。看着如同“风之子”一样，朝气蓬勃来回奔跑的孩子们，真是无比开心。

自从新园舍建成后，家长们反映“孩子对周一又要去幼稚园这件事不再反感，而是变得很期待”。不论保育方法有多好，孩子们都会有“不想去幼稚园”的情绪。所以我们深切地感受到，园舍的改变给保育工作带来了巨大帮助。

SM 保育园：向当地开放，不论大人和孩子都觉得亲切的大家庭

1992 年成立法人以来，我们在调布市、稻城市一共运营着 4 所园舍。2013 年，我们曾委托幼儿之城设计过 SK 保育园，这次设计 SM 保育园，是第二次委托幼儿之城。上石原是我们对木造园舍的初步尝试，真切感受到木质的优点后，我们打算把南山这边的园舍也建造成木造园舍。

我们的法人运营的园舍，定员大约 150 人，所以我们希望孩子们在园舍里能有种“大家庭”的感觉。并且该园舍建在一个新型住宅区里，将来这一片会有公园等配套设施。在最初选择用地时，我们就排除了车站附近这种孩子无法出去活动的地方，考虑了周边的环境因素。

因为这是和幼儿之城的第二次合作，所以我们只是在几个方面提出了要求，比如，木造结构，餐厅和庭园向附近居民开放，为避免园内噪音影响到周边，希望设计出一个中庭等。其他事项就完全拜托给幼儿之城。出来的效果让我们非常满意。木质纹理随处可见，从道路一侧，透过餐厅直视中庭。庭园里有花草树木，还有一处小小的积水。更不可思议的是，在不知不觉中，竟然汇集了各种各样的小生物。蝴蝶飞舞，青蛙栖息。应景的木制游乐

“职员工作舒心，离职率低”是作为法人不断追求的目标。中间是城所真人董事长、园长。

设施，都是幼儿之城特意为该园设计的。园内有一个陡坡，开园的时候，有人质疑说“这个地方很危险”，我一开始也很担心。现场也对一些看起来过于危险的细节做了修改，迄今为止没有发生大问题。孩子们多少是清楚自己能力的，他们会羡慕爬上去的孩子，然后自己使劲锻炼脚力。保育员们也明白这个设计的初衷，积极地配合，这让我十分欣慰。

很多人会觉得奇怪——为什么园舍不是五颜六色的。外墙是灰色，室内以白色和原木色为主。这是幼儿之城建议的。灰色看起来就像稻城地表沙砾的颜色。其他配色也来源于大自然。我本身就是稻城人，对家乡住宅周围的山峦有深厚的感情。这种保留了大自然本色的色系，让我觉得安心舒适，十分满意。

我们正在尝试将园舍面向当地居民开放。除了已经在餐厅中举行过研讨会活动外，通过事前预约可以在园舍内进行用餐的项目也在积极的推动中。我们希望这所园舍能够渐渐融入这片新建的住宅区里。

园舍空间与孩子运动量的关系

园舍里有很多运动设施，新园舍建成后，孩子们的运动量增大了。我们和石川工业高等专门学校的西本雅人讲师一起，就“关于孩子们的身体与园舍”进行了讨论。

运动，饮食
——如何建造让孩子们健康成长的园舍

网状游乐设施，将二楼和屋顶连接了起来。在这里可以进行跳落等一系列大胆的运动。

通往屋顶的紧急用楼梯空间里安装了攀爬墙与网状游乐设施，供孩子玩耍。

哒哒哒哒——

连接房间的走廊很宽敞，楼梯旁设计了一处像滑梯一样的倾斜面，用网状游乐设施将二楼和屋顶连在一起……园舍里的设置都很用心。孩子们能自然而然地运动起来。

因为在园里运动量大，所以孩子们常常会肚子饿。新园舍建成后，很多孩子食量都变大了。视野开阔的开放性餐厅和老师们的笑容，也能够促进孩子们的食欲。

——请西本先生谈一下目前正在进行的研究。

西本 我的专业是建筑规划学，尤其是在保育园、幼稚园、小学等孩子们使用的场所中，对孩子们如何运动进行验证，以及研究软件的使用方法。我听说在 OB 幼稚园，自从新园舍建成后孩子们变得更加活跃。不过这也只是感觉，而我正在验证孩子们的运动情况。最一开始调查是在 2015 年 5 月。我在幼稚园拿着摄像机，详细记录孩子们在什么地方具体做了什么样的运动。然后我再将这些运动归类到从事儿童身心发育发展科学研究的中村和彦教授所提倡的“培养儿童运动神经的运动”中。运动有很多种类，但大体上可以分为 3 种，锻炼身体平衡感觉的运动；锻炼脚力和肌肉力量的运动；锻炼操作物体的运动肌肉的运动。对 OB 幼稚园的计测结果明确表明，这 3 种分类的运动，几乎都可以在园内实现。

森下 原来如此。我认为平衡系的运动尤为重要。因为孩子们会经常摔倒、推搡，那时候能不能下意识用手支撑，直接影响到受伤情况，严重受伤还是轻微受伤，这是截然不同的。

日比野 关于“培养儿童运动神经的运动”，以前的观点是，孩子在玩耍过程中自然就会了，但是现在时代不同了，孩子很难在平时的玩耍中掌握这些本领。正因为如此，我认为更应该在幼稚园里提供给孩子们这样的机会。

人物介绍

西本雅人

1980 年出生于石川县。三重大学大学院毕后，2008—2013 年在幼儿之城就职。现在是石川工业高等专门学校建筑学科讲师。

森下晃英

1958 年出生于长崎县云仙市小滨町。2014 年开始任 OB 幼稚园 / 保育园园长。日莲宗一妙寺住持。云仙市立小滨初中吹奏乐部指挥者兼指导者。

日比野拓（右侧里面）

1972 年出生于神奈川县。幼儿设施专门团队幼儿之城的总负责人。2016 年开始任日比野设计董事长。

门间直树（左侧里面）

1975 年出生于神奈川县。1999 年进入日比野设计。项目负责人，同社董事。

森下　是的。孩子嘛，不好玩的事就很难坚持。你跟他说这个运动很好，这样做很好玩，等等，他们也不会听。只有孩子自己亲自做了，才会知道是否有趣，就算我们什么都不说，他们只要觉得有趣就会坚持做下去，而且还会深入发展。

——这个幼稚园真的有很多游玩的场所。这是出于怎么样的想法创作的呢？

门间　我们最初提出的方案就被森下园长和职员们认可，在他们的积极推动下才有了现在的园舍。比如说利用攀爬墙从二楼爬上屋顶，再通过网状游乐设施下到二楼，整个场所都可以来来回回不停地玩耍。而从屋顶上跳落下来这样的想法，仅仅靠设计师是不够的。

森下　我对设计师就一点要求，就是“总之要设计得有趣”（笑）。

日比野　这里由于地势不平，高低落差是非常多的。到达 1 岁或 2 岁孩子的楼层也需要上几个台阶。但是幼稚园在使用上却做得非常好，作为研究对象再合适不过了。

森下　实际上，刚听说因为占地地形受限，要将 1 岁孩子的楼层安排在楼上的时候，我也持怀疑态度。但是，真正使用的时候，不到 1 岁的婴儿在一楼宽阔的、有地暖的地面上爬来爬去，然后慢慢可以行走，接着就能自然地上楼梯，就这样学会了上上下下。也就是说，孩子们在日常生活中，逐渐学会了这种运动能力。孩子的成长速度，真令人吃惊。

西本　正因为我们有灵活的态度，改变教育理念等软件，从而适应作为硬件的园舍，才使得空间充满生机。

森下　这座建筑里，除了进行攀上滑下的这些“动”的场所外，像在黑板墙上绘画，钻进楼梯下方的洞穴里躲起来，利用儿童画室，等等，这类“静”的场所也很多。这种搭配难道不是很好吗？吵吵嚷嚷地开心地玩，累了以后稍微休息一下，然后再吵吵嚷嚷地去玩。这种根据自己的体力和心情来自由选择玩耍方式的设计真的不错。

西本　在这个园舍，下午是根据年龄来分组活动的。这时，宽广的视野显示出了好处。比如说 3 岁的孩子在绘本区，可以看见 4 岁的孩子在游戏室玩积木。4 岁的孩子可以看见 5 岁的孩子在攀爬网状游乐设施。如此这般，小孩子憧憬长大，大孩子关爱小孩子，这对孩子的身心发育很有好处。

日比野　确实，看到了就会去学，因为被看见所以要更加努力地学。现在的孩子，兄弟姐妹数量正在减少，园舍就应该弥补这个遗憾。

森下　“憧憬”是很棒的成长契机。虽然有可能会因为勉强去做而受伤，但即便如此，这对孩子来说也是很重要的。

西本　话虽如此，但有时候一点小伤也会引发大的社会问题。关于这点，森下园长，你怎么看呢？

森下　说实话，从管理者的角度来说，孩子们能不受伤当然最好。但是，为了不受伤，应急时的突然停下，或者避开，这样的动作，不进行运动的话是不能掌握的。而且，受小伤有助于防止今后受大伤。不管怎么说，我还是会跟老师们说，让孩子尽情去玩吧。

门间　正是因为园长有这样的想法，我们设计的游玩设施才能被有效地利用。不管建筑上做了多么有趣的设计，如果不能有效利用的话是没有任何意义的。

森下　这个园内有好多设置，起初老师们是有些不习惯的。但是，现在已经非常充分地理解并且使用了。

日比野　实际上，对孩子们过度保护，任何场所都避免让他们受伤，这一点全世界都一样。“不让他们受伤”，已经变得世界性了。正因如此，在我们设计建设的园内进行研究，不仅仅是要传递信息，还要用数据来证明，好的园舍是可以提高孩子体力的。这一点非常重要。

西本　使用这座建筑快要一年了，今后，我打算在对 OB 幼稚园进行再次调查的基础上，将新旧校区孩子们的运动量做一个比较，调查一下饭量的变化。

森下　饭量确实增加了。经常运动肚子就会饿，还有家长反映孩子们在家睡眠更好了。正是因为幼稚园有趣，孩子们才会无忧无虑、元气满满地生活。

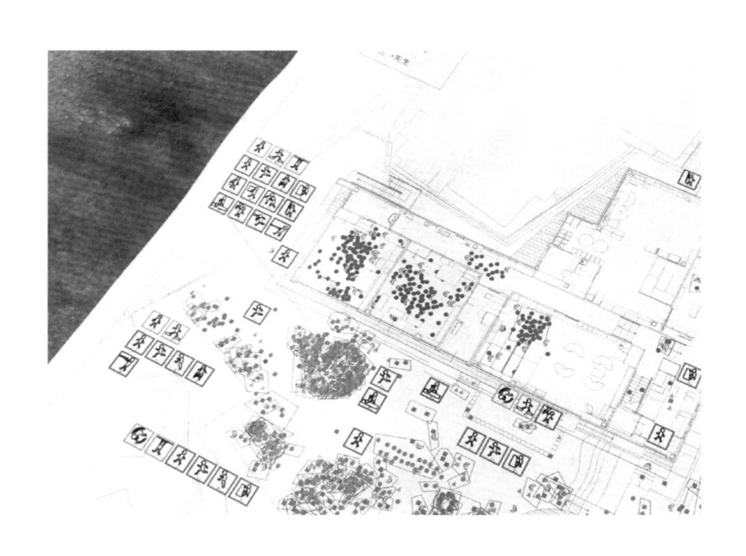

园舍的改建 应该寻找怎样的时机呢

中野正规（理事长）

中野嘉子（园长）

中野裕正（事务长）

AN 幼稚园

人物介绍

理事长（父）
中野正规

1937 年出生。1989 年就任学校法人爱泉学园理事长。兼任社会福祉法人爱泉会理事长。

园长（母）
中野嘉子

1943 年出生。1975 年与前任名誉园长的中野保规一同设立了 AN 幼稚园。1997 年起任该园园长。

事务长（儿子）
中野裕正

1969 年出生。大学毕业后，于神奈川县厚木市政府任职。2011 年离职后，就任 AN 幼稚园事务长。

——为什么要重建呢？

嘉子园长　说实话，就是因为房子老化得太严重。虽然也不断地整修，但终究是40多年前建起来的房子，有很多使用不便的地方。也听说了当年的旧园舍就是日比野设计（幼儿之城）设计的，我们非常热爱旧园舍，所以这次依旧想拜托日比野设计。

冈崎　创作旧园舍是在20世纪70年代，正是我们事务所成立不久之际。主要是由现在担任顾问的日比野满进行的设计，我也负责了结构设计。

正规理事长　建筑需要什么理念等，当时我们几乎没有这个概念，全权委托给你们进行设计建造。实际完成后的建筑真的非常棒。比如说旧园舍中宽阔的走廊就像是大厅一样。从两侧教室出来的孩子们能自然地打成一片。另外比如厕所，这类比较容易脏的地方原本以为会隐蔽

A
冈崎茂夫
1940年出生于和歌山县。1972年与日比野满（现任顾问）一同创立了日比野设计。

B
青木贵宏
幼儿之城项目成员。1986年出生于枥木县。芝浦工业大学大学院毕业。2011年进入日比野设计。

C
舆水响子
幼儿之城项目负责人。1980年出生于神奈川县。昭和女子大学毕业后，2003年进入日比野设计。

在一个角落，但实际则设计在面向走廊的开放的位置。加上配色后甚至成为亮点。我们一开始也很惊讶这种设计，但是使用后发现真的很有趣。我们非常喜欢这个园舍，如果说要拆掉，还真的舍不得。

青木 在旧园舍里，刚才提到的那个中央宽阔的走廊被很好地利用了。所以在新园舍的设计中，我们也考虑继承这个理念。我们要设计的不仅仅是一条通道，还是一处孩子们彼此接触和交流的场所。不过新园舍是二层结构，如何与二楼相连，我们比较苦恼。

裕正事务长 希望保留这个孩子们能自然地进行交流的地方，父母在这一点上确实很执着啊（笑）。

青木 所以，我们设置了很多挑高空间，采光和通风性都很好，虽说是建筑的中央走廊，却也有种室外的感觉。

舆水 楼梯的下方和周边空间也利用起来，可以供孩子们玩耍。到处都是游乐场，有种在野外玩耍的乐趣。

嘉子园长 然后就是安全方面，我们实在是很执拗地提出了要求（笑）。

裕正事务长 说起来，我并不赞同园舍里的无障碍设计，为此和父母也起了争执（笑）。我认为，不去过度保护孩子，让孩子们自己去注意到危险，多听听老师的提醒，这样更好一点。

青木 关于这一点，在施工的时候，我们也是一点点进行确认后再推进。我认为这方面大家做了很积极的探讨。

——改建过程中遇到什么特有的困难了吗？

嘉子园长 40 年来，孩子的数量从未减少，有些家庭甚至两代人都在这里就读，让我觉得十分欣慰。所以会有人疑惑，问“为什么要改建啊”。

裕正事务长 直到几年前我都是在做行政工作，做（改建）这样的事，需要得到多少当地人们的理解支持，可以说我是比较了解的。无论是重建也好，园的运营也好，与当地居民不做沟通的话，是什么事也做不成的。

正规理事长 施工前，我们拜访周围的居民，路上碰到也会打招呼。虽然不少人“期待新建筑的落成”，但因为施工也多多少少给他们带来了不便。我们不会忽视这些，总是去谦逊地完成工作。

裕正事务长 以园舍重建为契机，关于孩子的教育方针呀，以及建造园舍的过程中要追求什么，我和父母进行了很多讨论。我觉得这样特别好。

嘉子园长 我确实会被他们说“思维落伍”什么的（笑）。但对职员来说，在幼稚园创立 40 周年之际，改建是个非常好的机会。在新园舍里，开放型的教室与宽阔的走廊连为一体。这个设计方案是青木先生提议的，然后我们去了别的幼稚园进行实地考察，最终拍板。我深深地感受到，应该多让我们的教职员工出去看看其他园舍的情况，多取经多学习。

正规理事长　我们园经过多年的积累，已经做出了很多成绩，也有很多可以去尝试的内容。但是儿子和我们说，如果不与时俱进，不体现出时代感的话也是不行的。所以通过这次重建，我们也接收了很多新的知识。

嘉子园长　因为和青木他们都住在厚木，所以我们常常探讨到很晚，非常感谢你们能耐心地跟我们沟通。

冈崎　建筑设计不就应该这样吗——在过去 40 年里，对旧园舍进行翻修时也常常是这样。这次重建以后，我们之间的关系依旧会 40 年、50 年保持下去。我也是非常感谢你们给我们这样的机会。

正规理事长　那就是 100 年的交情了呢（笑）。好期待呀！

SP 保育园：充满活力四处奔跑，日复一日茁壮成长，这些孩子就是这片土地的阳光

这里是在东日本大地震中受灾很严重的地区。那座 45 年前建造的旧园舍，虽说没有倒塌，但是已被鉴定为危房，不能继续使用。联合国儿童基金会（UNICEF）为我们无偿修建了临时园舍，灾后，我们就在临时园舍里过渡。受灾实在太严重，我们曾担心园舍是否能继续运营下去。在周围人们的鼓励下，我们最终决定重建园舍（P108）。

之所以选择幼儿之城，一方面当然是认可他们以往的设计作品，更关键的是，幼儿之城表示，能够在补助金的申请上给予我们帮助。这次除了“安心儿童基金”以外，也得到了国内的“激甚灾害”（特大灾害）复原补助金，这些申请手续也是委托幼儿之城来完成的。制作单据和填写申请表格等一系列烦琐的事项，单靠我们自己是根本应付不了的。

我们对建筑的要求，最主要的还是安全性。地震给孩子和老师带来了很大的心理阴影，他们至今后怕。加上核泄漏，辐射太大，孩子们不能外出玩耍，一直都是借用附近小学的体育馆当游乐场地，因此我就在想，这个问题应该怎么解决呢？

图中央为园长阿部美知子女士，该幼稚园由其祖父于大正时代（1912—1926）创立，
目前与其弟弟、理事长阿部敏信先生共同运营。

于是，我们做出了这样的设计：将园舍建成平房，在又宽又长的走廊里安放沙池和泳池，即使在室内也能照样玩耍。按理说，就补助金的性质，是必须建成和以前一样的二层建筑的，但是从避难路线的角度考虑，新园舍建成平房更好。幼儿之城的负责人出面和行政人员进行协商，最终同意我们建成平房。

宽阔的走廊一侧全是玻璃，采光极好。这种敞亮的感觉能够深入孩子内心。此外，每间教室面朝走廊的门大小不一，这个设计很有童趣，我们十分满意。孩子们进进出出，追逐打闹。去年夏日祭的时候正好是雨天，我们在这个走廊里开起了小铺，跳着传统的夏日祭舞蹈——还真没想到能在室内做这么有趣的事情。

让孩子在上小学前尽情玩耍，感性得到很好的培养，是我们保育园的宗旨。我希望孩子们可以在这里一边玩耍，结识新朋友，一边汲取各种知识，逐渐成长。我认为这所园舍是可以让这一切成为现实的。

地震灾害后，复兴之路漫漫。但是，生机勃勃的孩子们露出的笑容，让我们对未来充满希望。我坚信，好好运营保育园，就是真正通往复兴之路。

KM 保育园：孩子，当地的老人，工作的人……创建一个能让所有人都开心的地方

这块园舍用地，以前一直是我们家世世代代耕种的农地。我大学毕业后，也曾经在这个大家庭里帮助干农活。不过大概15年前，祖母需要看护，以此为契机成立了社会福祉法人。之后，在这个园舍对面建立了老年特别养护中心，现在又迎来了保育园（P116）的开园。解决“待机儿童”问题是一方面；另一方面也是想让包括我在内的法人们，能有一个寄放自己孩子的地方。

我生长在这片土地上，对这里有很深的感情，所以我对建筑设计最大的要求就是要符合当地的风格。建筑本身不管有多么美轮美奂，如果不能融入街区，就是本末倒置。我希望建立一个开放性的、当地居民能够自然而然靠近的场所。基于这种理念，对方给出了一些设计方案，比如低矮的围墙，控制体积的分栋式建筑等。园舍的内部装修是南国巴厘岛的风格，正好和路旁种植的椰树遥相呼应。听说巴厘岛的育儿工作也是和社区一起进行的，这样的做法正好符合我们保育园的理念。

我尽可能地让保育园和对面的养老院多进行交流。不管是对孩子还是对老人而言，都是很好的机会。我们法人的理念就

设施总责任人、法人吉冈俊一先生（右），和作为园长的石出美智子老师。

是“让所有人都笑容满面”。终于，这个让职员、孩子、老人都能开心生活的园舍落成了。（吉冈俊一　设施总责任人）

我作为园长参与了园的建设，从开园的 1 年前就参加了这个项目。从实际使用园舍的角度出发，我的很多建议也被采纳了。在这座建筑里，由于设置了密室而导致存在死角，为追求南国风情而使用了硬质的石材——园舍通常不会使用这些，所以职员们有些担心。说实话，我也纠结过这一点。不过想想自己小的时候，也并不是一天到晚都在父母的眼皮底下的。

如今的保育园，时刻关注着孩子，甚至都使用了摄像头，孩子的内心真的能得到放松吗？即便是孩子，也有不想被人发现的时候，也有和同伴之间的秘密，所以我们继续按照设计方案进行修建，我们也愿意承担责任。开园前，所有的职员在园内进行了研修，学习了最新的相关知识。如此一来，团队工作就确定下来了。在职员和家长们的支持与协助下，这种更倾向于站在孩子角度考虑问题的保育实践就开始了。（石出美智子老师）

能提高孩子体力的园舍

座谈会：
山口有次（樱美林大学教授）+ 篠田裕子（运动俱乐部）+
幼儿之城

如今孩子的体力越发不好，

作为大人应该做些什么

人物介绍

山口有次

1964 年出生于岐阜县。毕业于同次大学工学部。早稻田大学理工学研究生。工学博士。曾在多家民间研究机关任职，现在是樱美林大学商务管理（Business Management）学群教授，早稻田大学理工学研究所客员讲师。常年执笔《文体白皮书》的文体产业动向。着眼于改善孩子的运动环境使其健全发育，致力于有利于孩子基本动作发育的游乐设施、园舍、公园等的空间研究。

篠田裕子

1976 年出生于千叶县。毕业于群马大学工学部。曾担任运动俱乐部（Sports Club）的网球教练，现就任 Health Care 推进部。担任川口市网球协会少年组教练。常年担当致力于孩子基本动作研究项目（Sports Angle Program）的 play leader。针对孩子的“运动”提出过很多玩耍方法，并培养通过和孩子玩耍来提高孩子运动能力。

（1）孩子们的“运动”面临怎样的危机

佐佐木　近些年，人们都说孩子们的体力低下现象越来越明显，“跑”“跳”“投”等基本动作的发育正在退步。山梨大学中村和彦准教授牵头，邀请了研究孩子基本动作并提出很多见解的樱美林大学的山口有次教授，运动俱乐部（Sports Club）的篠田裕子女士，和幼儿之城的工作人员一起举行了本次座谈会。

日比野　孩子们的“运动”面临着怎样的危机？

山口　山梨大学中村和彦准教授的研究结果表明，如果把基本动作的发育分为五个阶段，现在的幼儿和 20 年前相比，动作发育得分下降了 30%～40%。现在小学高年级的学生只是 20 年前幼稚园大班孩子的水平。以前觉得理所当然的动作，现在的孩子做不出来，行动迟缓的孩子却越来越多。这种幼儿的“身”的问题，会影响到性格和社会性等“心”的领域。

日比野　孩子们怎样才能做到基本动作练习呢？

山口　孩子们通过各种玩耍及日常生活可以得到基本动作的练习。但是现在孩子们的玩耍环境发生了激变，日常生活变得十分便利，孩子们很多行为体验的机会被剥夺了。例如，比起现在的四五十岁的人在幼儿时期的玩耍时间，现在的孩子要少一半，玩耍场地也发生了变化。以前都是在户外，漫山遍野跑，现在几乎都在室内。于是，孩子发育不可或缺的“运动”

环节受到限制。着眼将来，能够积极引导孩子们进行多种运动的环境和设施非常有必要。

日比野拓

日比野设计董事
幼儿设施负责人

（2）孩子的“运动”被分为 36 种

佐佐木 老师们通过研究分析，把孩子的基本运动分为36 种。你们听说过吗？

山口 按照体育科学中心的研究结果，孩子的基本动作包括了平衡稳定系统、移动系统、操作系统等共计 84 种。中村先生将其总结为 36 种。所有的动作在成人眼里都是理所应当能够做出来的，可是做不到的小孩其实还不少。一点都不会跑，跑的时候身体倾斜，这样的小孩越来越多。手脚不会配合，不会跳跃，投掷的时候只有手像棍子一样挥动的孩子并不少见。

三轮敏久

日比野设计横滨事务所
所长代理、项目经理

伊佐地 有没有练习这些基本动作的恰当时期？

山口 36 种动作在幼儿时期就该掌握，这很重要。进入小学低年级就要练习各种动作的组合，进入高年级以后开始各种运动，运用这些动作。泰格·伍兹不到 1 岁就能握住高尔夫球杆，福原爱 3 岁就开始接触乒乓球，越小开始运动越好，

伊佐地阳子

日比野设计横滨事务所
副所长、项目经理

跡部努

日比野设计横滨事务所
项目经理

中山雄一郎

日比野设计厚木事务所
项目经理

佐佐木真理

日比野设计厚木事务所
项目经理

舆水响子

日比野设计厚木事务所
项目经理

门间直树

日比野设计厚木事务所
项目经理

但这种趋势我也不认为是正确的。理想的做法应该是在适当的时期练习相应的动作，最后再运用这些动作，更上一层楼。

伊佐地　游乐设施对练习基本动作有帮助吗？

山口　我感觉现在的游乐设施太倾向于安全性了。什么都拿安全性当盾牌挡在前面，那么其他的因素就没办法探讨了。在这里，我们的着眼点在孩子的运动能力，“怎样才能引导孩子们‘运动’”，做这方面的建议。也就是说在游乐设施的使用方法上给出建议。例如，这样玩耍的话就可以得到这样的锻炼，综合起来进行考虑。当然最低限度的安全性要保障，在此基础上，把“运动”的因素也考虑进去，这将对孩子们产生很大的影响。

（3）为天真无邪的孩子们思考“安全”

三轮　如今，园舍也越来越追求理念和概念。就游乐设施来说，追求安全性无可非议，但是我们觉得是不是有点“过头”了。我并不认为孩子们在园舍的时间段越安全越好。在园舍度过的时间对人们来说只不过是人生长河的一小段，其他时间要长得多。也就是说，从幼稚园、保育园出来以后，会面临很多危险，能不能自然而然对这些危险做出反应，懂不懂应对方法……我经常想这些问题。

篠田　是的。我去拜访过一些园舍，发现所有有棱角的地方都特意用缓冲物包裹起来。可是这样一来，天真无邪的孩子们对危险的回避能力就得不到提高。相反，如果留一些具有危险性的地方，孩子们就会意识到“这里危险”，从而“躲开”，自己便学会了这些本领。

三轮　我也有同感。作为家长，希望孩子的一生都平平安安。在幼稚园和保育园的时候能够平安无事，很大程度上是园方规避责任的做法。当然，我们在和客户的交谈中也明白，站在园长和保育老师的立场上，如果出了问题家长来追究责任的话就麻烦了，我们十分理解这种心情。这也是难以协调的地方。

篠田　母亲过分在意孩子的安全问题，会导致孩子对危险的认知能力减弱。比如，小孩在高处行走时，由妈妈扶着，也不往下看，一个劲儿开开心心往前走，那么他对危险就没有意识。如果妈妈告诉小孩，高的地方危险哦，小孩就会小心翼翼地一边看着下面一边往前走。告诉孩子什么是危险，教育孩子对应的方法我认为也是大人的责任。

（4）孩子们将来的“安全”

山口　要着眼于孩子一生而非一时的安全。以后的园舍和庭园都应该秉承这样的理念。重要的是，不要安装极端的装置。始终坚持在日常生活中就让孩子们得到基本动作的锻炼。

日比野　能说得再具体一点吗？

山口　比方说，“蹲”“站”的动作如果欠缺的话，只是两只腿交替地上下台阶就可以达到锻炼效果。在每天都要经过的门口旁边放一个合适的障碍物，孩子们跳着避开障碍物，这样就可以了。以此类推，类似做法可以用在很多地方。过于安全的话，孩子对危险的回避能力就得不到提高。留一些具有危险性的地方，孩子们就会意识到“这里危险”，从而“躲开”，自己便学会了这些本领。

日比野　这和故意在墙上安装一些训练设施不太一样吧。

山口　是的。这就是为什么要让孩子自然而然练习的原因，因为如果孩子感到自己被强迫的话就会厌烦，就不会做了。

（5）无障碍（Barrier Free）的效果和孩子的“运动”

跡部　我在进行园舍设计时有一点比较头疼，按照条例规定，园舍设计要无障碍，要排除那些能让孩子们爬上爬下的高低错落的要素。诚然，幼稚园和保育园在运动会和参观日或者游园会时不光要接待父母，还要接待行动不便的祖父祖母。我十分理解需要为了这些人而设置无障碍，但是一方面又要考虑到孩子，现状就是试验失败。

山口　无障碍的确是现代社会不可或缺的要素之一。所以，如果硬要在园舍里设置障碍的话，就要和园长先生以及保育老师在相互理解的基础上进行导入。

中山　无障碍的弊端，就我所知，也就是现代公寓住宅越来越多的弊端。住在公寓里就要使用电梯，这样一来，人们爬楼梯的锻炼机会越来越少。此外，洗手水龙头也是自动的，这对行动不便的人来说是很好的，手不碰到龙头，接触细菌的机会也少了，这也是好处之一。但是，使用惯了这些设施以后，再用普通水龙头，一下子突然拧开、把全身浸湿的孩子比比皆是。厕所里的马桶也是问题。一般的家庭里安装的都是马桶，公厕也有安装马桶的倾向。我们设计园舍时，客户也会要求我们设计马桶。但是这样一来，蹲和站的动作练习机会就减少了。

山口　在楼梯间放一些小装置，能自然地上下，水龙头做得有趣一点，等等，可以下功夫的地方有很多。

四季幼稚园（丹麦）。孩子们几乎全年都在户外活动。

（6）使用者和设计者共同思考园舍设计

伊佐地 有一回在设计园舍的时候，客户要求我在地板上设计一条线。只是用这一条线，孩子们就可以玩单腿跳跳等很多游戏。

园长先生对园舍设计特别上心。如果只是我们设计事务所单方面给出建议，园方是否能完全活用，不得而知。和老师们一起思考园舍的设计细节，我认为非常重要。

舆水 就这个话题我来说说，我们在设计园舍的时候也想过。园长先生有个想法融入了设计，但是老师们却没有这样使用，或者不知道怎么使用。又或者就是当初使用了，但是园长更换以后，因为没有交代清楚，之后就不再使用了。出现这种情况时我觉得是不是应该设计出建筑物的标志，以此来体现出当时的想法比较好呢？

当然，标志要符合整体设计，“这里之所以这样设计是因为这个原因”，写清楚的话，就算过很久，当时的想法也能保留下来。但是又担心这样一来影响了孩子们的自由发挥和创造。应该怎样才好呢？

山口 我觉得还是写出来比较好。不仅仅是孩子和老师，也有利于家长的理解，有利于促进公共关系（public relation）。

篠田 我也赞成写出来。只不过能给孩子们留一点思考余地的话就更好。太死板的话可能会起到反作用，所以怎么写很重要，要好好斟酌。

（7）概念性更强的园舍

门间 根据建筑的定义，我们在进行园舍设计时有一点要考虑进去，就是园舍的将来。要为将来留下些模糊空间。现在幼儿界面临着少子化的局面，将来会怎样谁也说不好。因此，从经营幼稚园角度考虑，如果幼稚园将来改造起来很困难的话就不太好了。但另一方面，这种想法又和之前提到的要确定使用方法相反。我觉得今后我们要根据情况设计得概念性更强一些。

（8）孩子们玩耍弄脏是理所当然

中山　前些日子，我带孩子去一个商业设施的游乐场时发现那里有一个沙坑，但是却没有孩子在玩。因为家长们不喜欢孩子身上脏兮兮的。我感觉幼稚园和保育园也是这样。然而，小孩子玩耍弄脏难道不是正常的吗？这个观念必须转变才行。同时，进行园舍设计的时候可能也有必要考虑这样的方案，即便是孩子们浑身脏了之后也可以轻松地清洁处理。

山口　那个沙坑是不是没有吸引小孩的氛围？如果有哪怕一点吸引孩子的元素，我觉得孩子也会一个个多起来。这和之前的话题合在一起来看的话，不要安排过度，要给孩子们留有思考余地。

（9）园舍以未完成状态重新开始

三轮　也许现在的园舍就是过于完善了。可能设计师和客户的想法过于强烈，强加了太多大人的自我意识（ego）。

山口　这个以前日比野先生也提过，最开始不要做得太完善，以未完成状态一点点慢慢来，这样也许更好。在使用园舍的过程中不断反省，不断丰富自己的想法，逐步完善。

日比野　的确如此。现在的大部分园舍在完工的时候就已经是最好的状态了。不过，如果从给孩子们和使用者的创造性、运动性等留点空间这个意义上来看的话，反而是在竣工的时候留一些未完成的部分比较好。在一点一滴变化的过程中逐渐接近理想的园舍。我们在园舍上应该给出建议的地方有很多。

努力创造出让孩子们有兴趣且便于孩子们玩耍的环境。

思考将来的保育和园舍

园舍建造最重要的，并非漂亮的外观和空间。

建筑是否与保育契合——

这是幼儿之城在设计时必须考虑的因素。

保育的内涵随时代潮流而改变。

在此，我们召集了保育方面的专家，畅谈将来的保育和园舍。

佐藤将之

出生于秋田县。东京大学大学院建筑学博士。2011 年成为早稻田大学人间科学学术院准教授。负责幼稚园和保育园的企划设计，组织面向孩子的研讨会（workshop）。

矶部裕子

曾就职于东京某幼稚园，随后进修了青山学院大学大学院博士课程。宫城学院女子大学幼儿教育学教授。致力于保育课程和内容（curriculum）的研究以及保育环境的打造。

日比野拓

日比野设计董事。作为幼儿之城的负责人，参与了众多园舍的设计。此外还和园舍业主方举办一些有关保育和建筑方面的研讨会。

（1）保育与园舍的关系

我们以园舍建筑的硬件建设，以及保育这一软件建设为课题同大家展开讨论。宫城学院女子大学的矶部裕子老师和早稻田大学的佐藤将之老师长期从事保育方面的研究，首先请两位介绍一下各自的专业。

矶部　我的专业是幼儿教育学。幼儿教育学的范围很广。教育学也包括心理学和社会福利方面的内容。我以教育学为切入点，主攻课程理论，也就是如何设定保育的具体内容。幼儿教育一般被认为“通过环境来实施”，教育课程实际上是对环境的考量。我们同幼稚园、保育所的老师们一起探讨，什么样的保育需要什么样的环境，具备哪些游乐设施能够深化保育工作的开展，以此为依据制定课程。

佐藤　我的专业是建筑规划学。通过建筑规划和准备，研究人们生活状态的变化，目前主要针对儿童环境。此外，介于园舍施工方和设计方之间需要沟通，以图纸为例，设计方根据平面图可以想象立体空间架构，但很多施工方却做不到这一点。即使有模型和草图，有时也不能完全将设计方的意思传达到位。这种情况下最有效的办法是参考类似建筑的实物照片。

——大家对保育的软件方面和园舍的硬件方面的关系是怎么看的？

矶部　从前的园舍，通常就是四方形的保育室加上一侧的

走廊，也就是大家聚在一起活动的地方。一个老师负责 30 多个孩子的教学。从管理方面来讲，四方形的教室是高效的。整个班级进行统一教育。但是，保育并不是这种均一的教育。平成元年（1989）幼稚园教育方针发生了变化，很多园所开始重视每个孩子各自不同的兴趣和游戏方式。逐渐地，建筑本身也开始寻求改变。但是，改变以往的四方形建筑并非一蹴而就。一些园所首先开始自主改建，在室内设置游乐设施，使孩子们得以自由生活和游戏。

佐藤　怎么才能改变这种单一的空间设计呢？我在与建筑师沟通时说，应该探讨以个人为对象做空间设计的可行性。

矶部　也就是说，孩子们可以做自己喜欢的事情。创造动静结合的共存空间。孩子们还没有到依靠教科书学习知识的年龄，他们从游戏中获得各种体验。游戏本身就是自由的，不存在所谓不自由的游戏，强制的游戏。所以说，同一时刻让所有孩子一起玩橡皮泥，这本身就不能称之为游戏。保育和学校教育本来就不同，在空间上却成了缩小版的学校。

日比野　正如矶部老师所说，以往的园舍大多像个盒子。建造阶段不考虑软件因素，势必外观就被先行固化了。我们通过不断积累园舍的设计经验，加深了对软件的理解。我们的本职是建筑设计，但我们并不认为硬件完工就大功告成，因为硬件是用来辅助软件的。

矶部　园舍的改建也为保育的变革提供了契机。改建时，运营方可以向建筑师阐述保育方针，探讨空间设计。反过来说，不同的空间设计也能实现相应的保育方式。这些都可以体现到保育的实践中。

日比野　所以，保育内容一旦确定，建筑设计也就变得简单了。因此，新建园舍是难度最大的。业主未定，园长未定，保育员未定，这种情况很伤脑筋。但是，将来的日本很多情况下就是这样。

矶部　是啊。经营养老设施的社会福祉法人，或是株式会社新建保育所的例子也不少。

日比野　有些建筑设计的决策者并不了解保育，实际园长和保育员对建筑设计发表意见时，往往不被理解。

佐藤　不仅是保育内容，如果从运营成本和土地高效利用的观点出发，有些园会把 0～2 岁孩子的保育室安排在二楼最靠里的房间，加上好几道锁来管理。

日比野　这样杜绝了事故投诉。但是，我们有很多园舍设计业绩，可以安排新建园舍的业主和职员去参观那些实施新式保育的园区参观学习。即便如此，决策还是有难度的。毕竟长时间建立起来的保育现状不是短时间内就可以原样照搬的。

佐藤 每天在园舍工作的员工们有各自不同的感受，出发点也各有差异。

（2）以孩子为中心的环境

——以往在经济快速发展时期兴建的很多保育园、幼稚园经历了40多年大都已经老化，伴随园长的世代交替，园舍改建越来越多。同时，受到2006年制定的“认证幼稚园”制度的影响，围绕保育制度这个话题，各位又是怎么看的？

矶部 老旧幼稚园改建、扩建幼稚园，的确有这种动向。“认证幼稚园”虽然在制度上，比如补贴的不足等方面还存在很多问题，但是我个人还是赞成将幼稚园和保育园合并的做法。不管是母亲工作的家庭，还是单身妈妈的家庭，又或是家庭主妇，对所有家庭都一视同仁。大家都在幼稚园接受教育之后上小学，这也许是最简单的方式。

佐藤 完全赞成您的想法。我的说法也许有失妥当，但我认为以往的幼稚园和保育园都是为父母求便利的。幼稚园偏重学习，保育园则是主要替大人分担看护孩子的负担。最近，关于幼稚园“一切以孩子的利益为重”的说法虽然有些说漂亮话的嫌疑，但至少是站在孩子们的立场上。对于幼稚园统一标准而言是一个契机。希望今后大家能以孩子们的视角来审视周围的环境。

——在设计上怎么考虑孩子的视角呢？

日比野 设计过程中，安全总是被最先提及，我认为这在先后顺序上是有问题的。说这些话的都是家长或园方。园长或管理方因为不想被行政人员和监护人抱怨而强调安全。但是孩子们并不这么想，他们要的是令人激动愉悦的场地。我们有很多方法可以创造出快乐的空间，但是大人的视角却往往会破坏它。对孩子们来说，死角用来躲猫猫是很有趣的，而大人们却认为死角意味着危险，不允许存在；对孩子们来说，台阶是富于变化的游戏场所，而大人们却认为台阶是危险的。

矶部 安全的场地未必对孩子有教育意义，要让孩子们去挑战各种状况。这儿是危险的，那我应该怎么做呢？让孩子们自发地思考类似问题是很重要的体验。老师和监护人也需要反思，有些地方看上去是危险的，但是只要孩子们觉得有趣，就有它存在的意义。但是往往因为缺乏自信，出于安全考虑，还是会加装栏杆铁链。作为在最前线与孩子们日常接触的老师们，理解何种情况下孩子们会得到怎样的成长，并用语言表达出来，做到这一点是最重要的。

日比野 这些话能让监护人放心啊。

矶部 监护人对园舍理解不深，有这样那样的意见也无可厚非。能够回答这些疑问的教师，才能称得上职业。针对设备的不满，一般在设计阶段应该就能预见。不仅仅是园长，老师们的理解是否一致是问题的关键。

日比野 这确实是常有的。园长个人决定的事情，一线的老师们却并不掌握要领。

佐藤　老师们不理解设计意图的话，那就达不到效果了。

矶部　建筑和保育内容有出入。实际从事保育工作的是一线的老师们，重要的是他们要将理念、空间、实践结合起来。

日比野　最近，我常常想把空间概念写出来贴到各处。这里之所以有台阶，是因为……（笑），最起码这些是需要让人们理解的。

佐藤　我们可以举办一次专题研讨会，加深老师们对设计的理解。设计阶段的研讨会，可以向老师们说明他们的意见如何得到体现，效果会大有不同。

日比野　全体职员的理解在每个成功案例中都是不可或缺的。

佐藤　同其他行业相比，虽然这个行业的人员流动比较频繁，但是只要大家一开始能有统一的认识，就可以传递给下一任。有些园所，我每次到访都会发现改变，这是很有魅力的。不管去了几次都还是想去。它们在不断变化。

矶部　的确如此。保育所的环境是老师和孩子们一起创造的。园舍建筑是起跑线，在保育和生活中逐步完善。

佐藤　应该花些时间去理解设计意图，充分利用这些设施。在设计方面，我最近在考虑要“创造孩子的感受”。尤其是0～2岁幼儿的环境是今后的关键。“创造孩子的感受”就变得尤为重要。

——思考0～2岁幼儿的环境，具体来说是什么意思？

佐藤　首先是刚才提到的“幼稚园”。今后将进入“幼稚园”的普及阶段，幼稚园为了生存需要增加针对0～2岁儿童的设施。所谓“待机儿童问题（因人数限制无法入园）”，实际情况是3～5岁的儿童设施较为宽余，0～2岁的幼儿设施严重不足。无奈目前只能牺牲环境，优先考虑接纳人数问题。以0～2岁幼儿的视角来考虑问题是最难的。3～5岁的儿童可以在园内自由活动，而对0～2岁的幼儿来说，只是房间里有个老师而已。划出专门区域任孩子们自由活动，这种做法其实接近于放养。目前完全采取管教方式。可以预见的困难不少，正因为如此我们更需要尝试挑战。类似的课题在0～2岁的孩子中比较多。

日比野　如果待机儿童问题得不到解决，自治体也会降低基准面积。他们考虑降低了人均面积就能接纳更多的孩子，无暇顾及环境。

佐藤　虽然国家规定了入园儿童人均面积的最低标准，但却可以有多种解读。实际上最终还是归结到自治体的判断。

矶部 如果保育所附近有公园，那么保育所内可以不设庭园。保育所作为解决待机儿童的手段，管制越来越趋于缓和，小一些没关系，没有院子也没关系。但是，一等地段一坪的价格实在不低，要建个宽敞的院子的确很难，这也可以说是现实情况吧。

——对于这种建造庭园存在困难的情况，您怎么考虑呢？

日比野 借用临近的公园的确是个办法。屋顶也可以得到利用。此外，行政上为了解决待机儿童问题，需要增加保育所的数量，但是少子化又不可避免，人们担心将来保育所会闲置。发放了补贴而最终无法持续的话，相关部门要被行政问责。这个问题很复杂。

（3）从建筑的角度为复杂状况求解

——针对这种状况，从建筑的角度如何作答呢？

日比野 就建筑而言，可变性是必要的。园舍改建时经常碰到这样的问题，有些房子按照以前的抗震标准建造，构造设计捉襟见肘。很多园舍希望打通内墙合并房间却无法实现。不管是新建还是改建，都要为将来的维护留有余地。比如说，相互独立的独栋结构在建筑上来说固然很好，但以后想要连通就很困难。这种规划要尽可能避免。另外，建筑用地也要留有余地，为将来翻新和改建时的临时园舍预留空间。无论如何，要避免用途单一的设计。

矶部 完全赞同。

日比野 业主和老师们对生存前景是有顾虑的。日比野设计也做一些福利设施项目，比如不少老人福利设施里也设有保育所，职员们的子女寄放在那里的保育所。医院也是一样，院内保育所越来越多。这也是留住员工的手段之一。

——在矶部老师、佐藤老师的专业领域里，保育和护理是一并考虑的吗？

矶部 正如日比野先生所说，从经营的角度来看，社会福祉法人同时运营两种设施的情况也不少，我们要积极地看待这一现象。比如说，庭园的一边是幼儿设施，另一边是老年人设施。老人和孩子的互动是有意义的。玩在一起，吃在一起，共同参加各种活动……他们之间可交流的东西很多。

佐藤 以往我们倾向于将建筑作为单体来考虑，将来的保育设施更要追求多样化和多元化。小时候在放学回家路上，邻居的老爷爷老奶奶经常会和我们聊聊天。但是现在的孩子们放学后要去补习班，不去补习班的孩子去学童保育中心，各有各的目的。街道不再是沟通交流的场所，仅仅是点到点的移动。这样一来，建筑内的生活容易走向功利主义。需要改变这种状况，加入各种要素，例如与其他设施共建使建筑更多元化。

矶部 幼稚园和保育所以前是寄放孩子、教育孩子的地方。如今，文部科学省和厚生劳动省也在推动发挥幼稚园和保育所在育儿支援方面的功能。也就是说，把幼稚园作为社区母亲的支援中心。支援母亲等同于支援家庭，支援家庭等同于加强社区联系。幼稚园和保育所不再孤立。因此，对社区保持开放的态度，这在将来会更为重要。

日比野 我们也经常考虑怎样才能做好这件事情。但是，怎样利用民间设施取决于业主方的意愿，有些地方并不希望周六日对外部开放。依靠行政命令强行实施，就是时代的倒退。有热情有理想的民间业主是可贵的。幼稚园和保育所如果持续家族世袭的话，难免越来越保守。

矶部 世袭僵化的第二代固然有，出色的第二代也不少啊。

日比野 的确挺多的。能够活用前任的经验，对经营企业抱有变革意识，这样的人加入后就有趣得多。

矶部 是这样的。园内一些理所当然的事，在刚刚踏入这个世界的新人看来反而很奇怪，这种情况常有。新人园长一般最早注意到类似的情况，有时反而处理得更得当。

（4）海外与日本 保育环境的差异

——各位经常去海外视察，日本和海外的保育在哪些地方不同呢？

佐藤 基本上完全不同，我认为没有必要去模仿。但是，我们不能认定日本的环境就是理所当然的，从这点来讲，海外的例子可以起到参考作用。刚才我提到了独处空间的说法，这在欧美是极为普遍的。比如有些地方就像画家的工作室，孩子一个人默默地在里边画画。我曾经为了写论文拜访过瑞典的保育设施，收集每个孩子的生活数据，发现单独行动的孩子很多。

日比野 去年我去了瑞典，看到室外露台上婴儿车并排，0～2岁的孩子们就在室外睡觉。这让我很惊讶。

矶部 在芬兰，即便是刚出生的孩子也被放在温度零下的室外睡觉。

佐藤 丹麦也是一样。听说有个在当地生活的日本人，第一次去保育所接孩子时，看到自己的孩子在室外睡觉，惊讶到以为他们要杀了孩子（笑）。这些日照时间短的国家，对室外环境的认识和日本完全不用。

矶部 规模也完全不一样。在欧美，200人规模的幼稚园是不可能存在的。基本上都是30～50人。作为家庭生活空间的延伸，有种“大家庭”的感觉。幼稚园的想法不同，做法也就完全不同。游戏，用餐，午睡，都在一个地方，这在欧洲是无法想象的。那里基本上都有游戏房间、食堂、午睡房间……空间是分开的。这跟家里有餐厅、客厅、书房、卧室是一样的。

日比野 在日本，这种采取功能分区的园也多起来了。日本的园舍受居住环境影响。一张小矮桌，收起来铺上被褥就能睡能玩，这种环境也沿袭到幼稚园中。随着住宅的变化，用餐和睡眠的空间分离就变得理所当然了。从保育方针的方向性来说，通过设置午餐厅，保育方式也随之改变。但是即便立刻在现有的园里划出午餐厅，也未必就能得到充分利用。

矶部 午餐厅与环境的配合也很重要。如果时间限制过于教条，或是午餐厅与保育室距离太远导致混乱，反而给孩子们的生活带来不便。午餐厅有什么好处、多大程度上能够丰富孩子们的生活，这些还需要进一步证实。

佐藤 归根到底，最重要的是建筑和保育的理念要统一。

第2部分

园舍设计 30例

优秀的建筑和设计自不必说，所有细节和材料全部都是为了孩子的健康成长。幼儿之城一直怀着这样的信念进行园舍设计。下面就给大家介绍一些我们设计的经典园舍。

01

冲绳
HZ 幼稚园 / 保育园

这里的建筑，和日本南部宫古岛的风土气候相映成趣，一群活泼可爱的孩子和教职员便生活在这里。

荷兰的幼儿设施业主参观了这所幼稚园。

在外国人眼中，日本园舍的魅力是什么呢？

学校法人花园学园

HZ 幼稚园 / 保育园

冲绳县

外国人眼中日本园舍：强大的建筑和教育

1. 为了欢迎 SUZANNU 女士的到来，孩子们正在宽敞的多媒体室（Studio）里练习舞蹈。
2. 进入大楼后右边的黑板墙中央，开了一扇房屋形状的门，黑板墙挡住了里面的鞋柜。
3. 幼稚园标志也是幼儿之城设计的，被印在制服上。
4. HZ 幼稚园园长新城久惠（左）和 SUZANNU 女士，在连接二楼和庭园的外部楼梯上。

二楼走廊的尽头是阳台，一直延伸到庭园。这里是和走廊连接的半室外空间。

1. 餐厅的圆形餐桌是幼儿之城的原创设计。
2. 通常幼儿设施会避免使用石头，但实际上石质地面触感非常好。
3. 在画室里专心致志进行创作的孩子们。
4. 厨房四周的墙壁设计成了黑板，生动的绘画和语言能促进食欲。

“所有孩子看起来都那么快乐而独立。这就是这里的伟大之处。”

(All the children look happy and independent. That's what's great about this place.)

“在这里会情不自禁地微笑。”SUZANNU 女士说。

“一，二——你好！”

孩子们目光炯炯，声音洪亮。绿草如茵的庭园对面便是HZ幼稚园的多媒体室。孩子们对这位来自荷兰的SUZANNU女士的来访已经期待很久了。入口处遮挡鞋柜的黑板墙上写着“欢迎SUZANNU女士”，表达了职员们期盼已久的心情。

刚踏进幼稚园，SUZANNU女士就觉得这里“很平和，有家庭的氛围”。SUZANNU女士还是第一次参观日本的幼儿设施。孩子们并不认生，SUZANNU女士情不自禁露出笑容。

SUZANNU女士以荷兰阿姆斯特丹为中心，拥有并运营着8所幼儿设施。幼儿之城的成员在一次海外考察中访问过其中的“Villa Vondel托儿所”，因此结缘。现在，幼儿之城受她委托，正在负责一个荷兰新项目的设计工作。SUZANNU女士这次来访，是为了了解幼儿之城设计的幼儿设施所体现的世界观。为了孩子而设计的建筑和空间究竟是什么样的？幼儿之城为了和业主共享其理念，几乎每次接受设计委托时，都会邀请业主来访。

“准备好了。请！”

多媒体室设置在走廊一侧，正对着走廊另一侧的职员室。就在SUZANNU女士透过职员室的玻璃兴致盎然地四处观望的时候，孩子们开始了他们可爱的欢迎仪式。为了表达热烈的欢迎，大一点的孩子们准备了舞蹈。SUZANNU女士坐在多媒体室正中间，音乐响起，孩子们咚咚咚地跑进来，表演了两支舞蹈。

“真有活力啊！这么大的空间都感觉不够用了。”

受到热情欢迎，心情舒畅的SUZANNU女士说道。那么，大家一起去园里转一圈吧。从一楼上到二楼，是保育室、绘本角等更加私密的空间。每个房间的门都是打开的，因为和走廊连在一起，尽显空间的整体感。

“好明亮！真是颠覆了传统观念的空间设计啊！”说到这里，SUZANNU女士驻足在二楼的儿童厕所前。厕所位于建筑的西南侧，大大的窗户正对露台，阳光洒入，清风徐来，十分惬意。一直以来，厕所多被配置在北侧，但是幼儿之城在很多园舍的设计中都积极提议将厕所建在阳

二楼的儿童厕所。落地玻璃门的设计使厕所和外面露台相连，采光和通风都很好。

光更充沛的南侧。空间敞亮，孩子们当然更乐意去上厕所。另外，也考虑到紫外线的杀菌作用。

随后 SUZANNU 女士走进了楼梯转角边的小房间。这个有阁楼、像密室一般的地方是孩子们的游乐场。半室外露台的一部分是玻璃，孩子们能看到从下面路过的人。房间里摆放了柜台，孩子们可以玩过家家和买卖游戏，充满童趣。像这种适合儿童身型的矮小空间，对经营者来说可能就是个死角。然而孩子们却可以在这里变着花样玩耍，或者躲起来享受一段安静温馨的时光。这不就让幼儿设施变得更加丰富了吗？幼儿之城设计的很多园舍，都将楼梯下方的小空间设计为这样的游乐场，原因就在于此。

“孩子们生气勃勃，看上去很幸福。我还可以感受到他们的独立性。我深感日本幼儿教育的水平之高，其中，建筑的力量功不可没。”

SUZANNU 女士在荷兰和德国都经营园舍。这两个国家少子化日趋严重的社会现状和日本一样。她说，正是因为对幼儿设施充满疑问，才开始着手经营园舍。

“法律明文规定，孩子必须睡在有围栏的床上。但这和鸟笼一样，让我实在难以忍受。”

SUZANNU 女士说，为了让孩子们从各种各样的体验中获得经验，她的园舍里设置了大人用的放映厅（Theater Room）、电脑室和餐厅等。

“最近还增加了外卖，让来接孩子的家长能够买一些点心带回去。边工作边抚养孩子，家长们很辛苦，这一点在欧洲和日本都一样。如果园舍并不局限于幼儿设施，也让育儿这件事变得很快乐，不是很好吗？”

庭园里种植着榕树、福木等南国特有的植物。不少孩子在草地上光脚跑跳，园舍充满活力。

“正因为是为了孩子而建的场所，使用可靠材料是非常重要的。”

(It is children who need experience of genuine things.)

SUZANNU 女士以荷兰阿姆斯特丹的 Villa Vondel 托儿所（左图）为中心，总共经营 8 所幼儿设施，共有 0～12 岁孩子约 1000 人。

外观让人印象深刻，采用了中空混凝土砖。这是被美丽大海环绕的南国之岛——宫古。诞生于这个高温多湿、台风多发的小岛上的园舍，从传统建筑中获取设计灵感，既可以遮挡强烈的日光，又保持了良好的通风效果。顺应了宫古岛的风土与气候，扎根于这片土地。

SUZANNU 女士第一次参观日本的幼儿设施有什么感受呢？

“人身安全问题、建筑的安全问题等，尤其是发达国家，在这些幼儿设施方面有共通的课题。我参观过很多国家的幼儿设施，日本的幼儿设施在软件和硬件上都非常出众。现在开始，我们又要和幼儿之城就幼儿设施问题进行反复探讨，真的十分期待呢。我坚信，我们会完成一份世界级的设计方案。”

HZ 幼稚园于 2015 年开园，是冲绳县第一所现代幼稚园，在存续了 30 年之久的幼稚园园舍基础上改建而成。宫古岛高温多湿，台风多发。为了尽量减少其影响，传统建筑在设计上下了很多功夫。这所园舍的建筑，也从昔日的宫古建筑里获取了灵感。让人印象深刻的外观采用的中空混凝土砖，被称作“花砖”，是冲绳特有的建材。因为具有一定厚度，所以刮台风的时候，可以抵御飞来物，平时也能遮挡强烈的日光，既不会阻碍视野，又不会影响通风。此建筑从传统建筑中获取灵感，与本地的风土做到了新旧融合。

这座建筑沿狭长的地形，设计成纵向长方形布局。一楼从庭园开始，依次是空间足够大、可以随意活动的多媒体室，进行绘画等创作活动的画室，直到中庭、餐厅、露台，没有高低落差，因此可以确保最长处达 80 米的大空间。多用天然木材，通风阴凉。二楼教室的障壁也是全开放式，使空间利用存在无数可能。这样的园舍空间，充分激发了孩子们和员工们的创造力。

一楼，多媒体室、室外地板和庭园三处空间连在一起，宛如一处巨大的隧道，没有高低落差。不论天气好坏，孩子们都能在这个宽阔的空间里自由玩耍。上方的卷帘，是在刮台风的时候放下来的防御幕。这面可以抵御强飓风的幕帘，使用时沿着屋檐边缘垂下后被固定住。

二楼的教室采用了可移动墙面，空间可以伸缩。没有多余的装饰，简洁又舒适。

1. 一楼的最里面是餐厅。图右边黑板壁里面是厨房。从外面可以看到厨房做饭。
2. 画室旁是中庭。孩子们光着脚在中庭活动，十分惬意。
3. 二楼玩耍的地方有一部分地面铺设了玻璃，是富有童趣的设计。

Data

定员：120 名
总占地面积：1846 m²
建筑面积：596 m²
使用面积：1107 m²
结构：钢筋混凝土结构
层数：地上二层建筑

Plan

1. 庭园
2. 鞋柜角
3. 事务室、园长室、接待室
4. 多媒体室
5. 画室
6. 中庭
7. 餐厅
8. 开放式厨房
9. 露台餐厅
10. 厕所
11. 保育室
12. 绘本角
13. 储藏室
14. 露台

获奖情况：

2015 KIDS Design 奖
九州建筑选 2015 奖励作品
中国 The IAI Design AWARD 2016 Best Humanistic Care（最佳人文关怀奖）
美国 2016 The A+ Awards Kindergarten Jury Award（幼稚园部门最优秀奖）

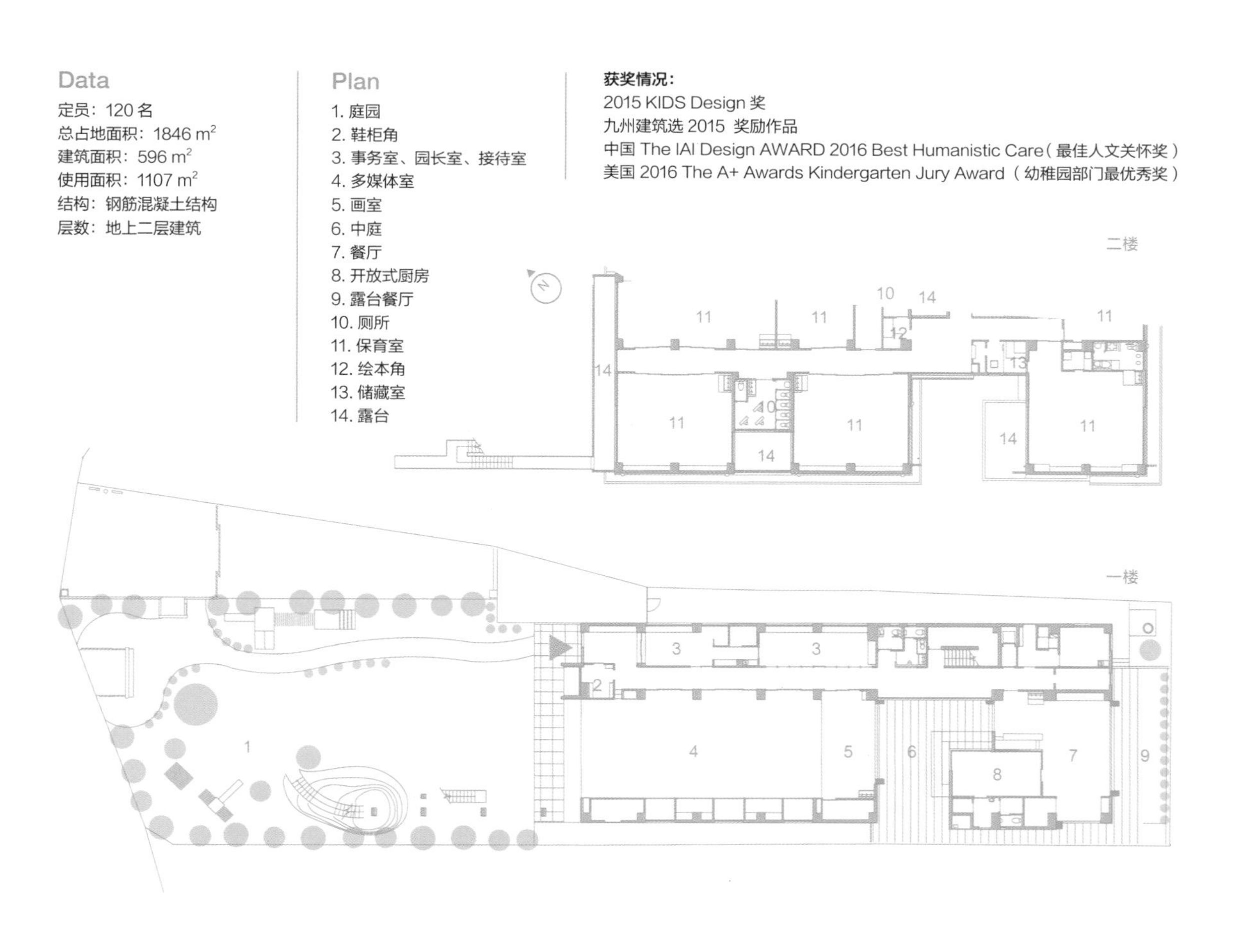

02

熊本
D1 幼稚园 /
保育园

为了进一步发展幼儿教育事业，新一代运营者们有何想法？

2015 年新建的熊本 D1 幼稚园的伊藤大介先生和鹿儿岛 AM 幼稚园的舆水基先生，都是从父辈手中接管幼稚园的运营者。他们到彼此的幼稚园进行交流访问，探讨了年轻人特有的决心和苦恼。

学校法人

D1 幼稚园 /
保育园

熊本县

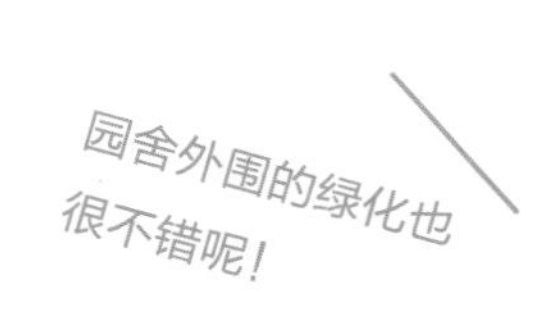

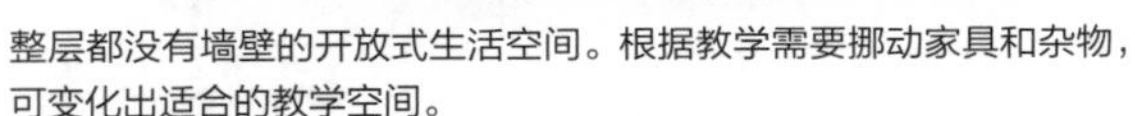
整层都没有墙壁的开放式生活空间。根据教学需要挪动家具和杂物，可变化出适合的教学空间。

中空（Pilotis）的宽敞空间是孩子们的游玩场所。屋顶可以自由开关。

下雨天只要把屋顶打开，中空部分的地面就可能会有积水。这样有趣的设计会让孩子们期盼雨天的到来。

挑高的设计给人自由自在之感。向当地居民开放这一区域的想法也是值得借鉴的。
追求空间的自由度、变化多端的园舍。
孩子们生活在这样一个没有墙壁的“口”字形大空间里。园舍可以根据不同的使用需求，营造出不一样的空间。

一楼的厕所采光和视野都很棒。

在中空的开阔空间里忘我聊天的两人，谈论着关于建筑及其使用方法等各种话题——既是同龄又是同行，两人有说不完的话。

阳台很宽敞，两个成年人并排走过也不会拥挤。阳台整整环绕建筑一圈。

为满足不同年龄段孩子的需求，幼儿之城专门为该园设计了 5 种尺寸的木制椅子。

木制的储物柜可以在孩子毕业时，作为装载满满回忆的礼物赠送给他们。

午餐时间。为了达到完全开放，外围采用玻璃窗，除了给孩子半室外的舒畅感以外，还有利于通风换气。

入口处。来园的孩子都会穿过中空空间，来这里将鞋子换成室内鞋。

设置在南侧的自然采光的厕所。颜色丰富又干净整洁，是一处不会让人生厌的空间。

二楼的大空间，可以按需划分区域，用途很多。

在庭园看到的建筑外观。白色的柱子支撑起二楼空间。

一楼中空空间旁的厨房，全部安装了落地玻璃窗。

D1 幼稚园好像是个
快乐的地方嘛！

园舍的桌椅都是原创设计，是该园特有的家具。

明亮的开放式厕所，确保了清洁度。

打开帘子以后，建筑内外没有了明显的分界，整个空间变成一个又大又舒适的阳台。

脑科学与心理学等方面的最新研究表明，人类环境与气候、地域等会影响孩子们的成长。能接受孩子们的各种变化与进步、将大家的梦想和理想体现出来的园舍究竟是什么样的？这个问题正是这所园舍想要解答的。建筑二楼的“口”字形空间，尽可能不用墙壁和隔断，保证一个宽敞的生活区域。每个孩子都有属于自己的木制柜子，按需改变这些柜子及桌椅的摆放位置，实现空间用途的多变性。纱窗可以呈全开放式，打开以后，变成一个半室外空间。一楼的中空空间（“口”字形的中央部分），采用了地面到屋顶通透的挑高设计方案，屋顶可以自由开关，不论什么天气，都可以在这里玩耍。下雨天地面有积水，在这里玩水也很有乐趣吧。尽量保留大空间，提高空间的可变性，将来建筑用途发生变化时，才能更自如地应对。

Data

定员：310 名
总占地面积：1790 m^2
建筑面积：798 m^2
使用面积：1190 m^2
结构：钢铁构架
层数：地上二层建筑

Plan

1. 厨房
2. 厕所
3. 保育室、教室
4. 中空空间
5. 中庭（积水）
6. 事务室
7. 入口
8. 阳台

获奖情况：
2015 KIDS Design 奖 + 奖励奖
中国 The IAI Design AWARD 2016 Best Humanistic Care（最佳人文关怀奖）
2015 Good Design 奖
九州建筑选 2015 奖励作品
第 21 回 熊本 Art Boris 进步奖
美国 2016 The A+ Awards Kindergarten Jury Award（幼稚园部门最优秀奖）
英国 The 2016 WAN AWARDS EDUCATION AWARD SHORTLIST（教育部门优秀奖）

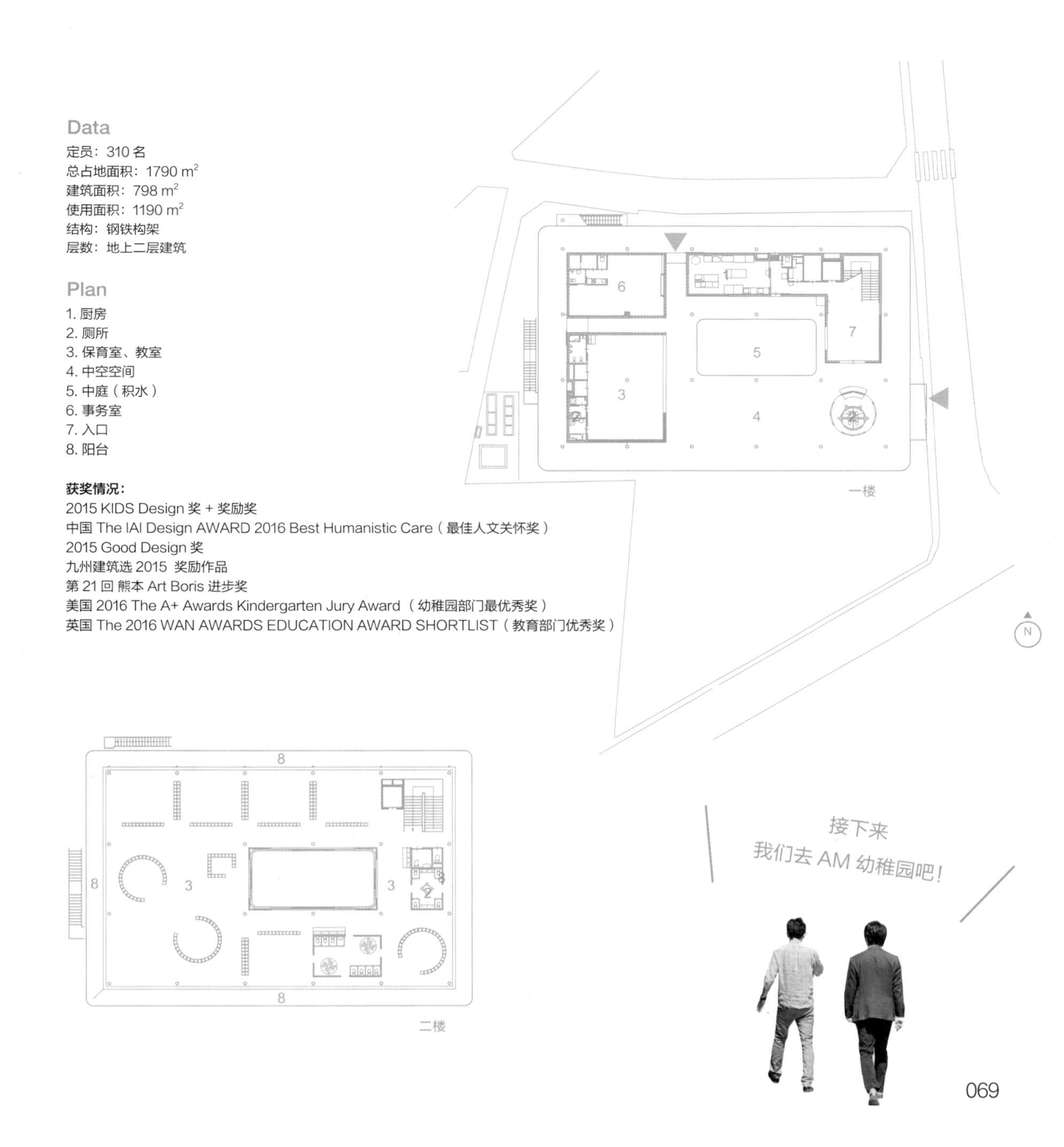

03

鹿儿岛
AM 幼稚园 /
保育园

学校法人
学园认定幼稚园

**AM 幼稚园 /
保育园**

鹿儿岛县

每个教室的阁楼下面都设有通风口，确保了通风。

楼梯下方的小空间被有效利用，宛如地窖一般，却是孩子们的游乐场。

三角形大屋檐下方的餐厅。大大的落地窗外连接着草木葱郁的庭园。

教室。楼梯上方的阁楼与隔壁教室相连。阁楼下方的天井营造出一个矮矮的、温馨的空间。

图书馆。高度只够大人弯腰进入，却给了孩子们温馨的感觉。

位于楼梯上方的阁楼。开了一个孩子身型的小口，与隔壁教室相连接。

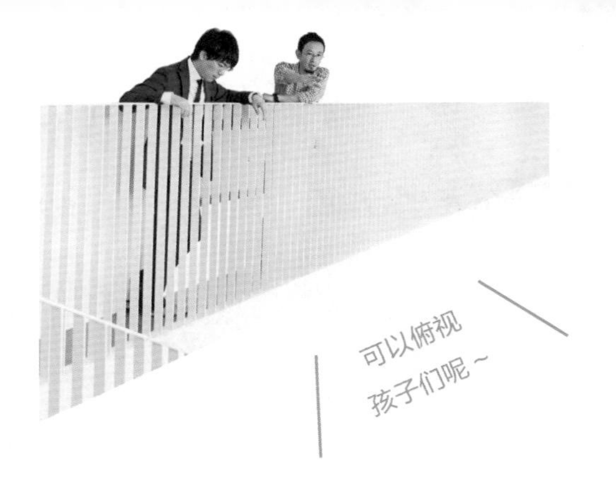

这所园舍随处都有孩子的身影。生机勃勃四处玩耍的孩子们脸上绽放着天真无邪的笑容。

因为建筑结构本身有中间层，正好把这个连通上下的空间设计成一个“密室”。

中空空间还安装了秋千，童心未泯的成年人也会想玩一玩，这里也是一处密室般的场所。

孩子们在画室的墙壁上用手作画。这里特地保留了未经处理的墙壁，可以随心使用。

中间层下方的中空空间，设置了凹凸地面和云梯，是个丰富的游乐场。

1. 从天花板上垂下很多吊灯，十分生动。来接孩子的家长可以在露台愉快地聊天。
2. 楼梯一侧的滑梯是很有童趣的设计。用孩子的眼光来看的话，到处都是可以玩耍的地方。大人也可以滑哦！
3. 连接餐厅和保育室（依次为不满1岁、1岁、2岁孩子）的楼梯。孩子们可以在楼梯下玩耍。
4. 自然光很好的厕所。左上方是婴儿的保育室，外面是孩子们玩耍的地方。

这里是鹿儿岛县北部沿海的港口城市，阿久根市。园舍所在的地方离海很近，海拔只有 3 米。旧园舍曾经地面浸水。所以设计新园舍的时候，将婴儿的保育室设置在没有浸水危险的一楼和二楼之间。入口旁边的餐厅屋顶呈三角形，有两层楼那么高。3 岁以上儿童的保育室是阁楼样式，中间层的婴儿保育室将二者连接起来。地面高度不同的空间连在一起后，下方和四周就出现了一些大小高低各不相同的区域。这些成年人只能蜷缩进入的所谓的死角，被巧妙设计成图书角、游乐场等，各种空间丰富多彩。这样一来，孩子们有了更多玩耍的地方。此外，园舍里有十段长短不一的楼梯，三个滑梯，还有爬杆、绳索等。孩子们在好奇心的驱使下快乐地四处玩耍，运动量自然增大，有利于他们茁壮成长。这是一所竭尽所能为孩子创造的园舍。

大大的三角形屋檐下是向来访者开放的餐厅。右边的楼梯连着右侧的保育室。
楼梯和滑梯融为一体，大量的密室正是孩子们愿意四处玩耍的场所。
将建筑中间层的高低落差部分巧妙地设计成游戏场所，完全为了孩子着想。

死角也被设计成玩耍的空间。很多孩子在这个打穿了墙壁的地方玩耍。

画室开窗朝向内庭，细长的积水给鹿儿岛炎热的夏季带去一丝清凉。

给人感觉像一艘船的独特外观，船头有一个十字架。大屋檐下是餐厅。

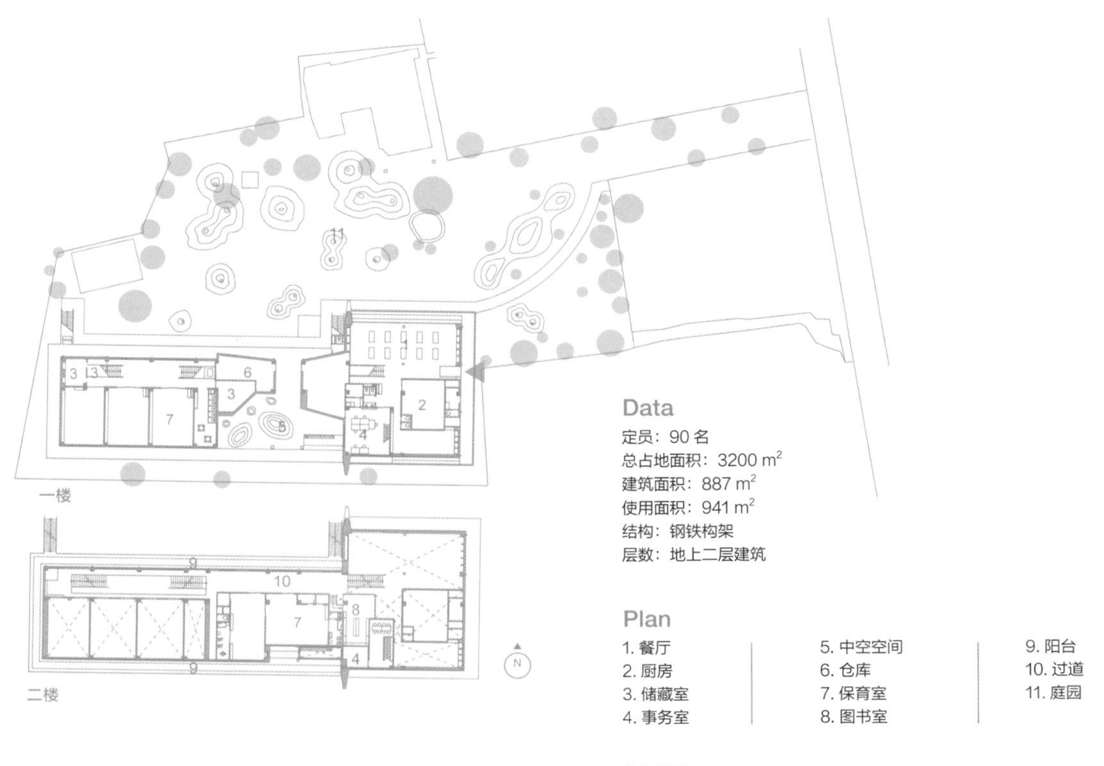

Data

定员：90 名
总占地面积：3200 m²
建筑面积：887 m²
使用面积：941 m²
结构：钢铁构架
层数：地上二层建筑

Plan

1. 餐厅
2. 厨房
3. 储藏室
4. 事务室
5. 中空空间
6. 仓库
7. 保育室
8. 图书室
9. 阳台
10. 过道
11. 庭园

获奖情况：
2016 KIDS Design 奖
美国 2017 The A+ Awards Special Mention（特别奖）

04

茨城
DS 保育园

让庭园、室内的所有空间，都有风吹过。
让园舍像风车一样。
关东的东端，距离犬吠埼很近。
这里因日本为数不多的风力发电而闻名。
此地建成的园舍，有效地利用了一年四季的风。
园舍中庭草木葱郁，不同季节呈现出不同的风姿。
每间房屋都面朝中庭而开，风时常穿堂而过。

隔着玄关旁的鞋柜，孩子们能通过窗户看到厨房，刚一踏入校园就开始满心期待当天的美食。

1. 从过道上几步台阶就是餐厅，通过室外地板与庭园相连接。这里就像是室内和室外的衔接空间。
2. 深长的屋檐和室外地板连接餐厅与中庭，孩子们可以在与自然融为一体的环境中享受美食。
3. 大小不一的窗口连接了走廊和中庭。一点点高低落差，像小柱子一样的凸出物，都能让孩子多运动。

没有终点的回形走廊。

设计的文字看起来就像在迎风摆动。

充分利用风和光，舒心惬意的园舍

这里是茨城县的东南端，面向太平洋延伸的地方，神栖市。这里建有日本最大的海洋发电站，一年四季都有强风。围绕着周边广阔田野的土地“修建”起来的DS保育园，从建园开始就充分考虑了怎样运用这里得天独厚的风。走廊是“口”字形的回形走廊，周围是保育室和游戏室等，就像一个迎风转动的风车。在各房间和走廊，为了与室外相连，不仅设计了连接内外的大窗户，还有高窗，以便透进更多的自然光。自然风和太阳光使空调这些机器没了用武之地，同时也营造出了舒心惬意的环境。

建筑是横向的长条木造平房。建筑的外围用低深的屋檐围合之处，是作为保育室的半室外延伸空间。在室内的任何地方都可以看得到中庭，这也是精心设计的。中庭里种植了品种多样的树木，春夏秋冬轮番开花结果。到处都设置了半室外露台、踏脚石、长凳等供孩子们的游玩之物。这是一所能尽情享受风与光、感受四季变迁的园舍。

保育室等孩子活动的场所，为了体现出园舍的木质感，特意裸露了木梁。

宽阔的庭园和种满绿植的中庭，用途被严格区分开。

将回形走廊的边角，设计成孩子们小小的密室或游乐场。图中看到的是有一点高低落差，并且可以坐着看书的绘本角。孩子们正在安静地埋头阅读。

这个角落是有一个斜坡的游乐场。孩子们在这里上上下下，躲躲藏藏，探索各种玩法。

面向中庭的带着大窗户的厕所。明亮整洁，让孩子们乐意前往。

Data

定员：130 名
总占地面积：7179 m^2
建筑面积：1710 m^2
使用面积：1467 m^2
结构：木造
层数：地上一层建筑

Plan

1. 厨房
2. 事务室
3. 保育室
4. 餐厅
5. 露台
6. 中庭
7. 会议室
8. 游戏室
9. 储藏室
10. 厕所
11. 交流空间
12. 露台
13. 庭园

获奖情况：
2015 KIDS Design 奖
第 1 回 Wood Design 奖
第 29 回 茨城县建筑文化奖 茨城县知事奖
入选 2016 日本建筑学会作品选集

东京 SM 保育园

东京西部保留了大片山林，在此新建了这所保育园。

园舍被大自然的美景和芳香浸润，带给孩子们丰富的体验。

社会福祉法人

SM 保育园

东京都

和木纹遥相呼应的原创游乐设施令人印象深刻。为了体会树木的经年变化，特地维持原状。

仿佛重返古老深山
沐浴在大 自然中的园舍

1. 太阳落山后，园舍里亮起了温暖的灯光，映照出了温润的木料和刚强的铁质的肌理。园舍坐落在新建成的住宅区大门口，对当地人来说，是地标性建筑。
2. 二楼教室的窗边设计了一个台阶，可以当作桌子或者长椅使用。教室之间通过可移动墙壁伸缩。

1. 餐厅。从左边的道路能看到右边的庭园，视线开阔，通风极佳。

2. 沿着连接餐厅的走廊。孩子们透过玻璃门能看到厨房。

木会腐朽，铁会生锈，
孩子们在和这些自然现象的接触中慢慢长大。

东京西部的稻城市。这是一片大规模改造区。就都市而言，该区域的自然环境也是弥足珍贵了，新建的保育园就坐落在这里。因城市改建而毁坏的大自然，曾经是孩子们玩耍、探索和成长的地方。留住曾经的风景和体验，为地域交流做贡献，就是我们对园舍理念的定义。我们在用地周围很多地方都种了会结果的树木及香草类植物，这是其中一个措施。此外，木造园舍里大量使用自然素材。“幼儿设施越整洁越好”——很多人会这样认为，实际上这是以管理为优先的成人视角。木会腐朽，铁会生锈……我们希望孩子们能明白这些自然现象，所以在这所木造园舍里，不管多么不耐脏，都尽量不使用化学用品，而使用带有质感的建材。只有纯正素材才有的气味、手感，会铭刻在孩子们的心中。树木繁多，遍布手工制作的木制游乐设施的庭园，就像曾经的山林一般，是供孩子们探索和游玩的宝库。孩子们通过各种体验和失败，茁壮成长。

自助餐式的配膳台。为了让大人的视线和孩子相交，大人一侧的地面要矮一些。

1. 保育室。收纳柜嵌入墙壁，造型简单，房间看起来很清爽。

2. 孩子们亲自在庭园里采摘的橄榄会用在当天的膳食里。

1. 庭园一侧的积水，在炎热的夏日很有人气。另外，屋顶上还有一个游泳池。

2. 园舍入口处横着一面黑板壁，这里也是孩子们的游乐场所。

上方是动物散步标识，富有童趣。

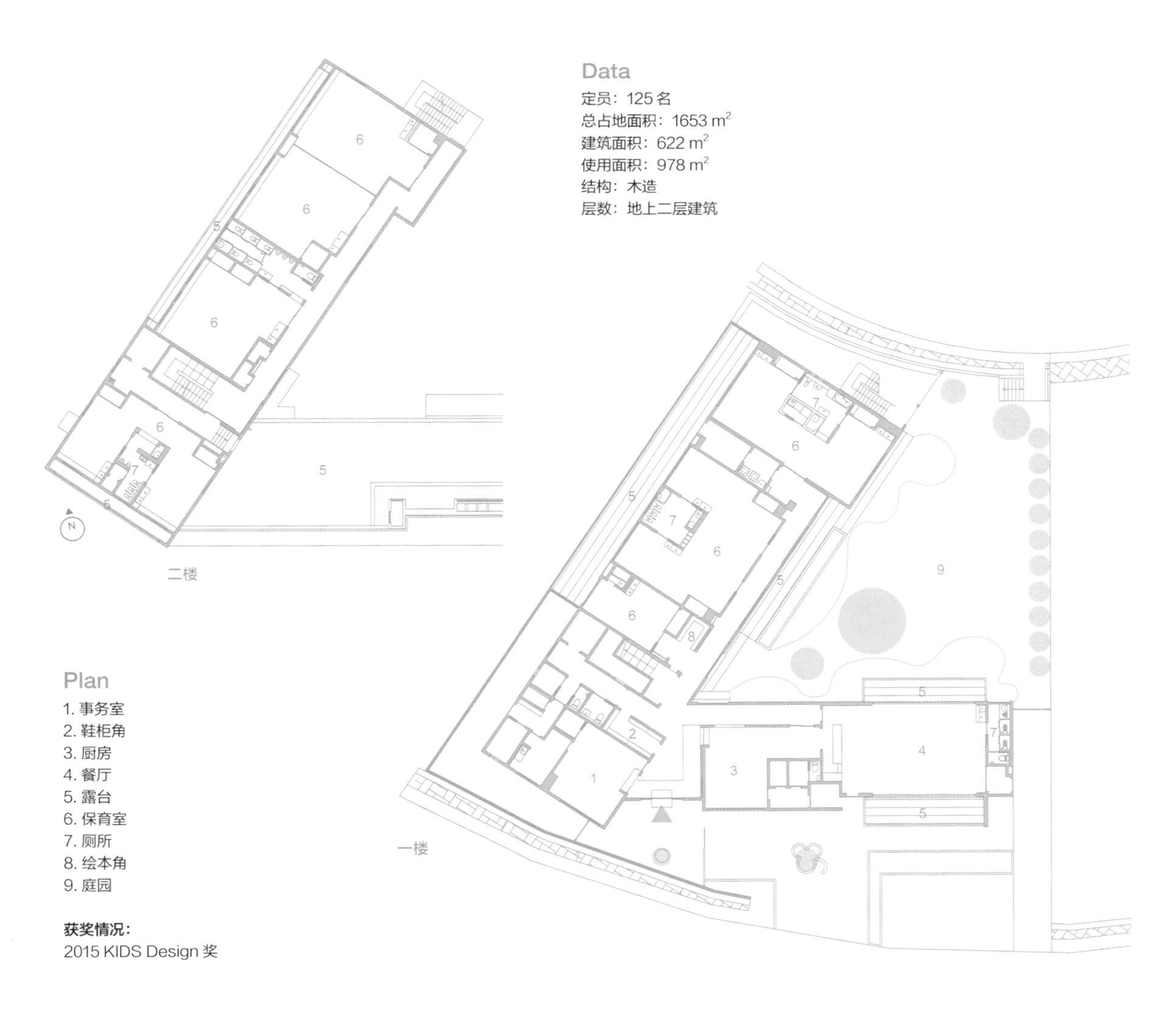

Data

定员：125 名
总占地面积：1653 m^2
建筑面积：622 m^2
使用面积：978 m^2
结构：木造
层数：地上二层建筑

Plan

1. 事务室
2. 鞋柜角
3. 厨房
4. 餐厅
5. 露台
6. 保育室
7. 厕所
8. 绘本角
9. 庭园

获奖情况：
2015 KIDS Design 奖

东京 SG 学园

该园建立的初衷，是为了接收待机儿童。园内只有 75 名儿童，规模很小。孩子们依偎生活在同一屋檐下，其乐融融。

这是把孩子们养育成人的大家庭般的园舍。

这里充满了对孩子健康成长的美好愿望。不论在哪个角落，都有关怀的目光，像一个温暖的家庭。

社会福祉法人

SG 学园

东京都

能够看到木梁的舒适餐厅。中央是“U”字形的下沉式自助餐台。

庭园环绕，充满新意，像大家庭一样的园舍

创意：开放的饭厅

将 2 岁以上孩子使用的饭厅建在建筑物的中央，面对着中庭。窗帘能全部打开，使吃饭的空间变得很有趣。

以餐厅为中心，大家共同的家

园名中包含“copain”这个词，在法语里是“朋友”的意思。这所规模不大的保育园离幼儿之城设计的“SG保育园”不远，走路只要几分钟，两所园舍属于同一法人。虽然两所园舍在建筑规模上有很大差距，但“同一屋檐下，如在自己家”的设计理念是一致的。建筑中央是带着室外地板的餐厅，保育室等房间与之相连。因是木造结构，孩子们随处可以看到木梁，感受到家的氛围。值得一提的是，在入口处旁有一个自带厨房的咖啡角，这里不用换鞋，除了供接孩子的家长和访客使用外，也向地区居民开放。

围绕园舍的庭园种满了各种各样树木，也是经过精心设计的。没有铺设平坦宽阔的路面，反而特意设计了曲折的小路和假山，就像是这个地区曾经拥有的小森林和田埂道。孩子们在这个充满新意的园舍里逐渐成长，每个年龄段都乐趣无穷。

入口旁有一个咖啡角，供家长和当地居民使用。可以完全开放玻璃大门（sash）的半室外空间。

1. 餐厅的窗户大小不一且错落有致，是设计的精髓所在。
2. 走廊和教室没有隔断，使得整个空间更加宽阔。

能给孩子们带来安全感的房子一样的造型。

教室里面有阁楼式的游乐场。

教室间的隔断可以移动，将隔断全部打开后可形成一个大空间。

带有高低落差，像自然地貌一样的庭园。通常 0~2 岁孩子的保育室都配置在建筑最里面，而这所园舍特意设计在靠外的位置。右侧看到的栅栏里面是婴儿的庭园，这种设计自然而然促进了婴幼儿与年长孩子的交流。

Data

定员：75 名
总占地面积：1941 m^2
建筑面积：775 m^2
使用面积：772 m^2
结构：木造
层数：地上二层建筑

Plan

1. 咖啡厅
2. 事务室
3. 餐厅
4. 厨房
5. 保育室
6. 游乐室
7. 储藏室
8. 厕所
9. 露台
10. 画室空间
11. 庭园

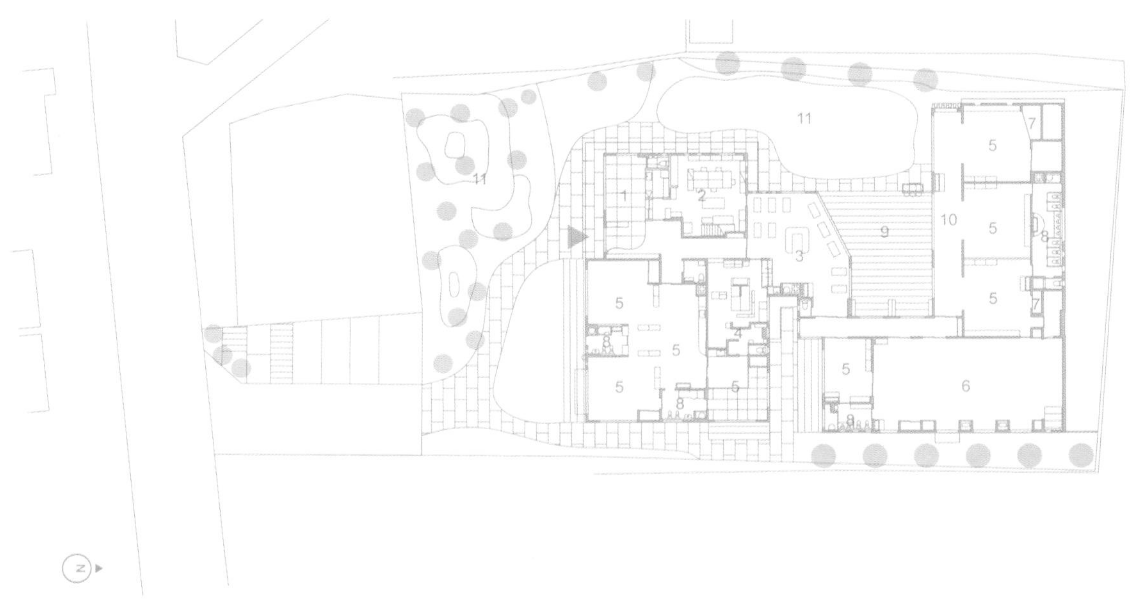

07

长崎
OB 幼稚园 / 保育园

游玩形式无限大、运动元素多样化的园舍。

建筑用地的高低不平反而成了得天独厚的有利元素，借此在园舍里设计了很多楼梯、暗道等，使孩子们能自然而然地运动起来。

社会福祉法人

OB 幼稚园 / 保育园

长崎县

餐厅里，大海的景色尽收眼底。
二层挑高空间的开放感能刺激食欲。

眼前是美丽的大海，背后是和云仙岳相连的群山。一座建筑沐浴在大自然的恩泽里，大家意识到这就是那所面朝大海的园舍。园舍正面是挑高餐厅，打开围栏后和室外地板相连。这个宛如延伸到海上的空间，不仅是孩子们的餐厅，也是向家长和当地居民开放的场所。园舍作为地标性建筑备受瞩目。

从海一侧到山一侧，有 12 米的落差，园舍利用这个地势特点，采用跃层（Skip Floor）建筑方式将孩子们的活动空间连接起来。因此，孩子们可以感受到彼此的气息，安心地生活。此外，建筑里有很多台阶，还遍布着小洞穴、网状游乐设施，孩子们情不自禁地就想运动。在这里，孩子们不但可以在玩耍中提升体力，还会变得勇于挑战吧。园舍也设置了适合安安静静进行创作活动的玻璃画室。这是一个动静结合、值得期待的园舍。

过往行人可以看到在餐厅里和露台上的孩子们。

可以从屋顶上跳下的网状游乐设施，极受孩子们欢迎。

入口边上的角落是带有黑板和长凳的凹形空间，房子一样的造型让人安心。

舞蹈场地也可以用作图书馆。

静心地消磨时间对于培养感性非常重要。餐厅边上设置了儿童专用画室。
材质与颜色简单的硬质材料，有助于孩子们集中精力进行创作。

往下看就是餐厅。通过宽阔的舞蹈场地与多功能空间相连。

Data

定员：240 名
总占地面积：2704 m^2
建筑面积：2308 m^2
使用面积：1458 m^2
结构：钢筋混凝土造
层数：地上二层建筑

Plan

1. 餐厅
2. 露台餐厅
3. 厨房
4. 事务室
5. 保育室
6. 画室
7. 露台
8. 多功能空间
9. 厕所
10. 网状游乐设施
11. 储藏室
12. 太阳能板

获奖情况：
2015 KIDS Design 奖 + 奖励奖
2015 Good Design 奖
九州建筑选 2015 奖励作品
中国 The IAI Design AWARD 2016 Best Excellence Award
美国 2016 The A + Awards Kindergarten Finalist（幼稚园部门优秀奖）

08

福岛
SP 保育园

受东日本大地震的影响，不得不进行重建的保育园。

为了让孩子们在任何状况下都能够悠闲地玩耍，将游玩场所设置在了室内。

走廊的宽度约为 4 米，是普通走廊的两倍。将沙池和泳池整体搬入室内。通过这种逆向思维建造出的游乐场不受气候制约。

将室外的游戏搬入室内，
全天候型的园舍。

室内的游泳池地面做了防水，天花板可以打开。下面有送风设备，利用风来除湿。冬天用作球池。

1. 为了防止沙池里的沙粒到处乱飞，四周做了挡壁。为了方便清扫，半室外露台铺设得很宽。

2. 为方便灾害时避难，采用平房建造。

在地震灾害的逆境中顽强落成，安全、安心的保育园

福岛县 Iwaki（磐城）市，是东日本大地震以及随即发生的福岛第一核电站核泄漏事故中受灾最严重的城市。原先的 SP 幼稚园旧园区，在灾害时不幸全部毁坏，临时园舍勉强支撑运营，新园舍的修建迫在眉睫。

地震后面临的问题仍然严峻，这里距离核泄漏的核电站只有 30 多公里，被辐射的危险性还是很大。由于无法让孩子在外面安心玩耍，所以干脆放弃室外，设计了一套能在室内玩耍的方案。比如将平屋建造的建筑物的走廊做得又长又宽，孩子们可以尽情奔跑；再比如，将室外的沙池和泳池搬到室内。进而，宽阔的走廊面向庭园一侧呈全开放状态，一方面做到了充分采光，另一方面也确保了在紧急情况下每个教室到室外的最短动线。

最初是基于防辐射等安全考虑，才不得不设计了宽阔的室内游玩空间，无意中也成为孩子们下雨天的游乐场、附近居民的临时避雨处，用途变得多起来。这是一所让孩子、职员、家长都感觉安心、安全的园舍。

保育室的门上镶嵌着玻璃，室内与室外视线交错。

1. 泳池的一侧，透过窗户能够看到厨房。

2. 沿走廊是一排落地推拉门，紧急情况下，无论哪个班的孩子都可以横穿过走廊到室外避险。

3. 走廊的标识（蒲公英）设计得很低调，模糊了走廊及每个班级的分界。

1. 以白色为基调的、清爽的保育室。
2. 为了更自由地在教室和走廊间穿梭，二者之间设置了很多大小不一的出入口，这也成为玩耍的要素。

从入口处看过去的样子。能够让孩子纵情奔跑的长达45米的空间。没有标识文字或数字的门，因此看不出班级的限制，看起来像一个共有空间。

Data

定员：150 名
总占地面积：3084 m^2
建筑面积：1213 m^2
使用面积：1161 m^2
结构：钢铁构架
层数：地上一层建筑

Plan

1. 事务室
2. 保育室
3. 餐厅 / 游乐室
4. 厨房
5. 仓库
6. 走廊
7. 沙池
8. 室内泳池
9. 庭园
10. 厕所

获奖情况：
2015 KIDS Design 奖
中国 The IAI Design AWARD 2016 Best Excellence Award

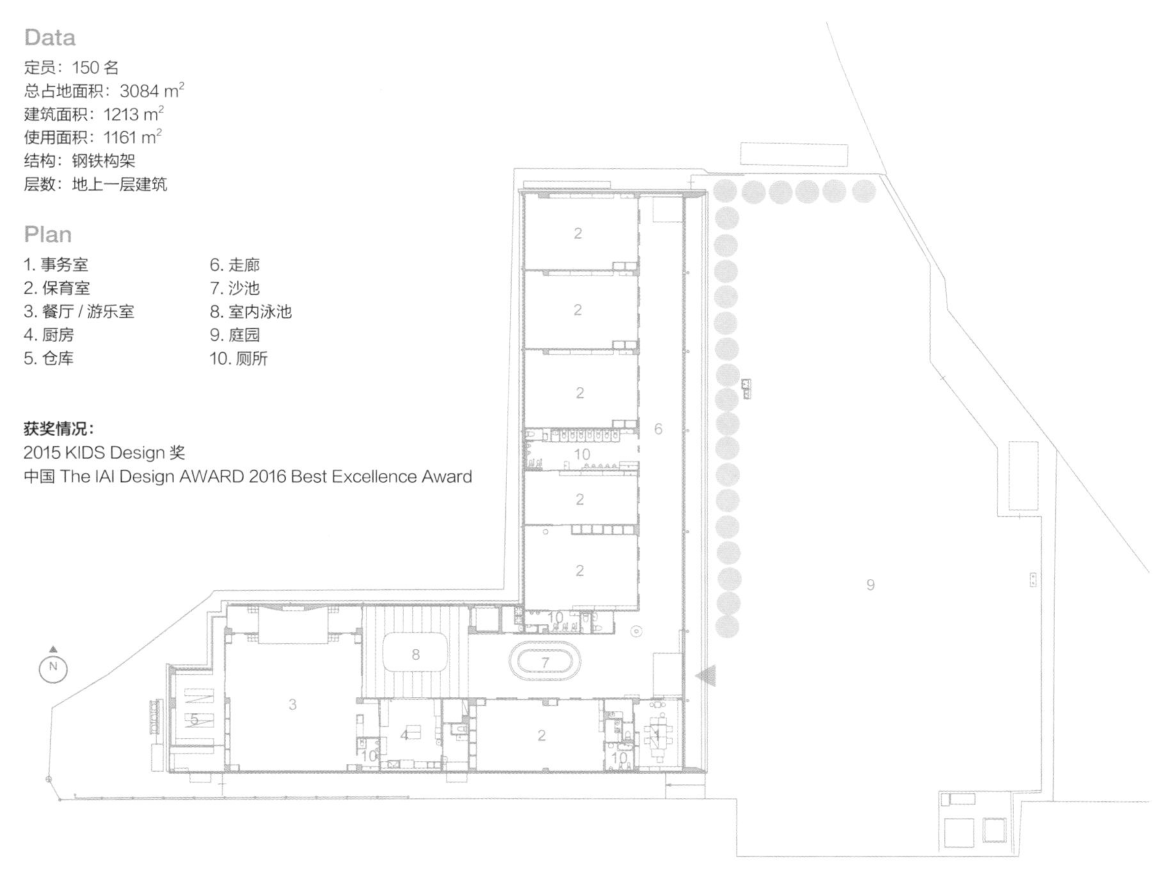

千叶
KM 保育园

这处园舍能够根据心情选择玩耍的场所，共有 3 组庭园。

这是附近从事福祉事业的社会福祉法人的第一家保育园。

与周边的设施融为一体，让街道更具亲和力。

富有南国宅邸风的内装。用藤筐盆栽点缀墙壁。

庭园里有的游乐设施，哪怕很小的孩子也可以玩。

中庭里有南国风情的凉亭和泳池，餐厅的落地玻璃门可以全部打开，二者相连，就像一个度假村。

和街区融为一体，像别墅一样的保育园

在建筑用地附近，有老年特别养护中心和短期护理等机构，运营这些机构的社会福祉法人，委托设计事务所设计了此处园舍。路边种着行道树椰子树，因为街上现有的建筑都带有南国风情，所以这所保育园也采取了类似的设计风格。由于四周大多是低层住宅，园舍也尽量控制建筑体积，采用了分栋建筑的方法：园舍由 3 栋建筑组成，就像 3 个大大的住宅屋。一栋是老师们的办公楼，一栋是 3～5 岁儿童保育室及餐厅，另一栋是婴儿专用楼。三栋楼由走廊等连接在一起，每栋之间都有一个风格迥异的庭园。最大的庭园里有很多原创木制游乐设施，孩子们可以纵情玩耍；中庭里铺设了室外地板，还有泳池，如别墅一般。园的外观使用了浅色调，围墙很矮，自然而然就和周围景色融在了一起。这是一所配合街道的风景而设计的园舍。

与中庭相连的餐厅。木质半室外露台四周镶嵌了瓷砖。孩子们用脚的触感去体会硬质材料。

餐厅里面有游乐场。

入口上方的木梁给人印象深刻，就像一座大大的房子。

庭园中有一个像小屋一样的木制游乐设施。针对不同年龄的孩子设计了不同的使用方式。

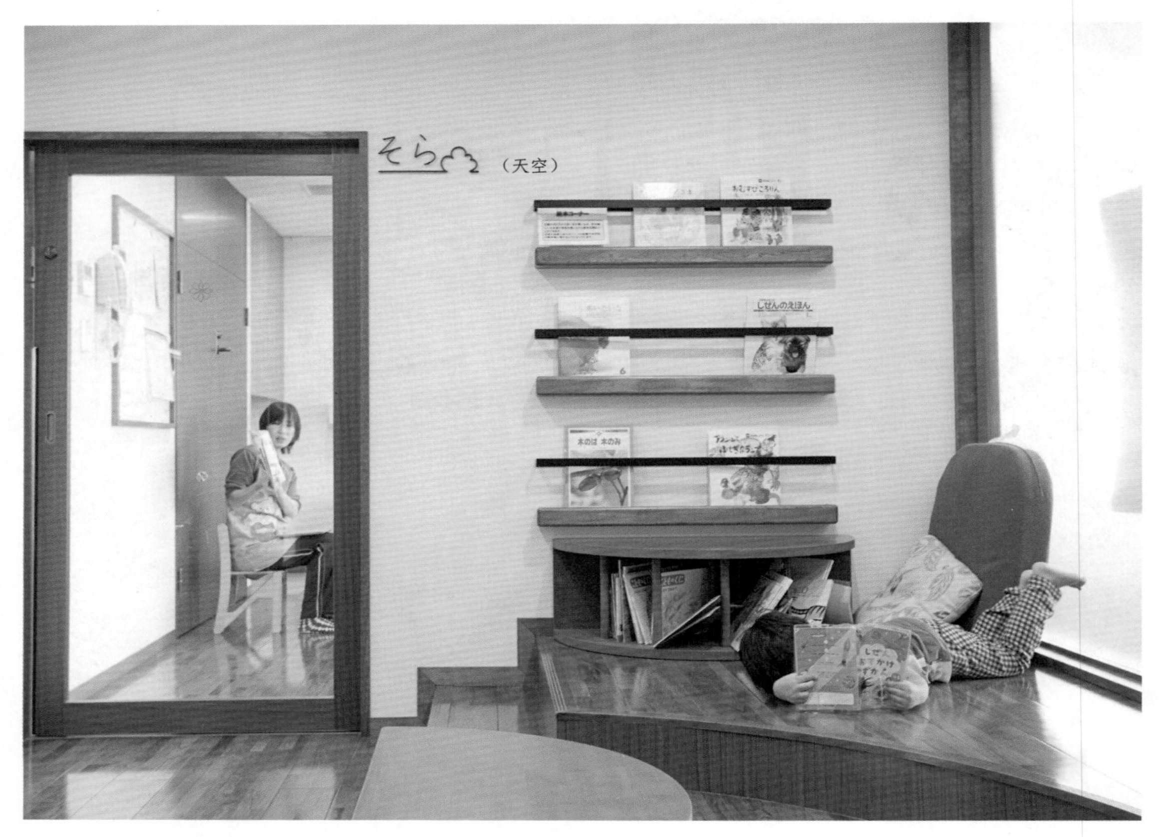

3 ~ 5 岁孩子的园舍是个二层建筑。在教室边上设计了一个有台阶的图书角。

从道路一侧看保育园。围墙很低，过往的行人可以看到园内的情况。设计初衷是打算把保育园作为社区的一部分，因此并没有将其封闭起来，而是面向街道而开放。

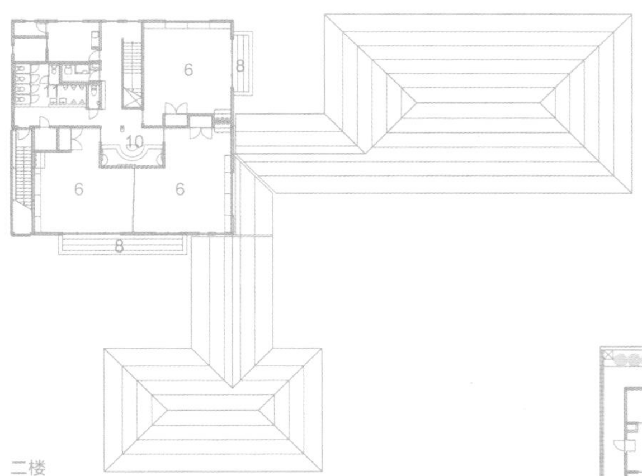

Plan

1. 入口大厅
2. 事务室
3. 中庭
4. 餐厅
5. 厨房
6. 保育室
7. 庭园
8. 露台
9. 储藏室
10. 图书馆
11. 厕所

Data

定员：90 名
总占地面积：1728 m^2
建筑面积：684 m^2
使用面积：896 m^2
结构：木造
层数：地上二层建筑
内装：岛田尚子

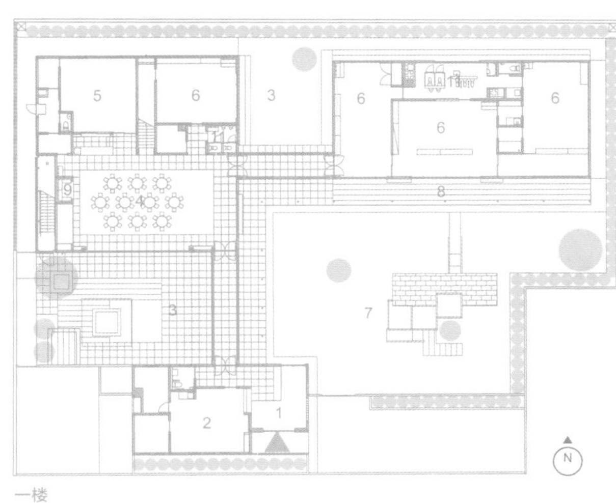

10

大阪
QKM 保育园

从“设施”到“居住”的转变。

没有空间隔断，大空间给人一种家的感觉。

入口附近种植着香草植物。这一设计是为了让人觉得来到园舍是件快乐的事。

从入口到建筑的最里面，地面都没有铺设地板。

建造舒适型园舍

在 20 世纪 50 年代的美国西海岸，为了探求近代住宅应有的样子而试建了一系列房屋研究案例（case study house）。埃姆斯夫妇和诺伊特拉等众多的著名建筑师当年革新性尝试建造的那些住宅，以及其中既开放又宜居的理念，至今仍被沿用。距离大阪市中心非常近的一所小型的保育园，将这些理念引入保育园的设计中，不是“设施”，而是以“居住空间”为目标进行了园舍建造。建筑的中央是光庭。从玄关开始，地面就没有铺设半室外露台，一直到餐厅为止，采光和通风都非常好。高雅的色彩搭配赏心悦目。

草木繁茂的中庭与餐厅水平相连，
晴天也可以在庭园里用餐。

无垢木（原木，见P293）的手感非常好。

Data

定员：80 名
总占地面积：432 m^2
建筑面积：242 m^2
使用面积：458 m^2
结构：钢铁构架
层数：地上二层建筑
内装：FFA

Plan

1. 厨房
2. 餐厅
3. 露台
4. 事务室
5. 保育室
6. 厕所

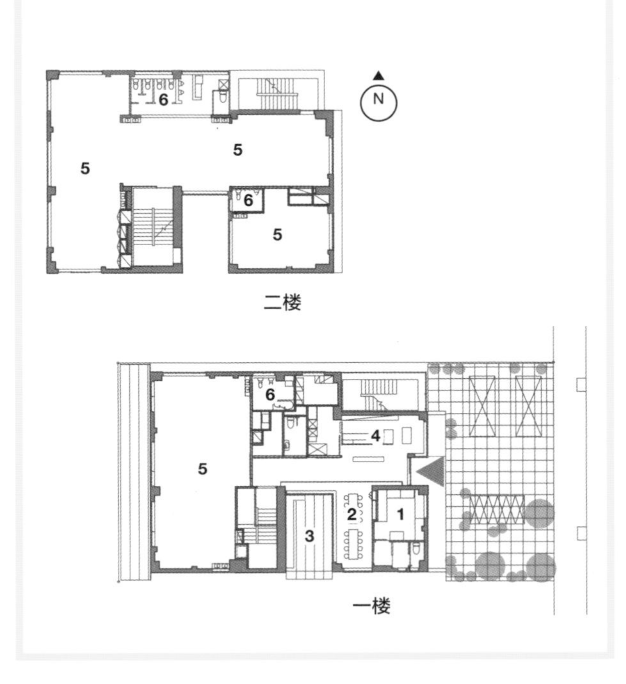

厕所周围的设计也很简洁。

11

东京
QKQ 保育园

“街角咖啡馆”。设置在建筑的一角，就像一个开放的咖啡馆。

即使是过路者也能感受到这里的温馨。

朝外开放的空间让街道与园舍相连

2015 年 4 月，这所东京都大田区新建的保育园，是对都市型园舍可能性的一次尝试。距离地铁站很近，就像私家地铁一般便利。紧凑的三层建筑除了保证保育园应有的面积之外，还在一楼紧挨街道处设置了双向开放的“街角咖啡馆”。这个空间也可以作为餐厅和厨房，因此，不仅可以作为家长们的交流场所，也希望这里成为附近居民聚会、活跃区域气氛的发源地。孩子与大人，大人与大人……希望这座建筑可以促进人与人之间的交流，从而有利于孩子的成长和地区的繁荣发展。

1. 开放式餐厅可以与“街角咖啡馆”进行一体化使用。

2. 图书馆。阳光从大型的窗户射入。

由木纹和白色构成的简单又亲切的外观。

沿着安静的走廊设置了一排长凳，在这里可以自由自在享受温馨的时光。

Data

定员：70 名 + 定期利用 12 名
总占地面积：411 m^2
建筑面积：264 m^2
使用面积：753 m^2
结构：钢铁构架
层数：地上三层建筑
内装：上衫直子（interior design firm）

Plan

1. 街角咖啡
2. 事务室
3. 厨房
4. 餐厅
5. 保育室
6. 厕所
7. 绘本角

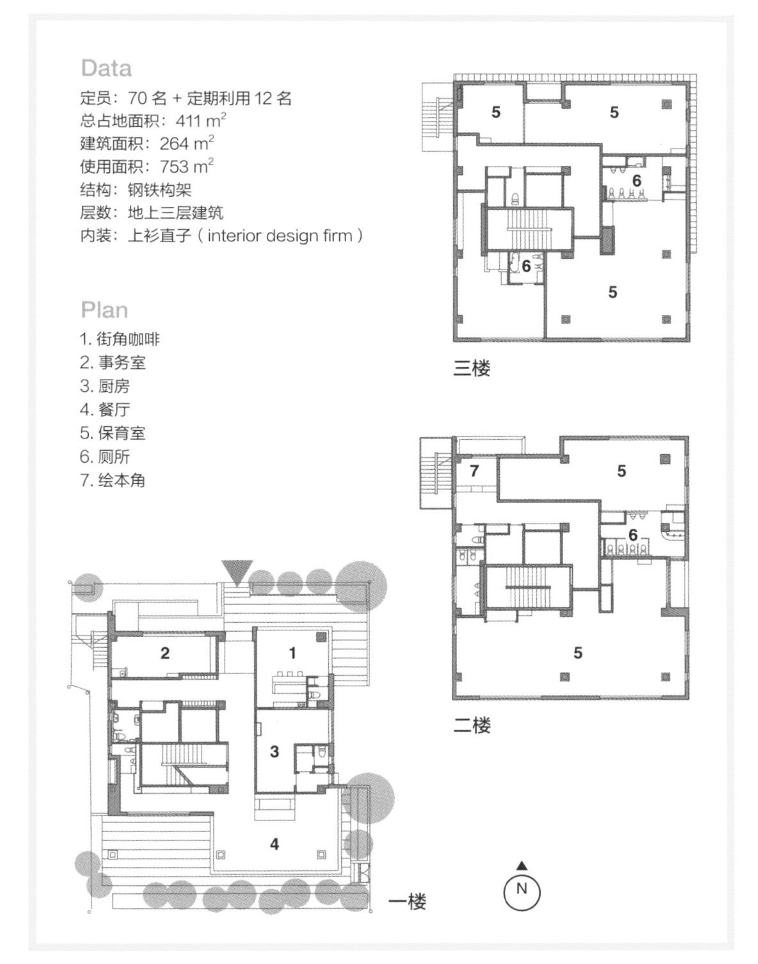

12

东京
SG 保育园

社会福祉法人

SG 保育园

东京都

在街上十分显眼，
给人很强的故事感

园舍外观。像手绘明信片一样温馨，颜色和样式都很简单。中间的大门就是入口。

为孩子和大人共建一个宜居快乐的大家庭

SG保育园坐落于西多摩。在这里，民宅错落于农田之间，平缓的山形格外显眼。创建于1974年，如今历经35年后再次改建。这期间，周边以及社会环境都发生了巨变。“这一带建起了大型购物中心，生活便利了，但是小时候玩耍的草地和树木却不见了。我想为孩子们找回从前的景象。”宫林佳子副院长说，在建筑设计开始前，我以曾被称为“飞来之原”的草地为背景，写下了孩子们在这里自我成长的故事，与设计师们共享。

由此建成的园舍，在屋顶上种植了象征树，崭新的“飞来之原”就这样诞生了。孩子们不仅能从室内登上屋顶庭园，同时也可以利用连接屋顶的斜坡。乍一看很平缓的斜坡，对孩子们来说却好似一座大山。他们摇摇晃晃地开始学步，终有一天能自己登上屋顶。看着年长的孩子们轻松地登顶，他们勇于尝试的精神也能让自己成长。

中央开阔的餐厅，是建筑中颇为重要的位置。天气晴朗的日子，面向中庭的门窗全部打开，好似开放式咖啡馆一般明亮通透。室内尽量减少阻挡视线的墙体，有效利用玻璃门窗，使餐厅、保育室和庭园连成一体，保育室之间彼此可见。这对孩子们和运营方的员工来说，便于相互关注，给伙伴们的成长传递着重要的信息。

3岁以上的孩子吃饭采取自助式，按照自己的食量自取。配膳台的弧度很舒缓，餐厅的地板比大人的厨房高一点，大人和孩子的目光交流正好在合适的高度。

供幼儿使用的入口呈隧道状，从照片最里面的庭园进来，连接着照片这边的中庭。为了防止夏天中暑，还设有喷雾。

每个保育室都配有至少两扇门窗，让孩子们时刻感受关注。收纳空间的尺寸设计力求精细，放置最少限度的日用品。木质家具和日用品自改建以来，部分重新购置。考虑到将来可作他用，并不刻意限定用途，空间宽容度高。

一楼到二楼的楼梯经过餐厅。在园内可以看到上下楼梯的孩子们，使人放心。阳光从楼梯旁的窗户照进餐厅。

让人想去上面看看的直至屋顶庭园的斜坡。处在不同高度可以看到不同的风景，孩子们很喜欢。透过玻璃可以看到园舍和小镇的景色。年长的孩子能跑着上去。连接庭园和种着象征树的屋顶庭园的斜坡，可以激发孩子们“真想一个人爬上去”的好奇心。

屋顶庭园设计了阶梯和起伏，极富变化。

面向保育室和餐厅的中庭，铺满了保护脚丫的木屑。

宫林佳代园长（后排左二），宫林佳子副园长（后排右二）和孩子们。

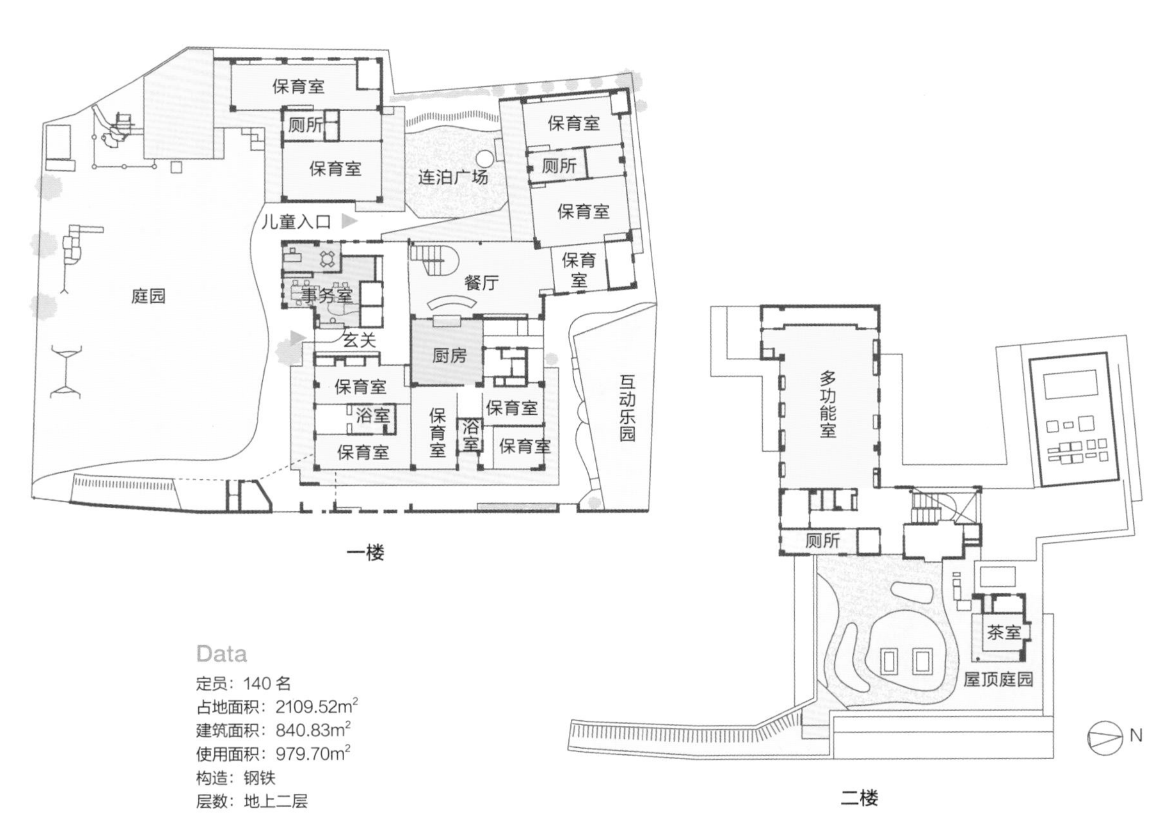

Data

定员：140 名
占地面积：2109.52m^2
建筑面积：840.83m^2
使用面积：979.70m^2
构造：钢铁
层数：地上二层

13

神奈川
MK 保育园

社会福祉法人

MK 保育园

神奈川县

宽阔的庭园，还有一处被称作“豆木农园”的空间，在这里孩子们可以体验栽培和收获。

巨大的涂鸦墙和可以用玻璃贴纸做色彩游戏的灯墙（Lighting Wall）。

将高层大楼下的空间变成孩子们的街道

城市里寸土寸金，在租赁大楼里设立园舍的案例越来越多。与独栋式的保育园不同，租赁大楼里的保育园在采光和通风上都有欠缺，在孩子的感性培养及户外体能培养方面也有局限，不利因素还是挺多的。这所保育园位于大楼的四楼，缺少与外部的联系，采取的对策是在园舍里制造“一条街”。家（保育室）、食堂、图书馆、农园、剧场、广场、涂鸦墙、秘密隧道，等等，这些元素将空间与街道场景相连接，让孩子们可以在这里有很多体验。在街上探险，可以提升体能，培养感性。

“街道”中央是食堂。

街道上有一片凹形空间的“对话广场”。老师和孩子们依偎在一起。

1. 能够抄近道的“秘密隧道”。
2. 图书馆的木纹让人舒心。
3. 清爽的厕所。

Data

定员：120 名
建筑面积：1010 m²
结构：钢筋混凝土造
层数：大楼的四楼部分
内装：美和小织（LITTLE）

Plan

1. 当地活动室
2. 保育室
3. 厕所
4. 厨房
5. 餐厅
6. 秘密隧道
7. 事务室

获奖情况：
2015 KIDS Design 奖

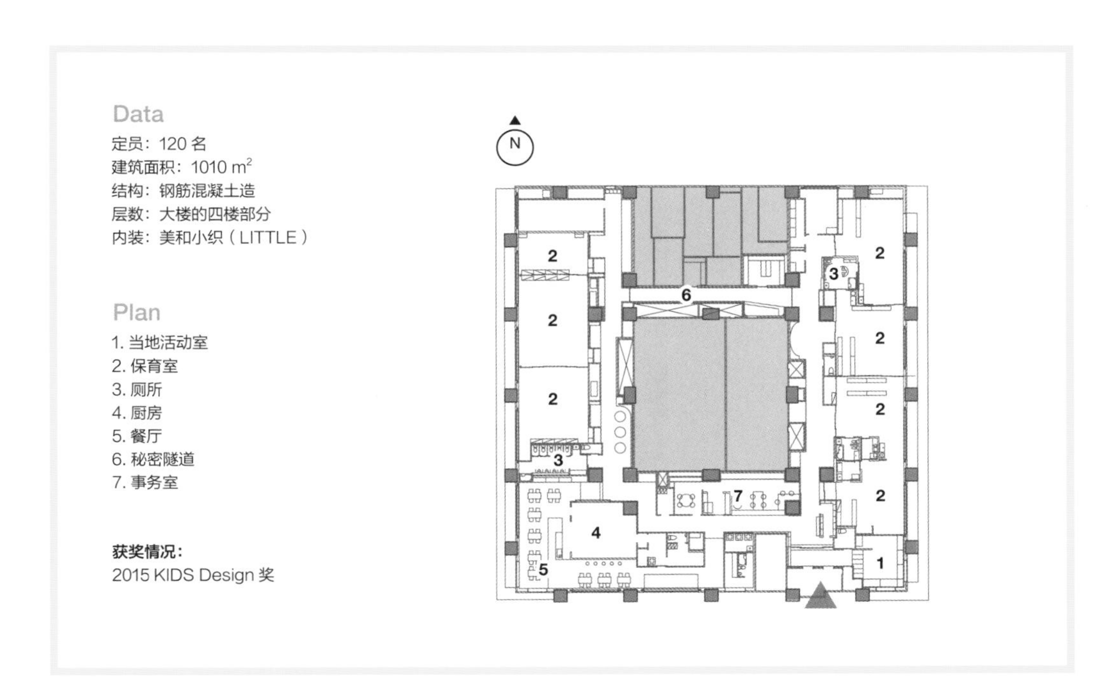

14

神奈川
FK 保育园

内装运用直线、曲线和圆形组合来营造温馨的感觉。

管弦乐器墙和管弦乐器地面。敲一下，弹一下，婴幼儿通过简单的动作就能使其发声。

和声音亲密接触　独创的交流方法

园舍中充满了各种各样的声音，非常有个性。保育园的运营者多年来一直是音乐教室和乐器销售法人。通过接触音乐来培养感性，陶冶情操，是该园舍的理念。园内的各个地方，敲一下，踩一下，用指甲弹一下……声音就会从埋着管弦乐器的墙或地面中发出来。孩子们总是津津有味，乐在其中。另外，儿童对讲机在玄关的外墙通过木管和园内连接，孩子们通过这个设置讲些悄悄话，十分开心。通过声音，让孩子们互相启发，就像集会时的即兴交流一样。

在真正的对讲机旁边设置了孩子们的对讲机。

萦绕声音的神奇设置，非常有人气。

1. 别的地方没有的独创游乐设施。
2. 通过对讲机可以听到从外面传来的声音。
3. 将大楼的一楼设计成保育园。

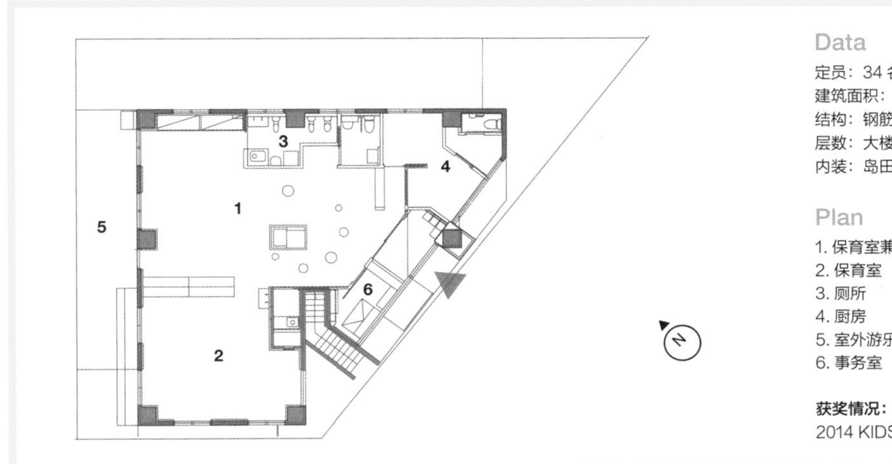

Data

定员：34 名
建筑面积：163 m²
结构：钢筋混凝土造
层数：大楼一楼部分
内装：岛田尚子

Plan

1. 保育室兼 play 餐厅
2. 保育室
3. 厕所
4. 厨房
5. 室外游乐场
6. 事务室

获奖情况：
2014 KIDS Design 奖

15

东京
AZ 保育园

社会福祉法人

AZ 保育园

东京都

在楼道和教室角落里设置了小洞穴，孩子们想安静下来的时候，这里就成了他们的密室。

入口处的图书馆。接孩子的家长可以为孩子们朗读等，自由使用。

与路人也能进行对话：和地区共同培养孩子的保育园

公立的保育所民营化以后，经过改建，成为现在的AZ保育园。害怕幼儿设施太吵闹而受到谴责，或者是过分担心安全问题将园舍和外界隔离。更有甚者，因为担心孩子受伤而限制他们的活动……围绕都市园舍的问题正在日益严峻。该园舍在设计上并没有从当中孤立出来，而是将设施面向当地开放，让大家可以见证孩子们的成长。另外，在建筑内部，既有适合安静生活的空间，又有适合嬉戏打闹的空间。从各个角度来看，这都是一所安全的、让人放心的园舍。

1. 宽阔又有活力的游乐场。
2. 二楼的露台到庭园的楼梯边上设置了滑梯，不仅可以在紧急时使用，平时也是游乐设施。
3. 明亮清洁的厕所。在每个隔间上面都设置了垂灯，让人觉得很安心。
4. 和街道亲近的色调。

园舍的外墙在成年人的视线以下，为孩子与大人的交流创造了契机。

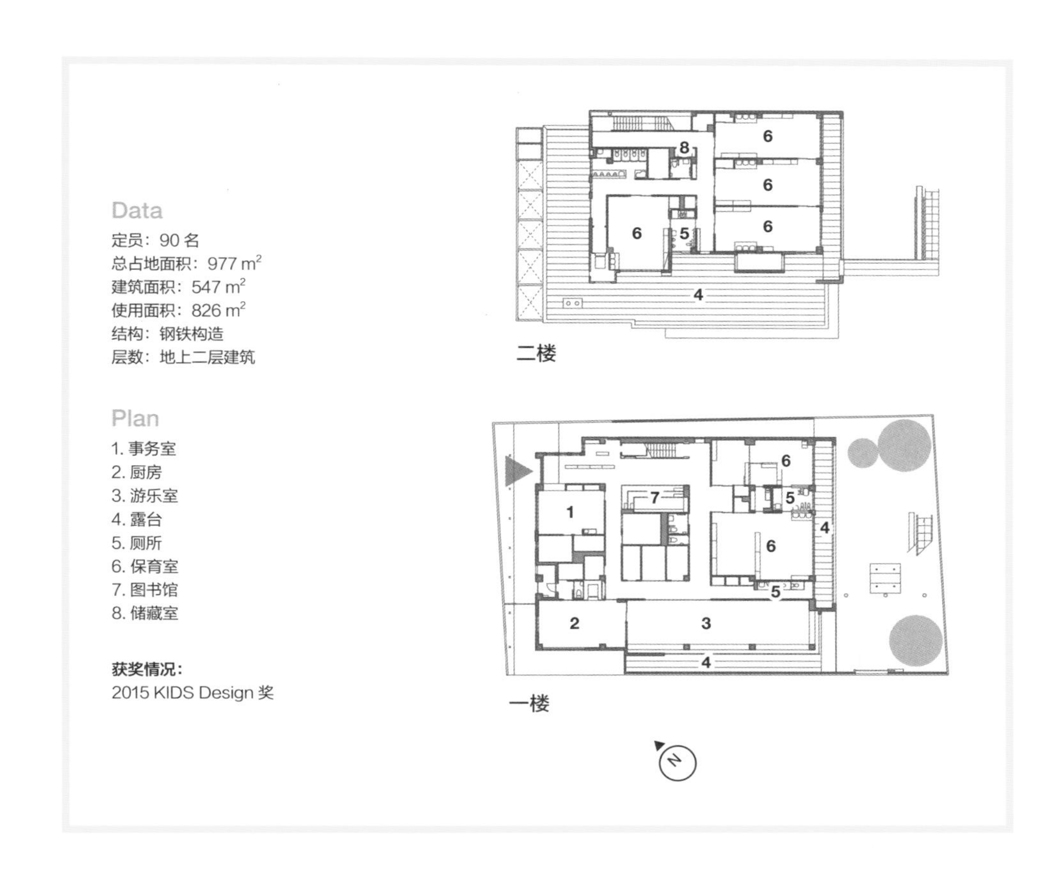

Data

定员：90 名
总占地面积：977 m^2
建筑面积：547 m^2
使用面积：826 m^2
结构：钢铁构造
层数：地上二层建筑

Plan

1. 事务室
2. 厨房
3. 游乐室
4. 露台
5. 厕所
6. 保育室
7. 图书馆
8. 储藏室

获奖情况：
2015 KIDS Design 奖

16

长崎
HK 保育园

在树林里面设置了吊床用来放松。

穿过树林，前往园舍。

与树林一体化的、平房建筑的园舍

这座园舍在改建的时候，原有的园舍照常运营，只将庭园的一部分用于新园舍的建设。由于这个原因，新园舍距离前面的道路就非常远，导致接送路径变得很长。但是，沿着这条路种了大量的树，园舍仿佛坐落于树丛之中，因此，原本的劣势转化为优势。在树丛的尽头，是另一座木造平房园舍。从入口进去，一个供亲子和当地居民进行交流的咖啡厅便映入眼帘。咖啡厅与大厅一起形成了一处开放清爽的空间。草木苍翠，郁郁葱葱，孩子们在这里茁壮成长。

大厅里设置了台阶，可以坐在上面。

作为构造体的梁显露在外，体现出木的温润。

简洁锐利的外观。支撑屋檐的细柱与周围的树林连接在一起。

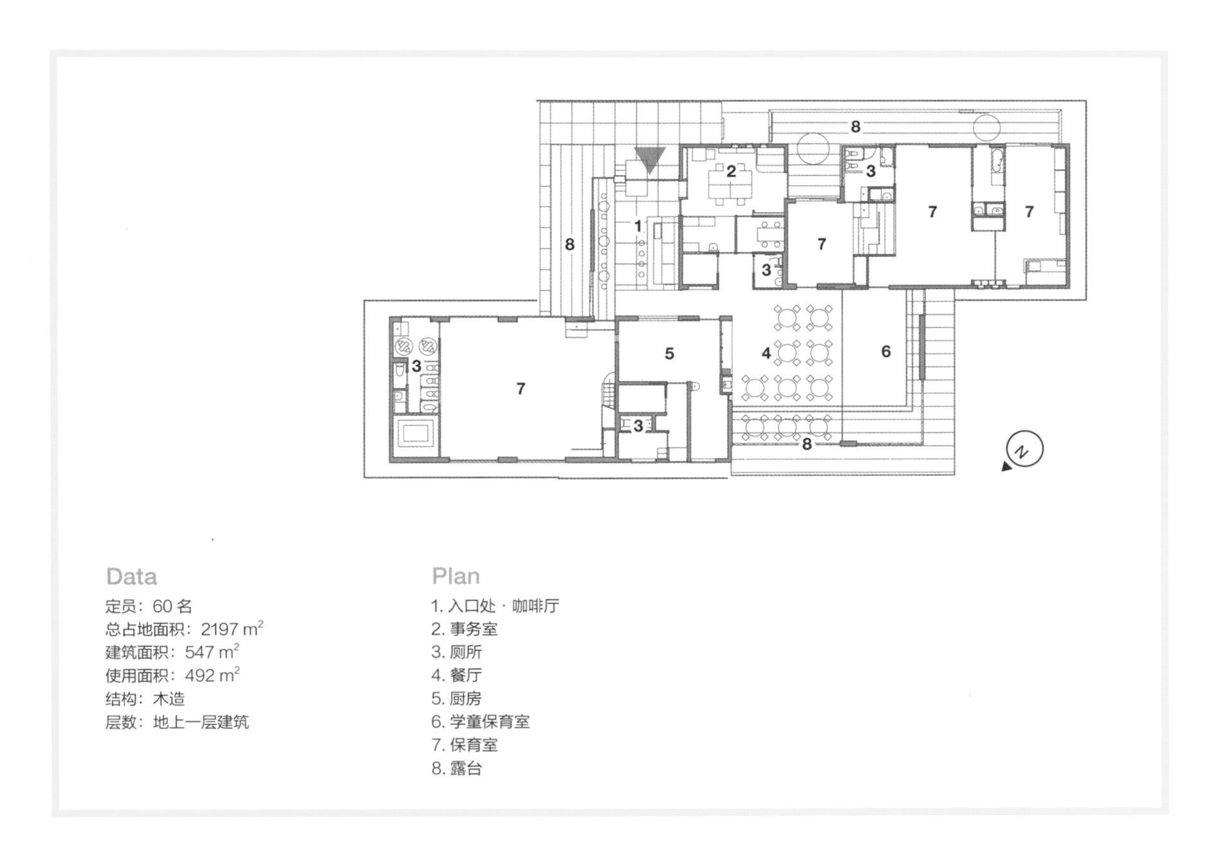

Data

定员：60 名
总占地面积：2197 m^2
建筑面积：547 m^2
使用面积：492 m^2
结构：木造
层数：地上一层建筑

Plan

1. 入口处 · 咖啡厅
2. 事务室
3. 厕所
4. 餐厅
5. 厨房
6. 学童保育室
7. 保育室
8. 露台

17

埼玉
OA 保育园

集装箱将通常看不到的建筑结构部分展现在眼前。

中庭部分。高低落差的台阶给玩耍增添了更多乐趣。

将运输用的集装箱连接起来，园舍建造又多了一种可能性

新园舍采用了独特的设计，将运输用的集装箱纵横连接起来。比起钢铁构架，这种建法工期更短，对环境影响更小，此外，因为可以进行再利用，所以也是可持续建筑。将连接起来的集装箱设计开口、室外地板成为房间，内装多用木材。集装箱的铁、墙壁和半室外露台的木材，庭园的植物……这是一个可以接触到多种天然材料的场所。另外，各集装箱连接处的缝隙和高低差，给孩子们增添了玩耍的乐趣。与新园舍紧邻的游乐室，加入了一些耐震的辅助材料后重新投入使用，园舍中的种种设计都是为了让孩子明白爱惜物品的重要性。

变化多端的庭园里有很多玩耍之地。

通过窗户可以直接看到园区的外面。

和硬朗的外观不同，保育室被树木环绕，十分温馨。

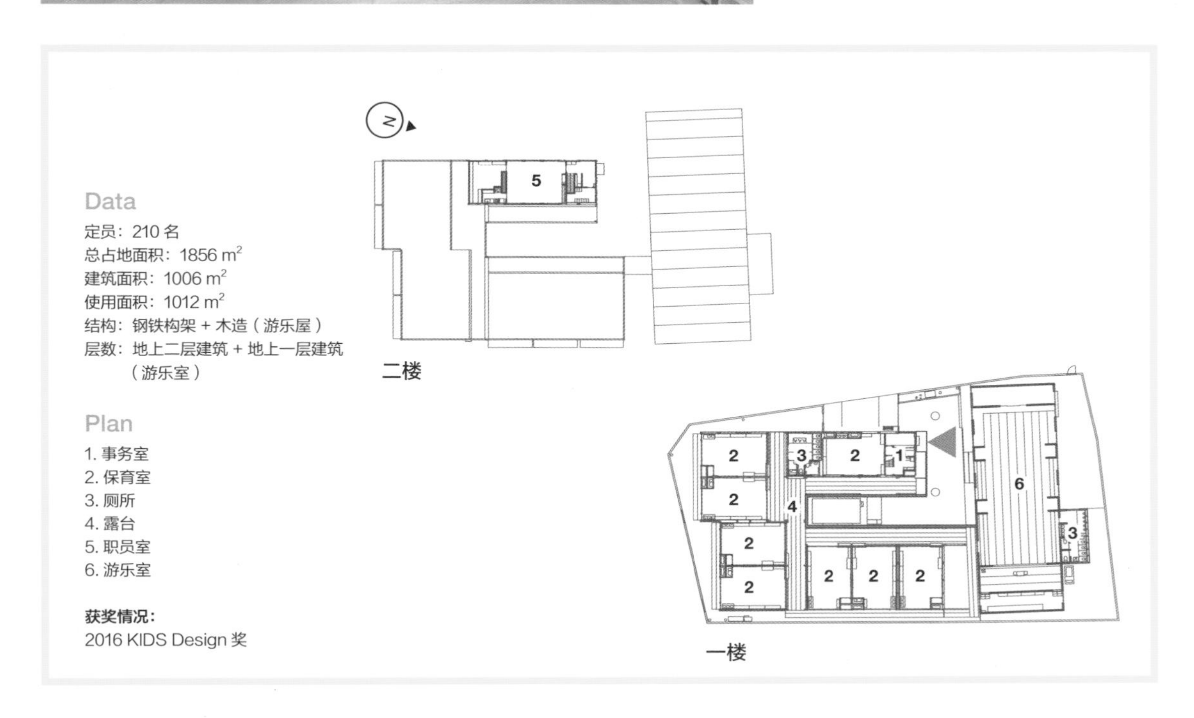

Data

定员：210 名
总占地面积：1856 m^2
建筑面积：1006 m^2
使用面积：1012 m^2
结构：钢铁构架 + 木造（游乐屋）
层数：地上二层建筑 + 地上一层建筑（游乐室）

Plan

1. 事务室
2. 保育室
3. 厕所
4. 露台
5. 职员室
6. 游乐室

获奖情况：
2016 KIDS Design 奖

18

三重
TY 保育园

融入街道的现代化外观。

餐厅一侧是庭园，另一侧面向广阔的大自然。

让人宛若置身大自然律动之中的建筑

保育园的建筑用地四周是田野、蓄水池和森林，自然环境十分优美。园舍的宗旨是希望孩子们能够在这个绝佳的成长环境中，切身感受大自然的生命力。一楼的大型挑高空间，是育儿支援和临时保育室。没有使用隔断，仅用可移动家具进行空间调整，地区活动和保育园内部活动都可以在这里举办。开口处设计得很大，保证了采光和通风。在露台下面设置了水池。夏天，凉风在室内循环，即便不开空调也感觉很舒适。孩子们生活在这个可以眺望自然景色的园舍里，每天都感受着大自然的生命力。

一楼空间用途很多，其中有一个很特别的兼具厨房功能的小屋。

有上下两层的密室与教室相连。

挑高的二楼大空间让人印象深刻。

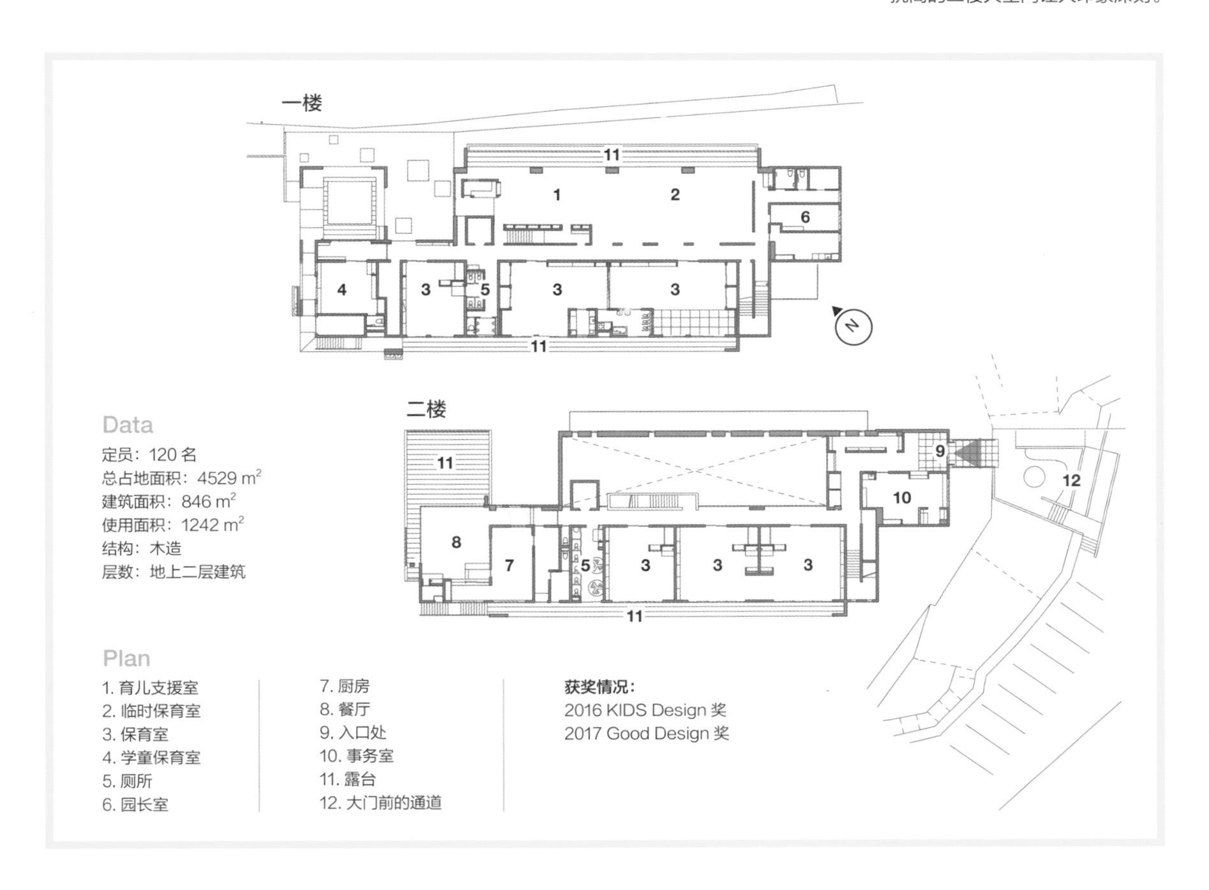

Data

定员：120 名
总占地面积：4529 m^2
建筑面积：846 m^2
使用面积：1242 m^2
结构：木造
层数：地上二层建筑

Plan

1. 育儿支援室
2. 临时保育室
3. 保育室
4. 学童保育室
5. 厕所
6. 园长室
7. 厨房
8. 餐厅
9. 入口处
10. 事务室
11. 露台
12. 大门前的通道

获奖情况：
2016 KIDS Design 奖
2017 Good Design 奖

19

埼玉
ST 保育园

设计出高差，位于凹陷处的图书角。

屋顶连绵的外观。

人与人，人与自然：通过园舍连接起来，互相依存

园舍位于河流众多、有“水乡”之称的埼玉县越谷。一座座单坡式斜屋顶的木造平房，好像水边的渡船一样彼此相连。中央屋顶重叠部分的下方是餐厅，由此开始依次是婴儿区和幼儿区。在入口处附近，有一处像河边小食堂一样的地方，便是家长和保育园、当地和保育园之间的纽带。另外，天花板高处的木梁显露在外，让空间更灵动；地面的高低落差宛如起伏的河岸。以园舍为媒介，人与人、人与自然之间产生了各种各样的关联。

1. 餐厅。变化多端的屋顶让空间充满律动感。
2. 入口处边上是供家长和当地人聚集的地方。

穿过中庭，看看别的地方发生了什么。

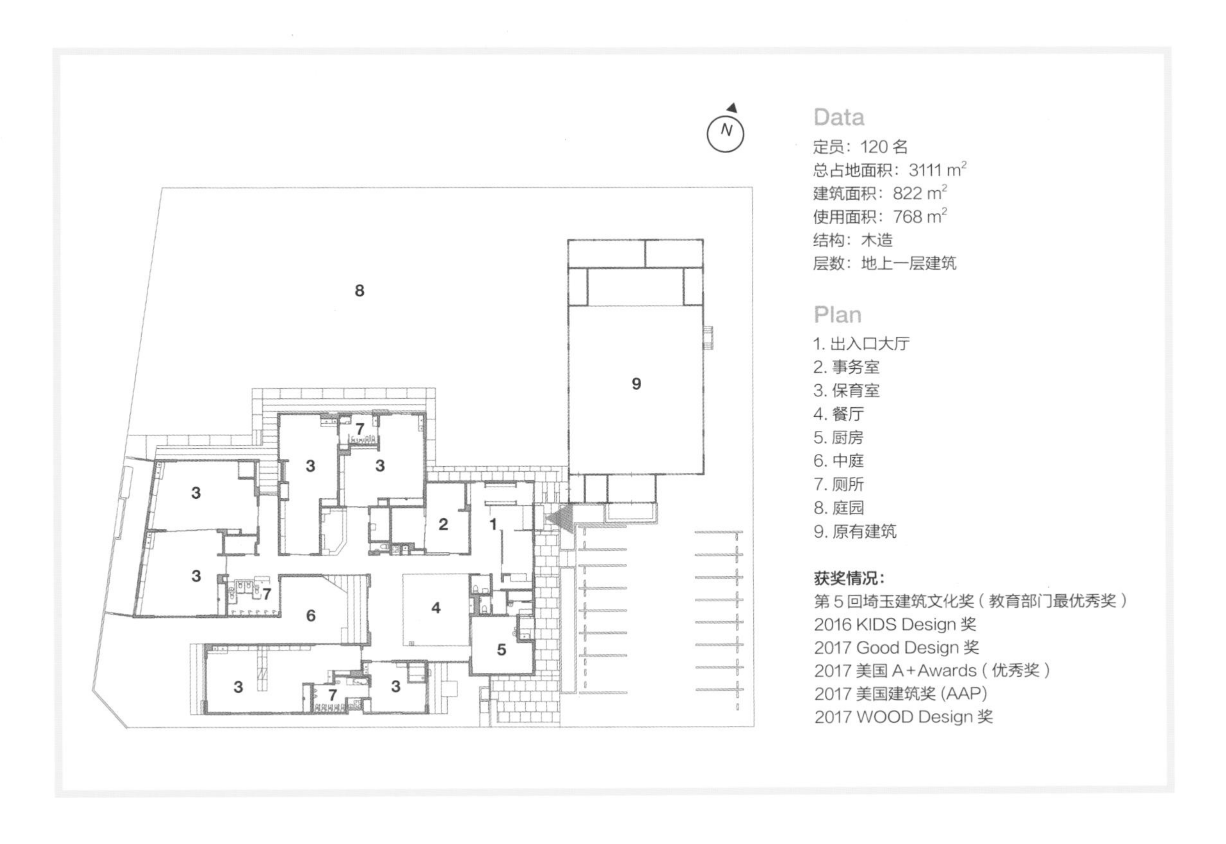

Data

定员：120 名

总占地面积：3111 m²

建筑面积：822 m²

使用面积：768 m²

结构：木造

层数：地上一层建筑

Plan

1. 出入口大厅
2. 事务室
3. 保育室
4. 餐厅
5. 厨房
6. 中庭
7. 厕所
8. 庭园
9. 原有建筑

获奖情况：

第 5 回埼玉建筑文化奖（教育部门最优秀奖）

2016 KIDS Design 奖

2017 Good Design 奖

2017 美国 A+Awards（优秀奖）

2017 美国建筑奖 (AAP)

2017 WOOD Design 奖

20

东京
AKZ 保育园

和庭园相连的餐厅和半室外露台。

在每一层都设置了能够眺望绿化带的图书馆。

与当地居民一起培育孩子：都市型保育园的典范

保育园位于都市安静的住宅区和绿化带对面。园舍并没有对当地封闭，而是积极地面向当地开放，与当地休戚与共。餐厅的落地玻璃门可以全部打开，和庭园连接在一起。当地居民也可以使用这个餐厅。庭园里保留了这片用地原有的高大树木，也面向居民开放。庭园不大，设计有高低差，还有小房子，孩子们在过往行人的守护下无忧无虑地玩耍。在室内的绿化道旁，为了让过道上的人和孩子有交流的机会，特地设置了飘窗。孩子们在成长的过程中，对当地的感情也会越来越深吧。

透过飘窗，能看到过道上的人。

与高大的树木融为一体的小房子。

作为重要街景的高大树木得以保留，在此基础上修建了新建筑。

Data

定员：70 名
总占地面积：645 m^2
建筑面积：363 m^2
使用面积：619 m^2
结构：钢铁构造
层数：地上二层建筑

Plan

1. 餐厅
2. 厨房
3. 画室
4. 书箱
5. 事务室
6. 保育室
7. 厕所
8. 洽谈室
9. 露台
10. 画廊

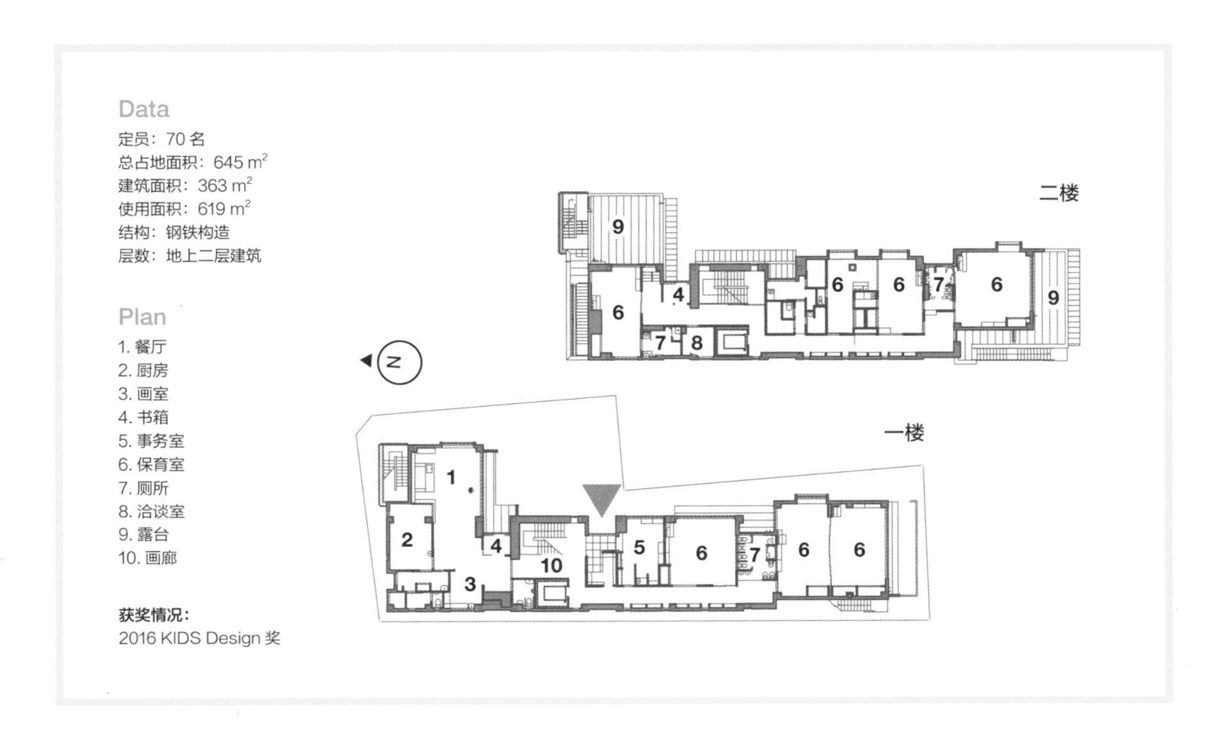

获奖情况：
2016 KIDS Design 奖

21

静冈
ASN 幼稚园

将中庭包围起来的园舍

中庭是草坪，赤脚踩上去感觉很舒服。木造园舍将中庭呈“口”字形包围起来，巧妙地将保育室和户外的人们连接在一起。

孩子们可以持续运动的园舍

对着中庭的门帘可以全开，并且屋檐延伸得很长，即使下雨天，孩子们也可以在屋檐下自由玩耍。

根深蒂固，园的象征

该幼稚园已经有 40 多年的历史了。幼儿用的入口处采取了作为象征的三角形屋顶。

大家都对幼稚园的三角形屋顶印象深刻。

就像被树木包围的保育室，天花板有2.7米高，十分惬意。不管是哪一间保育室，门帘都可以全部打开。

十分简单，
孩子们为其增色

外观是银灰色，内室以木色为基调，也十分简洁。说到底，体现了以孩子为中心的方针。

大家都来关系融洽的游戏室

游戏室长宽约10米，呈四方形，天花板高5.1米。开放式厨房很容易将大家集中在一起。右侧是中庭，左侧是庭园。

庭园，中庭，游戏室，隧道……能玩耍的地方，可以找到很多呢。

园舍让孩子们20年后有健康的体魄

这里的孩子们总是那么充满活力，一个劲儿地在园内来回奔跑玩耍。大家都赤着脚，穿着体操服。“我希望孩子们10年、20年以后有很棒的身体。现在是打基础的时候，有一个能让他们快乐运动的环境太重要了。”坂本佳一理事长说。这里的建筑设施能吸引孩子们自主运动和玩耍，很好地印证了理事长的理念。

园舍南面是防风林，北面连接公园，是通风极好的地段。木造平房将中庭呈“口”字形包围起来。保育室分布在“口”字的三边，面朝中庭。另一边是大大的游戏室和员工室，外侧是庭园。为了让孩子们赤脚，地板选用的是原木。

中庭和保育室之间的门帘全部都可以打开。因此，当门帘打开的时候，屋檐延伸出来，通过走廊，就将室内和青草萋萋的中庭连接起来。在保育室的人可以看见中庭玩耍的人，不管置身于哪里，都感到充满人气，热热闹闹。

从中庭旁边的楼梯爬上去，通过建筑的一个隧道，到了二楼，有一个滑梯，还有一处通往二楼的弯弯曲曲的大楼梯。孩子们可以在畅通无阻的走廊下跑动，或者在隧道里朝着老师挥手，又或是从滑梯滑下来。大人走的楼梯也不单单是上下这么单调，而是挂上鱼线，假装玩钓鱼游戏，都是很有创意的。“也许有人会担心这么大的楼梯会不会很危险。不过开园以来从未发生过事故。孩子们根据自身情况量力而行，一点点地长进。”

外墙是金属侧线是银灰色，内装基本上是木质。并不是要有意排斥孩子般的五颜六色，只是觉得孩子们的创造力就能使园舍多姿多彩。

1. 从庭园看园舍。楼梯上去是二楼的隧道，和通到中庭的滑梯连起来。对面左侧是职员和家长进出的大门，右侧是游戏室。
2. 从中庭里设置的大楼梯上到二楼以后，是一个小小游乐场。随着慢慢长大，孩子们就可以上下楼梯或去屋顶上玩耍嬉戏了。
3. 想尽办法开发孩子想象力的坂本园长，一天拿了一个大冬瓜。孩子们问“这是什么”——就这样调动了他们的好奇心。冬瓜过会儿就给大家做成饭食。

1. 坂本佳一理事长和身为职员的妻子。

2. 从图1里提到的楼梯连过去的通往中庭的滑梯。孩子们在这里进行小小的探险游戏。

3. 从图1的楼梯上去，就是这样的一条隧道。通过右侧的窗户可以看见游戏室和开放厨房；左侧可以看见员工室，孩子们觉得十分有意思。隧道前面是滑梯，滑下去就是中庭。

1. 园舍外面的防风林。作为大自然的一部分，这里有各种各样的动植物，还有从海上漂过来的东西。孩子们不时可以到这里散散步，和大自然接触接触。
2. 庭园里既有现成的玩具也有手工做的。利用坡度玩耍或者画画，孩子们想怎么玩就怎么玩。
3. 全景。围着中庭一周的走廊，滑梯，弯弯曲曲的楼梯，以及孩子们来回跑动的地方，构成了这所园舍。

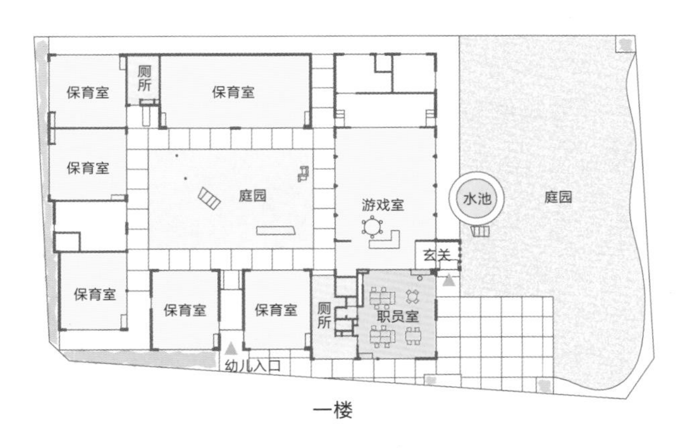

一楼

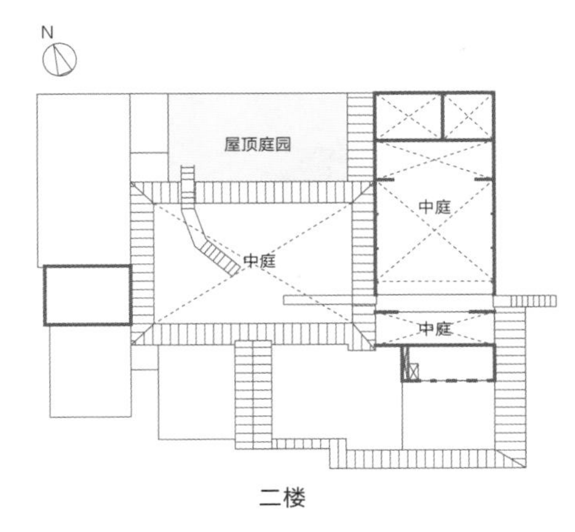

二楼

Data

定员：180 名
占地面积：2113.73m^2
建筑面积：1023.73m^2
使用面积：882.46m^2
构造：木造
层数：地面以上二层

获奖情况：
2009 KIDS Design 获奖

22

茨城
AKN 保育园

保育园建在一处广阔的平地上，将筑波山一览无余。考虑到采光和通风等要素，最大限度利用了大自然的恩惠。在这里可以重温日本古代山村的风景。

与自然共存的宽大屋檐

宽大屋檐下的平台犹如回廊，将三栋园舍连接起来。屋檐可以在风雨来临时保护园舍，还可以在夏天为大家提供避暑的阴凉。

利用自然之力的园舍
将山村风景印在心中

由三栋园舍构成，每一栋都是三角形屋顶的大通间。从采光窗洒落下的光在空间中演奏着光影之歌。

环境舒适，饭菜可口

明亮通透的餐厅

从入口处就可以看到有高高天花板的餐厅，坐在里面可以看到院子里的树木和池塘，还设计了半室外露台。

通过太阳能板利用资源

端庄的屋顶本身其实就是一块整体化的太阳能板。设计中规中矩，提高了建筑物的功能性。

园舍中设计了池塘，利用了泳池的水。通过埋入陶管等制造起伏，产生变化。同时铺设了绿油油的草坪，可以裸足嬉戏。

在保育室（3~5岁儿童）中设计了一处高出地面的半独立空间，里面放置了绘本。同明亮的保育室相比，这里环境安谧，可以提高孩子们的注意力。

受惠于大自然的光与风、颇具韵味的园舍

AKN 保育园眺望着山脊连绵的筑波山。占地约 2200 坪（约 7273 平方米），分为三栋平房，通过走廊连接起来。

“这里不是都市，更接近大自然，所以要尽量使用自然素材、不使用空调暖气和电灯。”佐竹亚规子园长提出这样的要求。

三栋分别是：0～2 岁宝宝的保育室和事务室及餐厅，3～5 岁孩子的保育室，以及游戏室。都是“山”字形屋顶，延伸出去很长的大屋檐。屋檐下是木质走廊，像以前常见的回廊一样将三栋平房连接起来。大大的屋檐不仅可以遮风挡雨，还在炎炎夏日为大家提供阴凉的栖身处。每个房间都面朝走廊开门，保育室顶上有玻璃材质的三角形采光窗，从窗户进入的空气和走廊里的空气形成了通风条件，使园舍保持了良好通风性。园舍刚建好的那个夏天，一次空调都没有开过。佐竹园长说，天窗透进去的阳光很充足，白天不用开灯也没关系。

宽大的屋檐对配有停车场的入口走廊也十分有用，粗粗的木柱给人很有力量的感觉。下雨天，接送孩子的家长们也不用撑着伞，对他们来说是一件值得高兴的事。屋檐下的玄关稍微过去一点是入口大厅，特地将天花板放低，控制采光紧挨着的餐厅，天花板就很高，窗户照射进来的阳光很充足，和大厅形成了对比，这也是其特点之一。

建造回廊，运用光、风等一切大自然的因素是日本自古以来的建筑手法。现代的 AKN 保育园诠释了这种手法。在这里可以看到日本山林的风貌。

保育室门上的数字很生动，还有标志。

1. 餐厅天花板的高度超过3米，从上面垂下来巨大的灯泡形状的灯罩——这是佐竹园长的选择，目的是激发孩子们玩耍的童心。从露台通过走廊到庭园也可以看到，露台旁也通过顶部采光窗注入大量光线。
2. 小点心小零食都是手工制作的。
3. 为了让厨房的人员和孩子们视线在同一水平线上，餐厅的地板特地抬高了一些。
4. 保育室房顶上小小三角形的采光窗成为保育园的象征。

1. 在这里可以眺望雄伟的筑波山，感知四季的变化。

2. 厕所两边都有入口，光线又好又通风。

3. 喜欢搜集有意思的东西和街边艺术品的佐竹园长。门上到处都可以看出这种喜好。

1. 游泳池的水流到了后院这个小池塘里。这片土地原本就有很多栗子。这里和宽敞的庭园不同，别有一番乐趣。
2. 佐竹亚规子园长和妹妹佐竹美香老师。
3. 一按游泳池旁的水泵，水就流到园舍对面的小池塘里去了。
4. 入口外是宽敞的停车场。园舍是包围着庭园而建，所以孩子们可以尽情地来回奔跑玩耍。

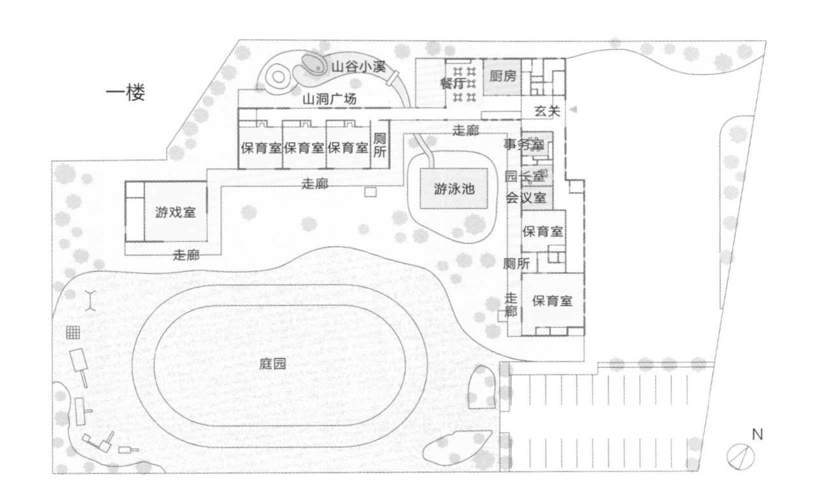

Data

定员：90 名

占地面积：7275.39m^2

建筑面积：1432.50m^2

使用面积：992.00m^2

构造：木造（KES 构造法）

层数：地上一层

23

东京
SW 保育园

在城市里，没有足够的庭园空间。合理利用阳台、屋顶，也是可以为孩子们创造出游乐场的。

社会福祉法人

SW 保育园

东京都

将游乐场立体展示出来的城市型园舍

调动全身的原创游乐设施

在三楼的阳台地板上开洞，从二楼的阳台向上伸出细密的网状游乐设施。

11月12日(月)

今天要做什么事，
大家就都明白啦！

连接着家长、孩子和幼稚园的黑板壁

进入园舍，家长们能立刻看到，外侧的黑板成了记录各种事项的联络板。

可以看到做饭的场所，
饭菜就会更加美味。

健康饮食教育特别重要，做成开放式厨房

重视食育的园舍，把厨房设置在入口处，通透的玻璃窗户使做饭的场景一目了然。

自由自在的游乐场

建筑里到处都是屋顶平台和阳台。将宽敞的楼道和走廊连起来，制造出富于变化的游乐场所。

入口一侧的外观。不锈钢网格象征着从前因旅社町而繁荣的板桥区，再现了旅社的竹帘。蓝色的玻璃部分放置了阳台的网状玩具。

融入社区街道的园舍

该保育园由团地（日本集中建立的住宅区）区营保育园民营化改制而建。用地在原有团地的再开发区域内划定，从定员人数来说，面积不大。虽说对面有占地不小的交通公园，但是如果能在园内给孩子们提供舒展的活动空间，那是最理想的。“我们希望园内有各式各样的巧妙设计，能让孩子们玩耍。”永嶋英子法人本部长和大久保善晴园长说。这样的愿景，体现在这座建筑物的各个角落。

在有限的用地条件下，没有为营造庭园而缩减建筑物的占地面积，转而选择了将园舍用地全部用于建筑物本身。在这个三层建筑中，设计了多处中庭和露台。加以台阶和小桥将这些中庭和露台连接起来，创造出彼此连通的立体化游乐场。这里不仅随处可见凳子、隔间这样可供玩耍的小设计，二楼大厅的阳台还设有直通三楼的攀爬网。这些网由工匠们反复斟酌后手工编织，孩子们利用它往来于二楼与三楼之间。“这种设计是前所未有的，当初经营方着实犹豫了一番，”大久保园长说，“但是无论如何，最重要的是让孩子们高兴——他们个个使出浑身解数爬上爬下。确保安全是毋庸置疑的，但是也要对新事物抱有宽容的心态。运营方也需要改变思路。”

厨房，是一向注重食育的SW保育园的象征。紧邻入口的厨房，可以说是园舍的“黄金地段”。每个到访园舍的访客，都能看到厨房的模样。“大家能看到保育园所做的努力，亲眼看到配餐的过程也让人放心。”永嶋法人本部长说。

一楼的厨房，二楼到三楼的攀爬网。从入口一侧看去，这座建筑仿佛时刻向社区传递着快乐。夕阳西下，园内灯光点亮，柔和的光线透过外墙的网格，好似一盏街灯，与周边的住宅融为一体。

二楼的屋顶阳台。通过横跨庭园的小桥，连通另一侧的屋顶阳台。

1. 与走廊无间隔的厕所。窗户自然采光，空间极具开放感。保育园注重食育，室内各处采用了食材的自然色。

2. 出于安全考虑，由工匠手工编织的攀爬网。

3. 道路一侧的外观。保育室的飘窗经过涂色，仿佛一盏街灯照亮街道。这也是对园舍所在的板桥区——旅社町主题的当代诠释。

1. 二楼的游戏室用来练习游戏，特殊活动的日子可以用作午餐厅。设有厨房，并对社区开放。
2. 保育室内，利用飘窗布置的长凳。孩子们善于利用这些小设计玩耍。有效地利用开放空间，让园内的每个人都受到关注。
3. 永嶋英子法人部长（左四）、大久保善晴园长（左五）和孩子们在一起。
4. SW 保育园注重食育。积极利用当地食材，并全部在园内厨房烹饪。

黑板墙。粉笔和磁贴玩具有多种玩法。

一楼的绘本角更像是密室。这里也有为监护人准备的读物，大人与孩子在这里亲密相处。

Data

定员：90 名
占地面积：899.21m²
建筑面积：520.97m²
使用面积：1096.75m²

构造：钢铁
层数：地上三层

获奖情况： 2012 KIDS Design 获奖

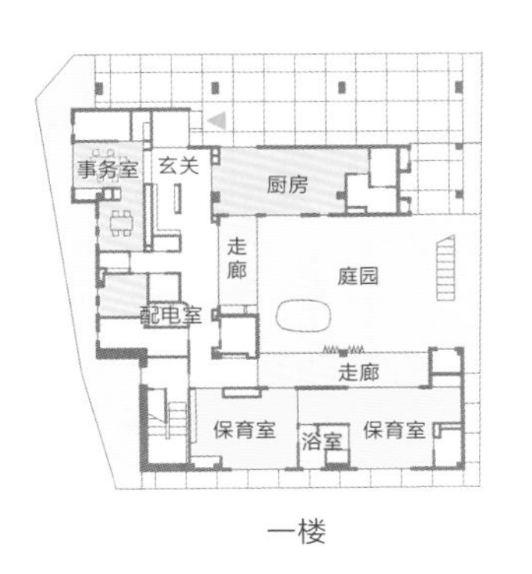

一楼

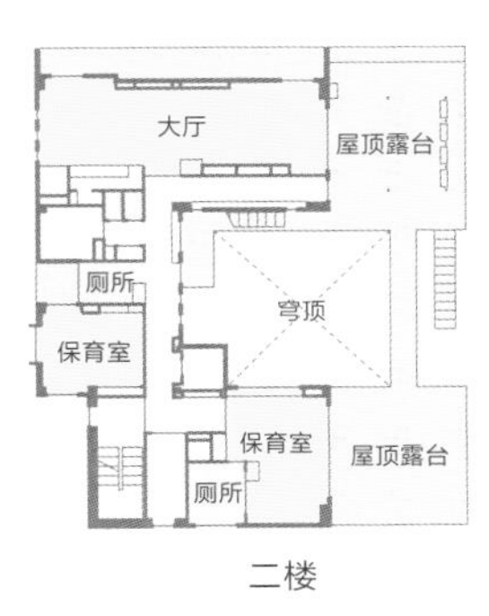

二楼

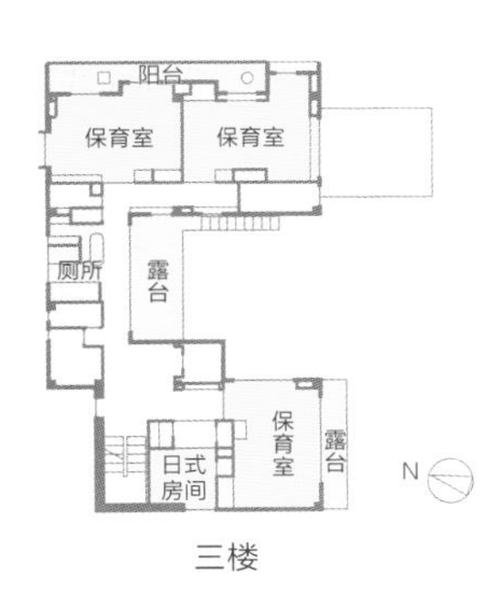

三楼

24

大分 KS 幼稚园 / 保育园

面向大海，面积广阔的幼稚园。户外的阳光充分照射进园舍，通风也极好。庭园起起伏伏，孩子们不仅能锻炼到身体，创造力也得到培养。

社会福祉法人

KS 幼稚园

大分县

最大限度将自然融入园舍

为了让孩子运动起来，
将大厅建在建筑物中央

幼稚园重视全身运动（横峰式），哪怕是下雨天也要尽量活动，因此将大厅建在了建筑物的中央。

宽敞的大厅
大家全力向前跑

为了让建筑物高度和周围环境有机结合，控制了其高度

园舍外观。右侧是大海。为了和大面积的土地保持一体化，建筑物修成了平房。为了遮挡夏日的强烈阳光，屋檐延伸得很长。

和保育室连着的独立庭园，为了消暑而设有喷雾。建筑物外部的走廊檐下也畅通无阻，形成了一个能让孩子来回跑的空间。

明亮美观的厕所，
让孩子愿意去

把平时隐藏在建筑物深处的厕所建在中庭的对面。五颜六色的明亮空间，能愉快地建立起自立性。

能看见无尽大海的园舍

九州东部直面濑户内海的国东半岛。KS 幼稚园坐拥晴好而平静的海面，占地 1.2 公顷。扎根于这片土地 60 多年，随着社会和家庭形态的变迁，幼稚园也顺应潮流而改建。

为了充分享受这一片大海和海风的恩惠，建筑采用了开阔的单层设计。建筑中央设置了长约 20 米的大厅，雨天，孩子们可以在这里尽情奔跑。“我们顺应全国性潮流，最早实践了 YY 项目（横峰式）。”福田素纯园长说。除读写计算之外，全身运动也是每天必不可少的教育内容之一。从设计开始的最初阶段，我们就要求必须确保孩子们的活动空间。

为了让孩子们舒展自在地做各种运动，比如倒立、劈叉，大厅的地板和墙壁都是木制。即便是摔了跟头、练习失败了也不会受到大的伤害。良好的空间环境有助于孩子们的成长。

教室环绕大厅，布置在建筑的外围。教室都可以向外侧开启，每个教室还修了单独的庭园。之外，厨房的一侧布置了中庭，半室外的露台边还修了游泳池。无论在园舍的哪个角落，都能感受到室外的自然风貌。巧妙利用室外的自然环境，室内生活得以不必依赖于照明和空调设备，具备了很高的可持续性。只有这种受大自然恩惠的用地，才能成就室内室外联系紧密的建筑。

另外，这里的庭园与玩具公司协同合作，利用建设期的土方堆起了小山，修成了起伏的地形，同时放置了游乐设施。孩子们在超过自己身高的小山中，在游乐设施的空隙里，发明新的游戏。没有强制，也没有焦虑，这里可以培养孩子们的独创性和身体能力。

庭园紧邻伊予滩。为了身在园舍就能远眺大海，仔细探讨了窗户、开孔以及庭园假山的位置。

大厅里练习倒立行走的孩子。开始时靠着木墙反复练习，逐渐熟练后能够自主行走了。

入口旁边的小房间里玩耍的孩子们。用高低不同、色彩各异的天花板创造出富有变化的空间效果。

1. 园舍全景。利用建设期的土方堆起了小山，修成了起伏的地形。爬上山顶，景色豁然开朗。从下图中可以感受到登顶后孩子们成长的喜悦。利用地形起伏埋设了隧道，安放了游乐设施，创造了无法复制的原创庭园。
2. 福田素纯园长和孩子们。

1. 栽种绿植的中庭。阳光将树叶的形状投影到室内。左侧远处是开放式厕所。
2. 露台边的小游泳池，在这里可以远眺大海，仿佛置身于度假酒店。遮阳的设计恰到好处。
3. 近处是大厅，远处可见保育室。顺应建筑的形状设计了每个保育室的独立庭园。庭园照进阳光，室内光线充足。

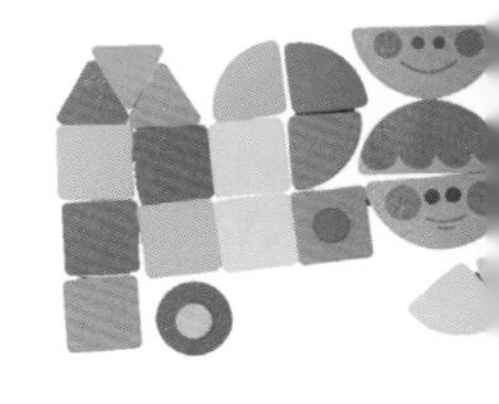

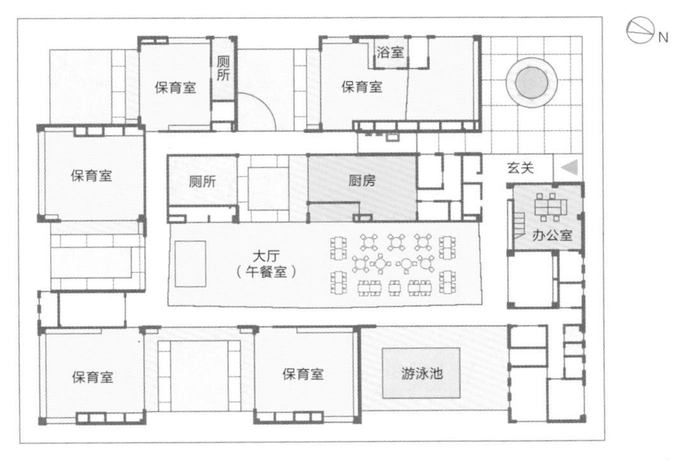

一楼

二楼

Data

定员：140 名
占地面积：11998.96m²
建筑面积：1086.79m²
使用面积：916.93m²
构造：钢铁
层数：地上二层

获奖情况：
2012 KIDS Design 获奖 / 第五届建筑九州奖前 30

25

长崎
KG 保育园

保育园建在能眺望大村湾的小山坡上。木造建筑和利用倾斜度修建的庭园融为一体，创造出开阔的空间。

社会福祉法人
荣昭福祉会

KG 保育园

长崎县

利用地形来进行建筑物和庭园的配置

土地朝右边的大海倾斜。园舍好似被小山丘所守护，利用倾斜的特点设计出的庭园高低起伏，富有变化。

采用 KES 构造法，安全放心
采用抗震、耐火的KES构造法。餐厅天花板高4.5米，照明采用开关式的顶部采光。
像在树林里用餐的明亮餐厅
Ohisama Hiroba（日光广场）
7 (しち)

“烧杉”是日本自古就用来作建筑外墙的材料。事先将杉板炭化，使其经久耐用而且耐火。阳光照射的时候，表面呈现出微妙的变化，十分美丽。

将园舍和庭园连接起来的宽阔连廊

园舍建在庭园对面，面朝大海。宽阔的木制连廊将其巧妙地连接起来。

巧用倾斜地形、拥抱大海的保育园

KG 保育园位于大村湾西侧的高地，隶属长崎县。这里地形复杂，环抱平静的大海。新园舍用地原本是农田，距离老园舍只需步行几分钟。“设计方案与这里的景色和周边环境联系紧密，我们执意要采用触感上佳的木结构。”谷口刚园长说。

这里巧妙利用面向大海的坡面，修建了富有高差的庭园，园舍采用单层结构，位于中心位置。建筑意喻“巢箱”，被起伏的地形环绕，让孩子们安心。外墙采用深色系，取材自大分县日田产的烧杉板材。稳健而温和的园舍，迎接每个入园的孩子。

进入室内，意境大有不同。通过玄关进入大厅，是层高约 4.5 米的开阔空间，与局促的外观印象形成鲜明对比。色调明快的木制大跨度无柱空间，回荡着孩子们的欢声笑语。大厅约有一半用作午餐厅，余下部分是给 3～5 岁儿童共用的教室区域。这里用符号划分了“学习”“游戏”“积木”“表达”“制作”区，孩子们可以按照各自的意愿做出选择。饮食和午睡区安排在别处，这使分区教育实践更为有效。建筑布局迎合了园舍的教育方针。

这里选用了业主偏好的木结构，因此出于抗震耐火的考虑采用了“KES 构造法”，梁柱的结合部使用钢制五金件，提高了安全性和设计自由度。梁柱取材自国产的日本落叶松。墙体和天花板，地板以及连接建筑与中庭的大面积露台和顶棚都选用了木材。孩子们可以看到，进而通过手足的触感体会木材的亲和力。

这里的建筑享受着无与伦比的大自然恩惠，安全的“鸟舍”融合开放的设计，丰富了孩子们的五官感受。他们各自发挥好奇心，启迪自发性，在这里度过“离巢”之前的生活。

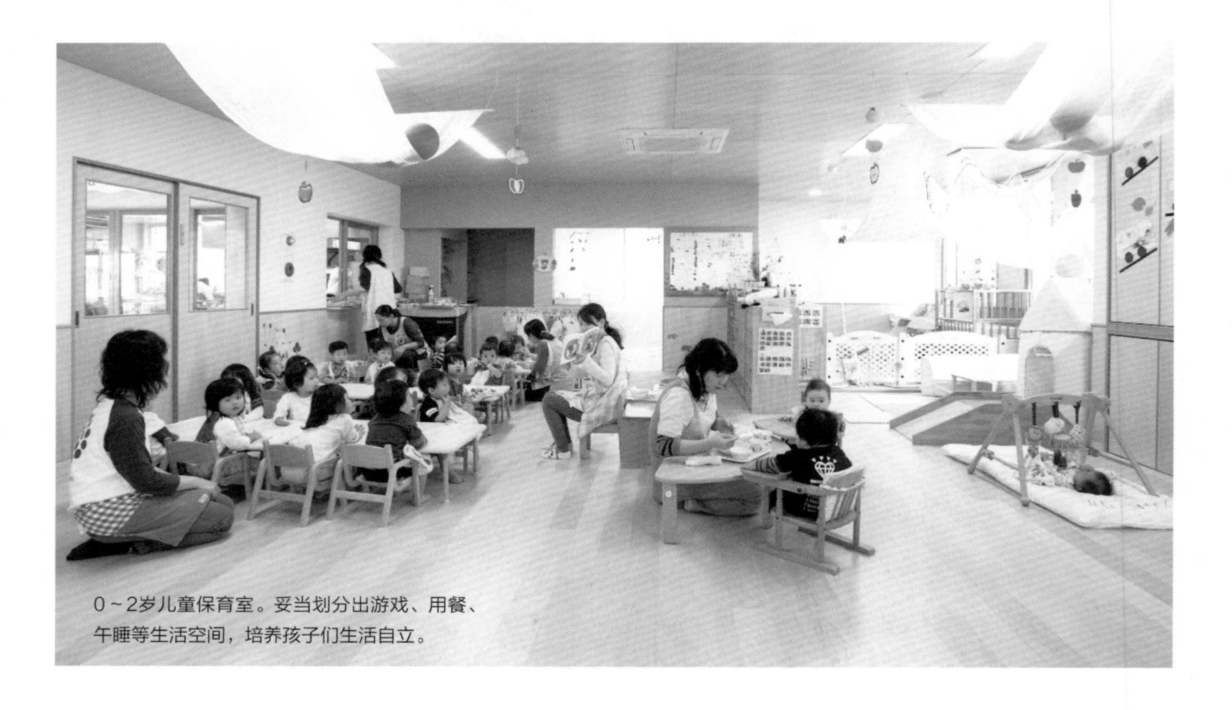

0～2岁儿童保育室。妥当划分出游戏、用餐、午睡等生活空间，培养孩子们生活自立。

天花板和墙壁选用国产胶合板，室内被木材包裹。光脚感受木材的柔和。照片远处是3～5岁孩子的保育室。用低矮的日用品划分区域，孩子们在各自感兴趣的分区里专注学习或游戏。

上图的空间在日用品放入之前。顶灯和侧灯光，好似树影婆娑。通过左侧木板露台连接大海一侧的庭园，感受面朝大海的开阔。

1. 玄关处用日常用品分隔出图书角。露台侧的窗户照进充足的阳光，映照在休息室墙面，氛围平静。家具用品布置得当，便于区域划分。
2. 谷口刚园长和孩子们。
3. 斜坡上的小菜园。种植蔬菜水果，感受植物的生命力也是食育的一部分。饲养名为“SAKURA”（樱）的山羊，孩子们喜欢观察它吃草的样子。

1. 入口处树木优美的线条。天花板夹缝使用木材。园舍标识为木制。

2. 半自助式午餐。

3. 值班的孩子们给大家分盛饭菜。背靠开放式厨房，像小咖啡馆。

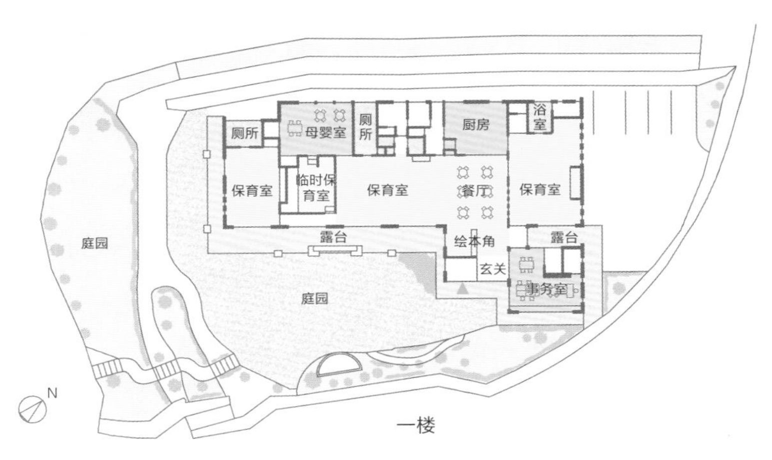

Data

定员：90 名
占地面积：2544.88m^2
建筑面积：721.85m^2
使用面积：664.75m^2
构造：木造
层数：地上一层

26

神奈川
MK-S 幼稚园

学校法人

MK-S 幼稚园

神奈川县

学前班和幼稚园合并之后成为了认证幼稚园。园舍已经30多年了，重修的时候并没有对构造本身进行改造，园舍给人的印象却也有很大变化。

光照时舞动的颜色，
园舍改造的可能性

和颜色嬉戏，耳目一新

利用改造的机会，将洗手台的瓷砖做成了渐变的蓝色。和原来的拱门结合，就像绘本里的场景。

庭园是和玩具公司合作设计修建的。将土地周围的绿色融合修出高低起伏的小路。

临街的木造园舍

学前班和幼稚园的园舍也是幼儿之城设计的。孩子们快乐的样子，从马路上就可以看见。

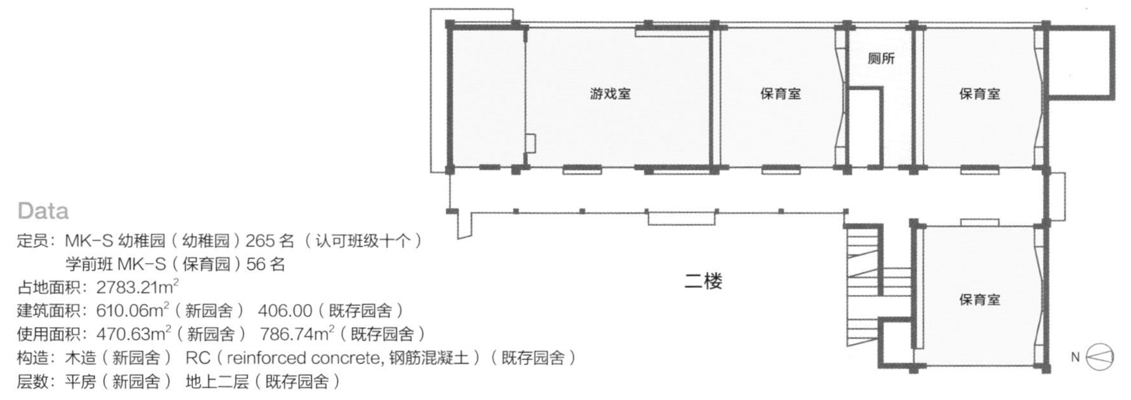

Data

定员：MK-S 幼稚园（幼稚园）265 名（认可班级十个）
　　　学前班 MK-S（保育园）56 名
占地面积：2783.21m²
建筑面积：610.06m²（新园舍） 406.00（既存园舍）
使用面积：470.63m²（新园舍） 786.74m²（既存园舍）
构造：木造（新园舍） RC（reinforced concrete, 钢筋混凝土）（既存园舍）
层数：平房（新园舍） 地上二层（既存园舍）

获奖情况：2010 KIDS Design 获奖

27

静冈
KD 幼稚园

走廊下的半室外公共空间很宽敞。夏季能遮阳，冬季又有阳光，十分惬意。建筑尽量不依赖空调和照明设备。

能够眺望富士山的绝好地理位置。没有任何阻碍视线的东西。外观在简单的色调基础上体现出一定的设计感。透过玻璃可以看见外面，是透视性极高的建筑。

明亮的厕所。每一个隔间颜色、大小、高度都不相同。园内有四处厕所，设计都不一样。

被富士山拥抱的开放型园舍

向北可以眺望瑰丽的富士山，向南俯瞰富士山系的润井河，该幼稚园就处在这样绝佳的令人窒息的美景之中。为了最大限度地利用这得天独厚的自然条件，一楼和二楼所有的教室都面朝南北开，所有的房间都可以看到富士山和润井河，享受大自然的恩惠。并且每一层四周都有露台，东西两侧的露台上下连接。这样一来，上下左右的露台畅通无阻，对孩子们来说真是太有意思了。雄伟壮观的景色里，有这样一个开放的空间，使孩子们得以健康地成长。

旧园舍避开了润井河。新园舍却特意建在了美丽的河边。还设有露台，像河床一样供孩子们玩耍。

每一间保育室有一个主色调，墙上收纳的地方用其他颜色装饰。地板选用白木，和白色墙壁相辅相成，整个空间给人感觉很清爽。

大自然赋予了这片土地广阔的庭园。周边没有高建筑，对孩子来说没有比这更适合成长的环境了。

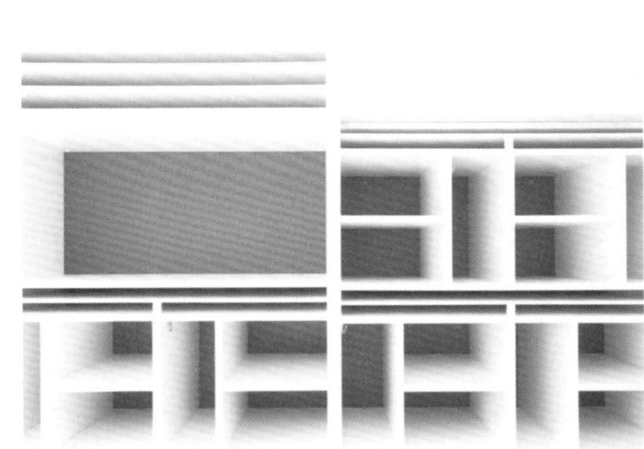

书包、便当、小零碎、纸等，孩子们的东西真是出乎意料地多。为了让孩子们便于整理自己的小物品，用心设计了收纳架。

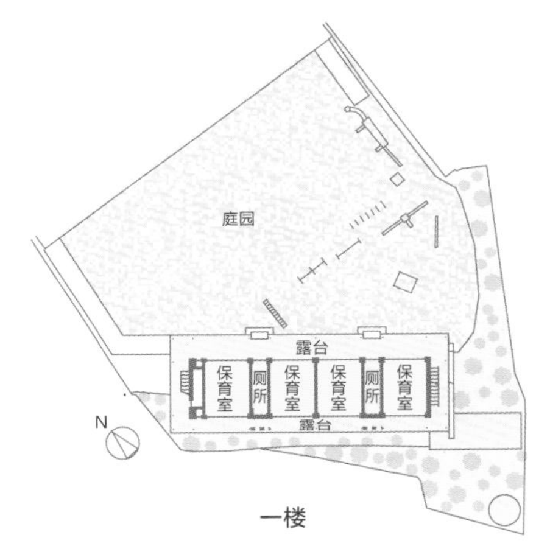

一楼

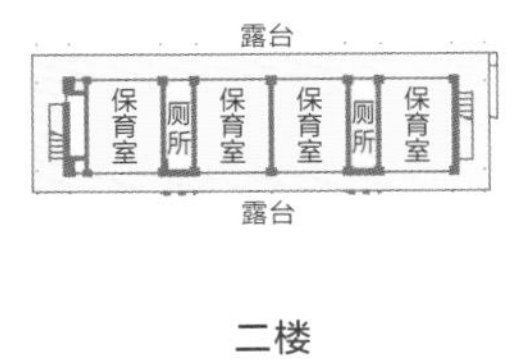

二楼

Data

定员：330 名
占地面积：6498.42m^2
建筑面积：710.11m^2
使用面积：995.24m^2
构造：钢铁
层数：地上两层

获奖情况：
2011 Good design 获奖

28

爱知
NS 保育园

外观呈“U”形，很有个性。前面是四车道的马路。一楼关闭，二楼以上开放。从马路上就可以看到孩子们快乐玩耍的样子。

让孩子们很兴奋的颜色丰富的入口。右侧的收纳门也是五颜六色。

面朝大街的大都市里的小园舍

NS 保育园坐落在东名高速公路和大马路交叉口的一小块空地上。园舍虽然位于名古屋这个大城市的商业地带，却特地临街而开，视野很好。之所以这样，是考虑到社区的关注也是保护孩子的一个重要因素。外观和都市感觉很相称，走进去以后发现里面的设施色彩绚丽，应该是楼梯的地方没有楼梯，反而设计成了小斜坡（slope），孩子们可以玩耍。因为面积有限，采用了可移动的隔断，庭园设计在了屋顶上。园舍一点也不局促，更多的是洋溢着欢乐。这是在都市里建园舍的典范。

楼梯做成了小斜坡，铺上木地板，变成一道可供玩耍的滑梯。即使没有很宽的面积，也可以花心思做出激发孩子创造性的游乐场所。

保育室的墙好似地板站起来了一样，和地板浑然一体。南面有充足的自然光从窗户透进来，房间很明亮。

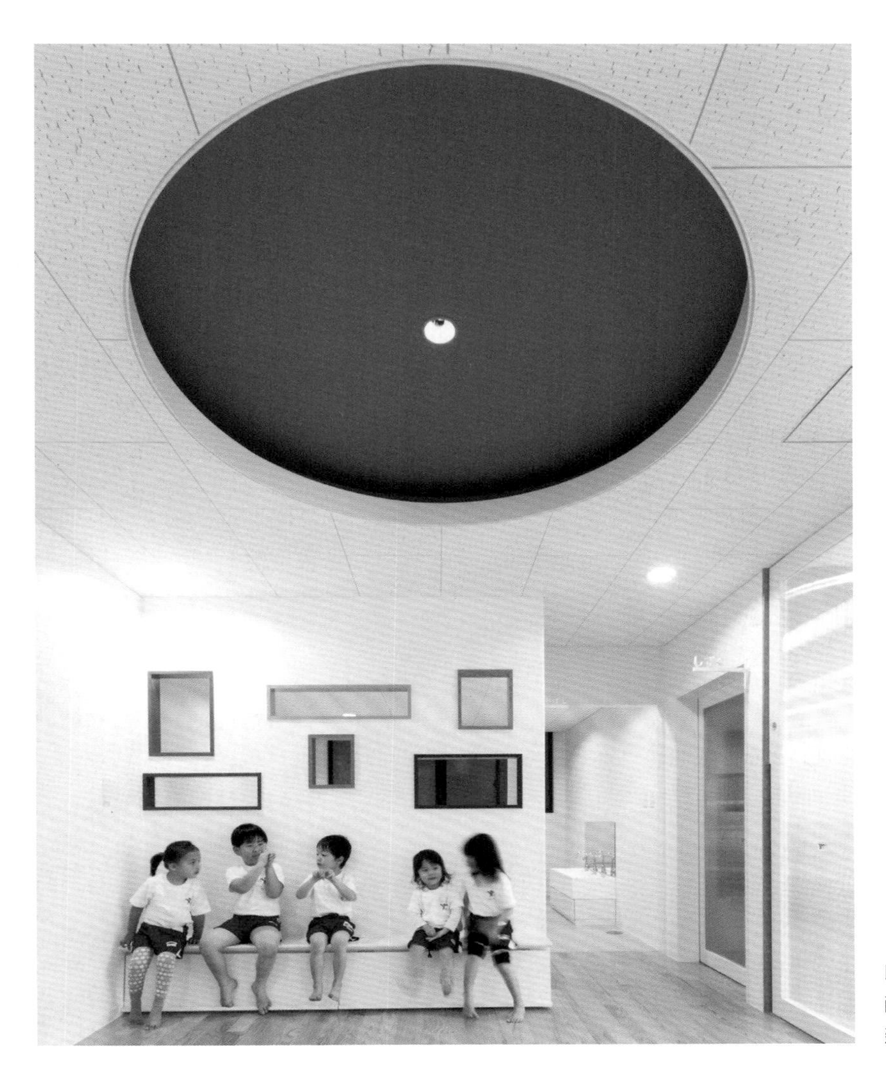

以白色为基调，其他颜色随意搭配，也给挖成圆形的天花板增色，建筑整体显得活泼生动。

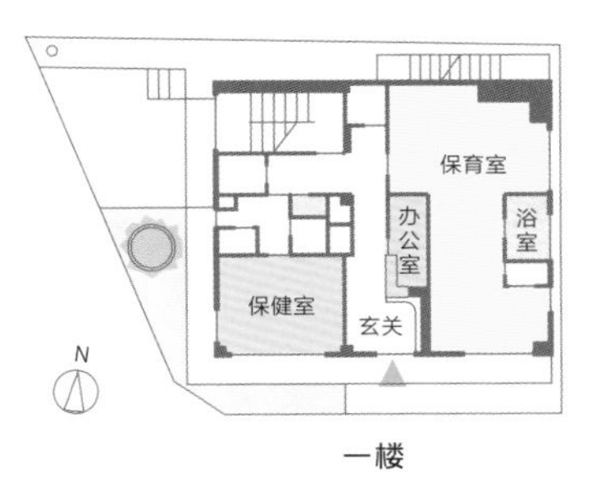

一楼

二楼

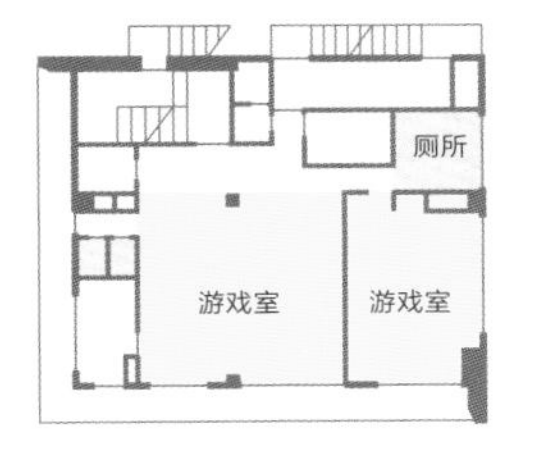

三楼

Data

定员：70 名
占地面积：408.01m²
建筑面积：232.36m²
使用面积：654.21m²
构造：钢铁
层数：地上三层

29

东京
SJ 保育园

1. 课题的着眼点

现在的孩子大多沉溺于网络虚拟世界，亲身去感受这个真实世界的机会实在太少。

培养孩子感性认知的农场，像栽培植物那样去养育孩子

2. 解决办法

练马地区农业发达，该园舍将自己定义为“农场”，希望孩子们可以在这里对生活的地域环境有直观的了解。通过视觉、触觉、嗅觉、味觉和听觉（“五感”）来全方位感知世界，并将获得的经验转化为养分，让自己像太阳下的绿植一样健康成长。

阳光充沛的温室

房间像一个温室，孩子们在这里享受阳光的照耀。在玩耍中感受光、影、风。

开心菜园

这是个可以让孩子们直接接触土壤、栽培农作物的菜园。通过观察农作物的生长，孩子们的发现力得到提高。

三合土地面房间

在这里把采摘下来的农作物洗干净。

通过接触刚采摘的新鲜蔬果，孩子们会明白什么是大自然的恩惠。

新鲜食材餐厅

在这里，孩子们品尝自己亲自栽培的农作物。

农作物从栽培到收获，最后成为香喷喷的料理，整个过程孩子们都清楚，这让他们更懂得感恩大自然。

居民共享咖啡厅

附近的居民可以在这间咖啡厅歇脚，品尝菜园的果蔬。大家在这里进行沟通交流。

就地取材的土墙

土墙采用的是练马的土壤，该土壤很适用于农作物栽培。通过触觉、视觉提高孩子们的感性认识。

3. 实绩，成果

- 孩子们什么都想再看看，想知道得多一点，对事物的兴趣越发浓厚。
- 不光是玩具，在室外庭园的设计上也要下功夫，才能让孩子们更好地玩耍。
- 有的孩子过去不爱吃饭，通过自己栽培农作物，从而对吃饭这件事产生了兴趣。
- 不同年龄段孩子之间相互交流的机会增多。大孩子爱护幼小，小孩子憧憬长大。
- “早上好”“再见”，从这样的礼貌用语开始，孩子们的对话也增多了。

30

兵库
SZM 保育园

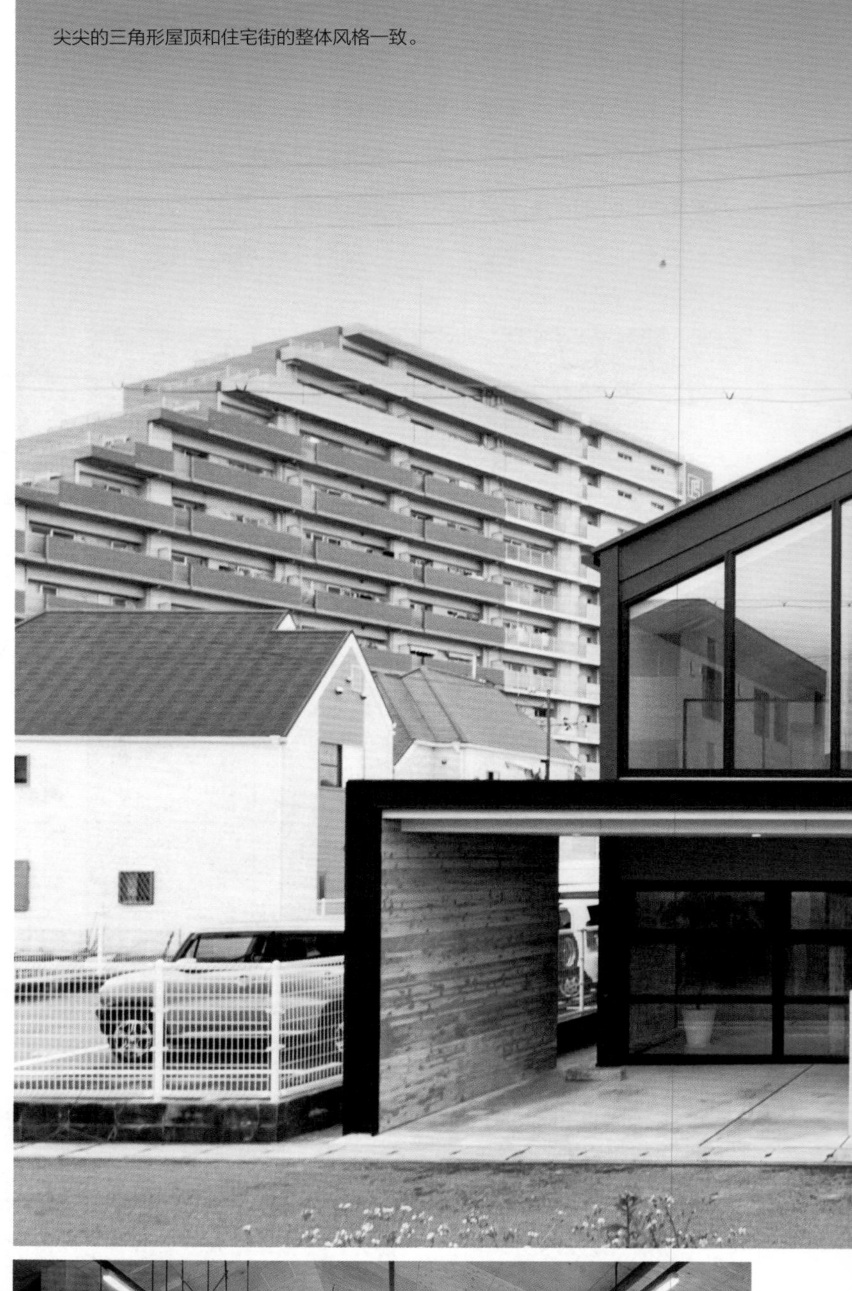
尖尖的三角形屋顶和住宅街的整体风格一致。

社会福祉法人

SZM 保育园

兵库县

二楼的保育室像一个木造仓库。直接使用家具作为空间隔断。

在使用中不断变化的平层大空间

这所小型的保育园建在住宅区当中，建筑不高，样式简洁，不会遮挡阳光，不会给周围带来压迫感，还能融入环境。鉴于西侧紧挨住宅，东侧也有可能新修住宅，南北两侧毗邻马路这一地理特征，采取了南北开门、东西紧闭的设计方案。室内每一层都是个大开间。大大的保育室直接用家具进行隔断，当人数和用途发生变化时，空间也能随时进行调整。使用的素材虽然简单，品质却很高。一边使用一边调整，为将来的改变留下余地。

1. 在楼梯的一侧设计了图书馆。
2. 挑高的设计让一楼和二楼的空间连接起来。
3. 高差不同的楼梯带来玩耍的乐趣。

木纹与黑色钢铁的组合看上去很现代。

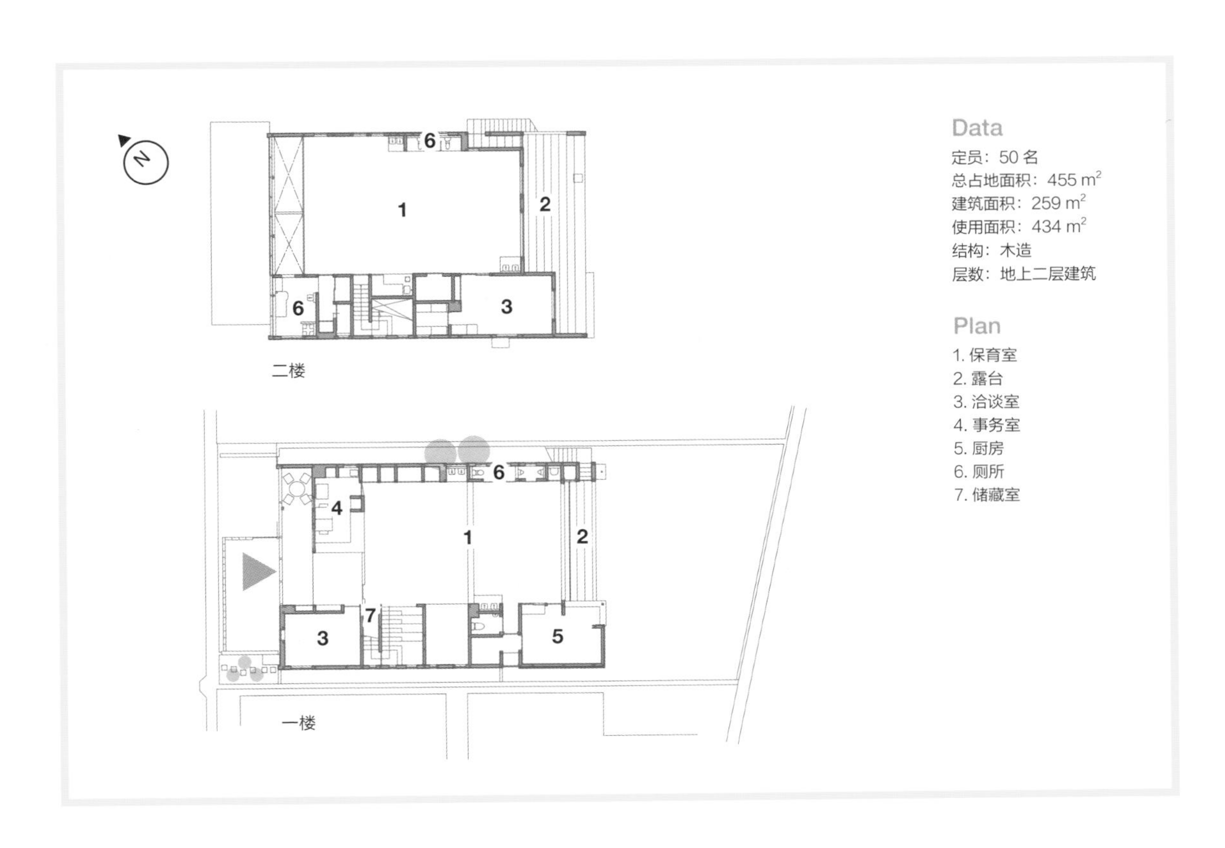

Data

定员：50 名
总占地面积：455 m²
建筑面积：259 m²
使用面积：434 m²
结构：木造
层数：地上二层建筑

Plan

1. 保育室
2. 露台
3. 洽谈室
4. 事务室
5. 厨房
6. 厕所
7. 储藏室

第3部分

园舍设计的
17 个细节

为了建造兼具设计感和功能性的园舍，在细节处就不得不用心。能在细节上给予帮助和建议的相关公司，是设计师的重要伙伴。与这样值得信赖的公司之间不断地沟通，和将来园舍的创作息息相关。

屋顶（Roof）

斜面屋顶完美吗?

在做外观设计的时候，我们要探讨屋顶的形状。

屋顶的形状很重要，可以说是“第五立面”。

与房主谈屋顶形状的时候，有人会要求“不要做成平屋顶，因为容易漏水”。

其实这是大错特错了。并不是说斜面屋顶不容易漏，而平屋顶就容易漏。

近来的斜面屋顶很多是采用金属材料的，厂家的保质期一般是 10 年。这跟平屋顶所用的防水板或者沥青防水的保质期是一样长的。也就是说它们具有同等的防水性能，不出意外的话，一般来说不会出现渗漏的情况。如果要细数金属斜面屋顶和混凝土平屋顶的长处和短处，那么——

金属斜面屋顶的长处在于：

- 轻（只限于钢筋构架的金属屋顶）
- 设计丰富

金属斜面屋顶的短处在于：

- 因为重量轻，所以有被强风吹走的危险
- 雨声易传到屋内
- 屋顶无法利用
- 在积雪地区，如果屋顶倾斜度不大，积雪有可能损坏防滑五金件

混凝土平屋顶的长处在于：

- 重（强风时也可安心，声音传播少）
- 设计简单，容易构成立面
- 可以利用平整屋顶
- 在积雪地区，没有积雪滑落的危险

混凝土平屋顶的短处在于：

● 重（与钢筋＋金属屋顶相比，构造体承重大）

鉴于以上因素，两种屋顶形式分不出孰优孰劣，判断基准还是要具体问题具体分析。

最好从功能和设计两方面，与设计事务所商量后选择最合适的方案。

但是，屋顶周围如有大型落叶植物，就有可能堵塞排水口，这种情况就适合选用不设排水口的斜面屋顶了。

AZ 保育园的外观。由各种直线交织而成，从街道上看不到屋顶上的太阳能板，因此外观显得分外美丽。屋顶上铺设的太阳能板是非常薄的。

屋顶并不仅仅是玩耍的场所，其独有的作用可以提高园舍整体功能性

园舍的外观决定了给人的第一印象，并且也会成为地域景观的一部分。能不能融入街景，这一点十分重要。AZ 保育园之所以能够和街景相融，太阳能板功不可没。园舍屋顶安装了太阳能板。通常情况下，从室外会看到屋顶上的太阳能板，但是以屋顶建材为主营业务的 GB 工业，设置的太阳能板可以做到从外部看不到。

“一般来说，太阳能板的设置需要高出地面 40～50 厘米。而 GB 工业的产品则只需要高出 20 厘米左右。”幼儿之城的舆水响子介绍道。关于施工方法的秘诀，将由 GB 工业的船木郁男来说明。

“通常的做法是，先在屋顶上铺设防水层，然后由别的公司安装太阳能板。而我们公司则使用自主架台，将防水层和太阳能板进行一体化施工，因此降低了高度。而且由于我们使用的架台体积小，从而减轻了建筑的负重。”

关于园舍屋顶怎么利用，有几种可能性，一是孩子的活动场所，二是安装太阳能板，三是做屋顶绿化。

“只要屋顶的用途有利于建筑就行。安装太阳能板不但能获得补助金，还能够与孩子们的教学结合起来。如果施工不影响外观，又和园舍相融合的话，那就一定要引进。很多人都有这样的想法。”舆水说道。

这个与太阳能板一同施工的防水层，其实也是不可或缺的建材。与通常的 PVC 防水层不同，我们这种是热熔焊接，将各层进行无缝接合，耐久性高，并且选用的特殊材料可以让水蒸气通过，从而不会膨胀。

“另外还有一种产品，是在防水层上加工一层镀铝锌钢板，叫作钢材防水。这种材料不仅可以做直角，还能曲折加工。可以用于制作水槽或流水管。”GB 工业的山形英子说道。舆水女士曾经将这种材料用在了园舍的屋檐上。关于其优点，她这样说：“通常都需要再用薄金属板进行施工，但用这种钢材防水材料的话，别的都不需要了。这一点我也很惊讶，而且防火性能真的是非常高。园舍对防火性能的要求要比一般住宅高，这种材料能轻松地解决防火问题。屋檐的话，想做得尽量薄一些，这种材料就很薄，确实很不错。”

GB 工业擅长研发一些富有创意的产品，舩木将刚刚投入生产的新产品取了出来。

“这是铝制的檐端系统。檐端的角度可以自由地变化，尖部能够处理到很薄的程度。为了让屋顶看起来更舒爽，檐端处越显锐利越好，很多设计者都这样告诉我们。”舆水女士也是第一次看到这个产品，所以看得津津有味。

“通常来说，檐端的式样都是根据各建筑来进行分别做图，然后用薄金属板进行定制加工。如果能够将其进行模块化生产（module）的话，就能够控制成本。当然，这也更符合我们 GB 工业的作风吧。”

“不影响建筑设计的美丽的屋顶”

屋顶对于建筑来说不可或缺。仅仅做到遮盖不算是屋顶，一旦漏雨透光就一无是处了。不完善的屋顶将危及建筑的整体功能——幼儿之城秉承这样的理念。

GB 工业是一家主要从事金属材质屋顶生产的厂家，与幼儿之城一样，总部设在神奈川县，GB 工业创始于 1971 年，这与作为幼儿之城的前身，创始于 1972 年的日比野设计相近。两家公司长久以来共同见证了建筑行业乃至社会的变迁。幼儿之城的佐佐木真理女士说：“这么多年来培养起来的相互信赖是无可替代的。屋顶是不允许有任何瑕疵的，它非常重要。”一旦发生无法预测的事态，或是施工中出现任何状况导致屋顶出了问题，他们一定会马上赶到，认真对应，两家可以说是合作伙伴的关系。“从建筑寿命角度来说，高品质的维护也是不可缺少的。”佐佐木女士说。

当然，屋顶产品自身的质量也不能有丝毫马虎。这家公司自主研发的金属屋顶提高了强度和防水性能，被选用于京都迎宾馆。近来，一些园舍对于太阳能发电也有很高的要求，于是他们率先开发了一体式平整屋顶，可以说这是一个始终在不断成长的厂家。

GB 工业的洼田状先生介绍说：“不管是现代风格的幼稚园园舍，还是纯日式的茶室，我们始终助力设计者的意图，从设计和功能上为客户提供完美的屋顶，这是我们的使命。”

佐佐木女士，还有同在幼儿之城的铃木涉太先生，都在他们负责的园舍项目中与 GB 工业协同合作。“石和第五保育园是平房建筑，屋顶比较显眼，一体化太阳能板屋顶就显得很重要。我们立刻与 GB 工业商讨方案，即便存在困难，他们也会为我们考虑解决方案。”佐佐木女士笑着说。这个园舍的墙壁设计采用与屋顶一样的选材覆盖，这也是两家商谈的成果。铃木先生负责了 KEJ 幼稚园瓦片屋顶的金属制改造工程。“重量大幅减轻，从而提高了建筑的强度。改造后发生了东日本大地震，这里没有任何损失。园舍是为了孩子们而建，今后对屋顶的安全性应该会有更高的要求。”他这样说。

的确，这种相互信任的关系，创造了安心而美观的屋顶设计。

石和第五保育所整齐的横铺式屋顶。连续的三角屋顶为孩子们创造出“大家庭”的氛围。

能降低太阳能板的设置高度的自主架台。防水层或是太阳能板，不管哪个出了问题，都可以进行整体维护，也是这个产品的一大魅力。

GB 工业的 PVC 防水层，可以制作成任何形状。在圆顶剧场、竞技场等这些造型细腻的世界建筑中被广泛使用。

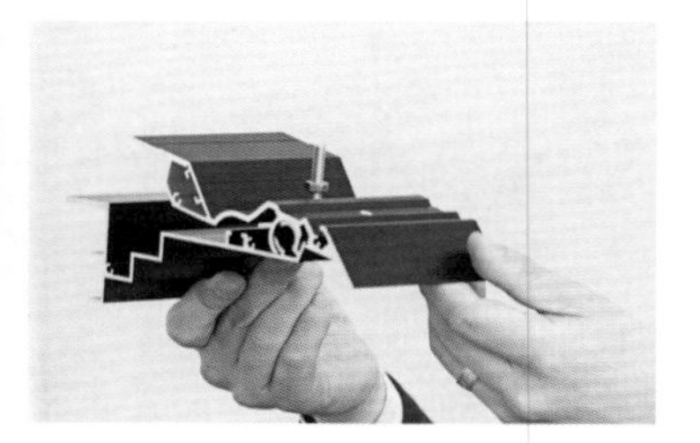

可以让檐端更显清爽的新系统的样品。

从左向右依次是，舆水响子（幼儿之城项目负责人），舩木郁男（GB 工业营业本部），山形英子（GB 工业广报室）。

左手所持的是在防水层上粘贴了镀铝锌钢板的高性能产品。防水与防火兼备，还能加工成各种形状。

左起：洼田壮先生（GB 工业），佐佐木女士，铃木涉太先生（幼儿之城）。

KEJ 幼稚园将瓦片屋顶改建成金属制屋顶。确保了强度，不会发生重量引起的构造结构倾斜。

MS 幼稚园 / 保育园的特色尖顶。改建时沿袭了原有园舍的三角屋顶设计。

英语教学室里的树（保育园）。原有的屋顶全部铺装了太阳能电池板。

各种金属制屋顶样品。实际拿在手中，重量之轻让人惊讶。

屋顶一体化的双面发电太阳能。收集反射光使有限的面积发挥更大的效力。

三人在比较样品。据说会长至今仍对名为“HAZE”的各种部件开发亲力亲为。

半室外露台（Deck）

（半室外露台是日常和非日常的边界，对于孩子来说是很特别的场所）

关于半室外木板露台

近来，拥有木板露台的园舍也是人气设计之一。

在海滩的人行道，或者咖啡馆都能见到类似的木板露台，如它的名字一样，采用木材施工，选用产自东南亚、南美、澳大利亚的比较重的硬质木材。

硬度高、重，意味着抗腐蚀能力强。但是，实际使用时，我们意识到它似乎并不适合园舍。

因为，它容易有倒刺和毛边。原本，木板露台是穿鞋行走的空间，选材时重点考虑耐久性。

但是，如果用于园舍就不同了。

孩子们一般都是光着脚上露台。夏天，在露台上还会放塑料充气泳池。如此一来，绝对不能有倒刺和毛边。鉴于这些因素重新考虑，选材上应使用再生木材或可循环利用木材。这种材料，是用木屑掺入再生塑料等树脂材料，用黏合剂固定成型，从远处看与木材别无二致。虽然，近距离观察或触摸的话，这种材料与木材还是有明显差距的，但是不明确告知材质，乍一看是看不出来的。当然，因为不是天然木材，所以不必担心倒刺毛边。但是此类材料也并非完美。之

SKW 幼稚园的保育室。图中远处就是半室外露台，由 TR 公司施工建造。

前我提到，这种材料混入了树脂。树脂热胀冷缩，尤其是夏天的热膨胀比天然木材要明显得多，不充分考虑这一特性就很容易弯曲变形。另外，树脂材料抗冲击性能较弱，容易破损。

从成本上说，天然木材较为便宜。再生木材偶尔会因为激烈的市场竞争低价销售，一般来说每平方米与天然木材的差价在 5000～10000 日元之间。所以，这种材料需要根据成本和用途来判断是否采用。

用再生木做成的半室外露台样品。近年来随着颜色越来越丰富，可选性也更多了。

从左至右依次是，三宅雅树（TR 公司施工管理部），山村多香（TR 公司环境资材事业部）；佐佐木真理（幼儿之城项目负责人）。

保育室、走廊、半室外露台，并不是分开的，而是一个整体。

“晴天，将窗户打开，可以作为室内空间的延伸；下雨天也不会被淋湿，可以作为玩耍的地方。半室外露台既不属于室内也不属于室外，是一个很神奇的存在。”

幼儿之城的佐佐木真理如此说道。因此，对于园舍来说，半室外露台的设计是必不可少的，幼儿之城经手的园舍，几乎都会设置半室外露台。这里也是孩子们赤足玩耍比较多的场所。幼儿之城选择的半室外露台建材合作方——TR 公司，对建材的触感，以及耐用性等特点都非常熟悉。

TR 公司的山村多香女士说：“作为代理店兼施工单位，我们会根据以往的经验给出建议。”为了让园方维护起来更方便，我们在施工上下了功夫。同时只有不断对现场进行观察，才能发现问题，努力改进，这一点也是必要的。

佐佐木女士说："为了让点检口位置不用固定螺钉，就需要特别加固，实在很感激 TR 公司对这些细节的处理。对于业主来说，点检时要拔出螺丝，实在很麻烦。"

使用天然木材好呢，还是使用环保的再生木？我们和园方会根据园舍的风格等进行协商。

TR 公司三宅雅树先生说："天然木材的话，倒刺和缺损的问题肯定是会有的。特别是南洋木材，刺会非常硬。而现在使用的再生木，虽然天气炎热的时候要注意避免阳光直射，但是目前来说就算是最佳的材料了。"

佐佐木女士最近负责设计的"SKW 幼稚园"中就铺设了 250 平方米的半室外露台。

"谁让孩子们都喜欢半室外露台呢！最近还有孩子在半室外露台上吃午餐，还高兴地说这是'今天的特别位置！'即使没有很大面积，哪怕一块榻榻米（即一"叠"，约为 1.62 平方米）那么大，也可以让孩子玩耍。作为露台的替代，让孩子玩耍的场所只有半室外露台了吧。"

家具（Furniture）

购置好家具

对成长中的孩子们经常接触到的家具，我还是比较讲究的。

但是，到底什么样的家具算是“好家具”呢？很多人都不知道。

在此，我就“适合园舍的好家具”说一下自己的看法。

幼稚园里的家具大部分都是从教材（详见 P312 脚注）商那里购买的。

翻翻教材商的商品目录会发现，设计和价格五花八门。

目录里的几乎都是成品。

我们设计园舍也会用到成品家具，但更多直接定做。

用专业术语来说就是“定制家具”。定制家具主要分为两类。

第一种方法，是用无垢材或胶合板中间填满基础材料的一种被称为“满芯”的材料；第二种方法被称为蜂巢板，厚度大约 20 毫米，中间是空的，填入部分加强辅助材料。

价格方面，当然是无垢材和满芯材更贵。

不过，无垢和满芯更耐用。

然后是材料。

价格贵的家具通常都是天然木材或者金属制造的。

而且涂料也应该很讲究。

便宜的家具大多是将聚乙烯板或合成树脂化妆合板（表面贴皮的非实木合板）进行蜂巢加工，加入部分辅助材料。

最后是制作。

做成成品的方法也有很多。有的直接保留原来的木材和金属性状，但是刷漆的占多数。

造作家具的刷漆，根据家具店手法和观念不同都会不同。

好家具的完工，需要用喷雾枪和砂纸研磨，反复进行砂纸打磨，喷砂清理。

这样才可能有好的涂膜。

虽然对园舍已经很满意了，但想让设施更加便利，园舍得到进一步活用……因此有了“KIDS DESIGN LABO”园舍的原创家具，有些活动只能在园舍里举办，等等，园舍的功能性可以得到无限延伸。

如果是金属的话，原理就和汽车差不多，烧上漆膜。

便宜家具一般就直接用刷子刷漆了。常见的是透明喷漆和聚氨酯喷漆。

再往细节说的话，还有高端的和不太花费成本的。

家具门道很深，真要想花钱是没有底的。

写这么多，倒是想在购置家具的时候全部用上好的，但现实需要和成本相结合。

成本的分配很重要。

看重耐用性和需要美观的地方就多花钱，其他地方可以适当节省。

储物柜和椅子

D1 幼稚园，KIDS DESIGN LABO

（1）带扶手的椅子

为了给园舍的建筑和空间锦上添花，家具也经过精心设计。外观设计和功能性自不必说，选择纯正材料，以及对制作方法的苛求，也是为了提高孩子们的感性。

为了符合园舍的“农场”理念，保留了木材原有的质感，设计很简洁。为了让 0 ~ 2 岁孩子能更好地坐在座位上，在椅子上设计了扶手。

QKK 保育园

随着成长所需而慢慢变大的椅子，是可以进行叠放的。椅背确保了应有的基础功能，而且粗细刚好适合孩子手握，便于搬运。另外，每人一个的储物柜可以使用很多年，毕业时还可以带回家。柜子上方放书包。将柜子排列起来就作为空间隔断。

（2）桌子和椅子

桌子和椅子都可以叠放，便于搬运。尤其桌子，是按照 3 个孩子并排坐，能弹奏簧风琴（Melodion）的长度来设计。同时为搭配内装，材料选用了白蜡木（水曲柳 Ash）。

OA 保育园

大空间中需要摆放大量的桌椅，家具的体积不能太大，所以设计的桌椅简单清爽。另一方面，选用比一般地面用材（Japanese Ash タモ）颜色更深一些的松木材，是为了突出教会所属幼稚园的厚重感。

AM 幼稚园

园内标识和招牌（Logo & Sign）

原创的标识（Sign）

Sign，就是招牌。

就园舍来说就是印在园舍的园名，教师和保育室班级牌等。

也有不少园舍直接从教材商家那里买成品，但这样一来园舍的特征就不能体现了。

标志是专门为这家园舍而制作的，不是什么难事，也并不昂贵。

只要开动脑子，可以有很多方法，来表现这家园舍的特点。

我们热衷于设计，所以在设计园舍的时候会同时设计标志。

我们的目标是要让园舍具有整体性。

还有其他方法，如果有的老师画画特别好，就把老师画的素描用来当标志，这样更简单。

孩子们画的画也可以采用。

园长先生亲自操刀的标志说不定更有意思。

设计标志是件很快乐的事。

请一定要设计属于自己的原创标志。

（1）园内标识

将保育室想象成房子的形状，由此而设计的有些许不同的形状的标识。因为使用了黑板材料，所以也可以在上面写字。

AN 幼稚园

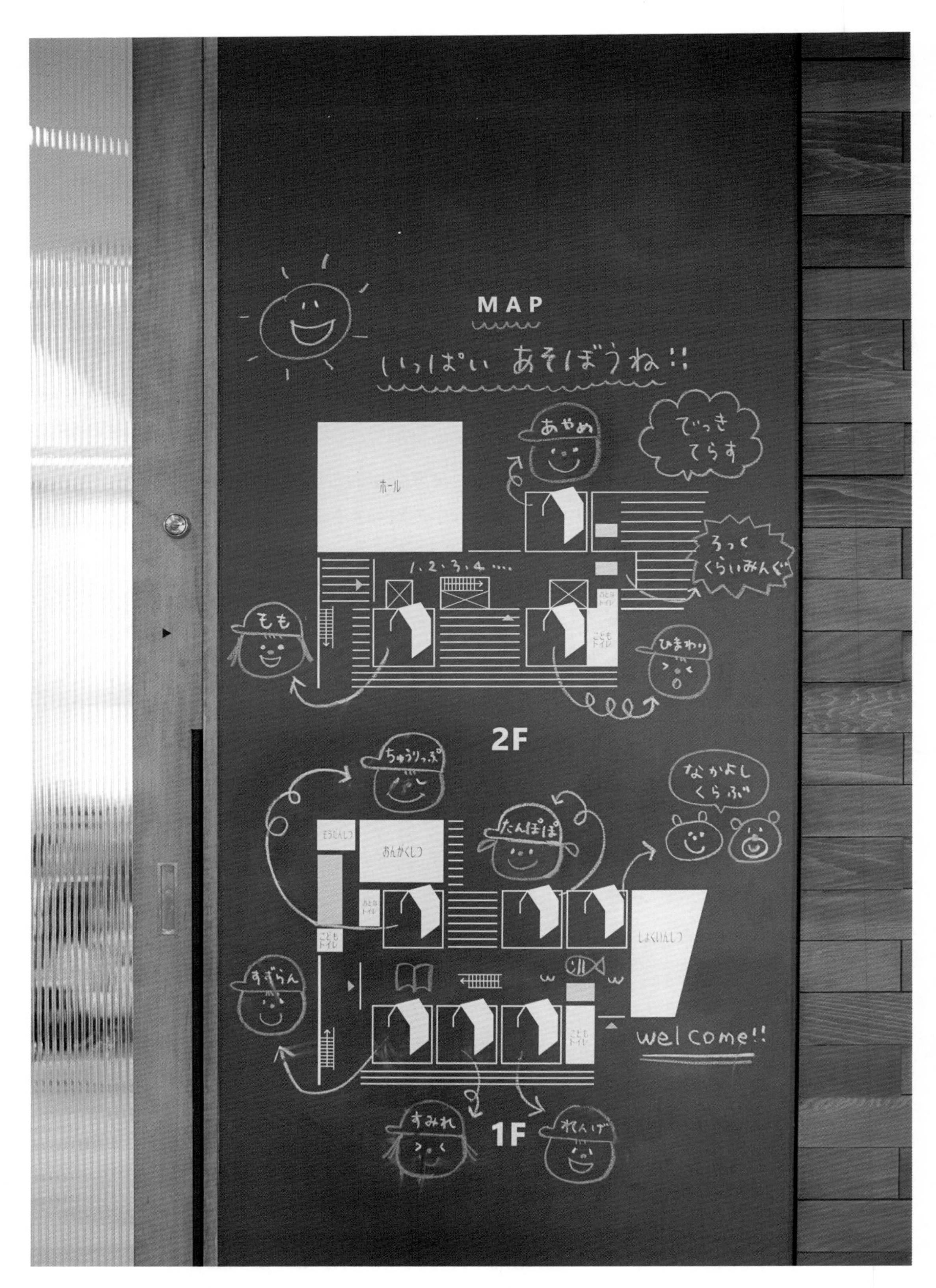

用粉笔写的日程活动向导图，简洁又生动。

（2）Logo 和大门

一看Logo Mark就能明白园舍的理念，有助于深入了解园舍。教室和厕所的Mark 等园舍内的所有标识，都是形成园舍氛围的重要元素。

HZ 幼稚园

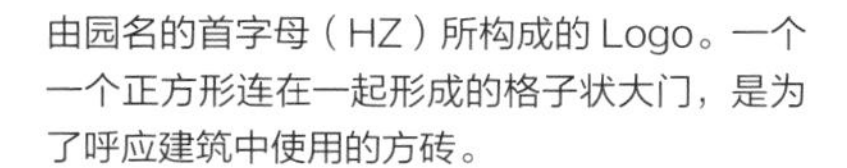

由园名的首字母（HZ）所构成的 Logo。一个一个正方形连在一起形成的格子状大门，是为了呼应建筑中使用的方砖。

（3）各种各样的 Logo 和 Sign

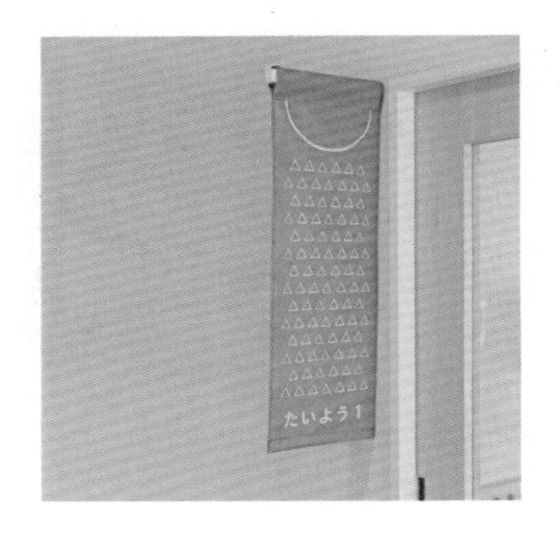

制服（Uniform）

（1）T 恤衫

巧妙利用了 Logo Mark 的 T 恤衫，手提袋（Tote Bag），保罗衫（Polo Shirt）……孩子们当然是首要对象，除此以外，让教职员们也能保持统一。这样能让园舍具有统一性。

HZ 幼稚园

将园名首字母的 H 和 K 嵌入方框，犹如花砖一样的 Logo Mark，以及按班级区分的 T 恤衫。T 恤衫的颜色与班级的颜色相吻合。1 ~ 2 岁孩子的 Logo 当中的红色，取自冲绳民间的瓦屋顶及外墙的颜色。

为配合以“帐篷”为理念的内装，员工提出了在原创 T 恤衫的基础上，搭配花色丝质大手帕（Bandana）和帽子（Cap）的建议，犹如营地领队（Camp Leader）。

Wings KIDS Family

（2）保罗衫（Polo Shirt）

新园舍完成的同时，也将新作的 Logo Mark 印在保罗衫上。为了符合堆砌的集装箱这一园舍理念，Logo 以积木为主题进行设计。

OA 保育园

06 信笺（Stationery ）

Logo Mark 也被设计在信笺抬头和信封上，和法人的品位相吻合，又和园舍保持了一致。对园舍的印象，从这里开始。

信封和名片以藏青色（Navy）和白色作为主色，这两种颜色在建筑上也有，虽然简单却让人过目不忘。与一般性的橙黄色基调有着很大区别，让人耳目一新。

OA 保育园信封和名片

壁纸（Wallpaper ）

“将多彩、牢固、前所未有的壁纸作为园舍的重点（Accent）”

被各色壁纸样本包围其中的RN壁纸，以高性能除臭壁纸为人所知。公司的渡边信幸先生和陆内华登里女士，以及来自幼儿之城的伊佐地阳子女士和门间直树先生表示，这些纸片着实让人心情愉悦。实际上，这两家公司正在共同开发一项能进一步拓展幼儿设施可能性的课题。此刻他们正在会谈中。

“完工时考虑幼儿设施的室内装饰，基本都选用壁纸。但是以往的产品色系流于俗套，可选的很有限。由此，我们想共同开发更为多彩的壁纸色系。”伊佐地女士说。要开拓这个长久以来投入薄弱的领域，我们想到了在幼儿设施领域具有丰富业绩的幼儿之城作为合作方。RN壁纸的两位回忆道。

新开发壁纸色系的基调，是幼儿之城制作的独有的色板卡，取自于食材、自然界。用壁纸来呈现诸如樱桃、茄子、沙漠、结晶的颜色。在确认样品的同时反复做出细微调整，最终的计划实现多色系的产品化。

“用身边的大自然或者食材的颜色作为基调，能启发孩子们的学习热情。”门间先生说。壁纸在创造园舍特征色之外，若在其内面加衬铁板，即可作为布告板来用，我们可以期待各种用法。

这种壁纸选用超强贴膜胶合板，即使受到孩子的碰撞或抓挠，也不会轻易脱落变色，且具有良好的抗菌性能。“表面贴膜更易于着色。为了能得到理想的颜色，与我们配合的制造厂也非常努力。”渡边先生说。这种新型壁纸又会给我们创造怎样的空间效果呢？我很期待它的产品化。

左起，RN壁纸首都圈营业开发部的渡边信幸先生，同在一部的陆内华登里女士。

桌上展开的是幼儿之城为开发新型壁纸所制作的色板卡。仅以“红色”举例，就有草莓色、石榴色、番茄色等取材于自然界的各种色彩。加以色彩的渐变，让人心情愉快。

左起，幼儿之城的伊佐地阳子女士，门间直树先生。

根据色板卡的颜色做出样品，从配色的角度剔除不易选用的颜色，反复对颜色做出调整。

(1) 青绿色 (Turquoise)

在以水乡而知名的越谷所建的，以“连绵”为主题的园舍。想象着大河奔流的意境，厕所采用青绿色，空间给人感觉很清爽。

ST 保育园

园舍墙面使用的是壁纸。但一方面，市面上的一般产品颜色都中规中矩，选择范围有限。于是，我们与以高端防味壁纸而知名的 RN 壁纸进行共同研发，制作出色彩丰富、抗菌防污的壁纸，应用于各种各样的园舍中。

列表（Lineup）中包含："石榴""甜菜根（Beet）""切达干酪（Cheddar cheese）""向日葵""海""天空""泥土"，等等，以自然界各种各样的东西为灵感创作的 70 多种颜色。因为这些颜色都是取材于大自然及生活中的食材，对孩子们来说也是一个学习的机会吧。根据园舍的发展和理念来选取不同颜色的壁纸，能够让空间变得更加灵动，更有生气。

（2）海蓝（Ocean）

入口处边上的图书馆，选择了海蓝色，让人联想到自然景观丰富的羽村市所绽放的梅雨花（梅雨季节所开的花"つゆさく"），营造出一方宁静温馨的空间。

AZ 保育园

（3）石榴色（Pomegrante）

阁楼式的活动角选用了石榴色（Pomegrante）的壁纸，让空间更加生动、活跃。并且呼应了冲绳传统住宅所使用的红砖。

RN 壁纸与幼儿之城共同开发的壁纸，重视颜色的细微变化，丰富多变的色彩最适合空间创作。抗菌防污的性能也非常高。

HZ 幼稚园

08 研讨会（Workshop）

实现自由涂鸦之墙

保育室里到底要不要放置黑板或白板，为此我们经常在一起讨论。

绝大多数情况下，此类讨论都是以老师使用为前提来进行的，以至于尺寸和安放位置都以此为依据来设计。

但是，能否以孩子的视线来考虑一下呢？

孩子们最爱涂鸦。

“可以在画纸上自由地画画喽！”

孩子们说话时充满活力的表情和表现力总是让人吃惊。

其实，孩子们想要的并非只在画纸上，他们一定想在更大的空间尝试画作。

回想自己小时候，有一次在亲戚家里，别人给了我一支蜡笔，我不满足于在纸上画画，在冰箱门上也涂满了涂鸦，让家人很是生气。

即便如此，那种可以在更大的平面上自由自在画画的感觉至今仍然记得。

实际上，我们有办法实现孩子们的这种想法。

有一种建筑材料叫作白板膜，将这种膜贴到墙壁上，墙面就能变成白板。

而且，因为是白板，所以很容易擦拭干净。

并非所有墙面都有必要贴膜，比如说，保育室的某一面墙，或者玄关一带，抑或是游戏室墙面的一部分，稍作加工就能变成孩子们喜爱聚集的一角。

当然，想要用磁石也很容易实现，这样平常就可以当作活动布告板来使用。

您不觉得这样的园舍很棒吗？

（1）SM 保育园

“Ton! Kachi! Kachi! Ton!（拟声词“叮叮当当”）”

园舍和保育这两者是紧密联系的。园舍的建成并不意味着结束，如果能由园舍引发出新的组合搭配、新的保育理念等，是不是会更好呢？所以我们也想在园舍建成后，就使用方法上做一些建议……

出于以上考虑，幼儿之城以“Ton! Kachi! Kachi! Ton! ”为名，在各地的园舍里不定期地举办研讨会。每一次都招募了不同领域的讲师，组织了快乐的亲子活动。比如在东京 SM 保育园的研讨会，请来了儿童品牌“kitutuki”的讲师，开展了围裙设计为主题的活动。另外，在冲绳县宫古岛的 HZ 幼稚园里举办的研讨会，请来了建筑师，和大家一起用旧园舍的椅子来制作游乐设施。每一次研讨会，无论孩子还是大人，都洋溢着满意的笑容。这些活动是开发园舍潜力的新尝试。

（2）KIDS DESIGN LABO

将 kitutuki（日本儿童品牌）用于纺织品（Textile）上的图样，做成一个个图章（Stamp），然后印到白色围裙上。由 Turner 色彩（日本颜料公司）提供的绘布颜料色彩丰富。

周日，面向公众在餐厅里举办活动，家长带着孩子从各个地方赶过来。这也成为宣传园舍的好机会。

大家制作的围裙放置干燥一段时间，研讨会最后就是时装表演（Fashion Show）了，宽阔的餐厅变得热闹起来。

09

游乐设施（Play Set）

外面的游乐场，里面的游乐场，要将游乐设施和园舍结合在一起考虑

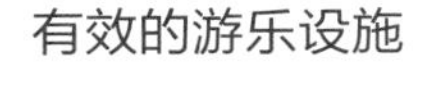

有效的游乐设施

在庭园里死板地放一些游乐设施实在很浪费，应该思考一下怎样将游乐场地和园舍结合起来。

对孩子们来说，能通过游戏玩耍学到很多东西，游乐设施起到很大的作用。不过，现在的园舍很多都没有将游乐设施和园舍结合在一起考虑，而是把一些不相干的游乐设施随便放在庭园里。如果要重新改造园舍，可以借此机会将建筑用的多余下来的土堆一些假山，做点起伏，埋一些陶管、水管什么的。建筑物里面也可以设计一些洞穴般的小房间。放置游乐设施的地方，也就是孩子们玩耍的地方，要结合建筑物本身一起考虑，不仅是户外的庭园，就是在室内也可以做到多样性。

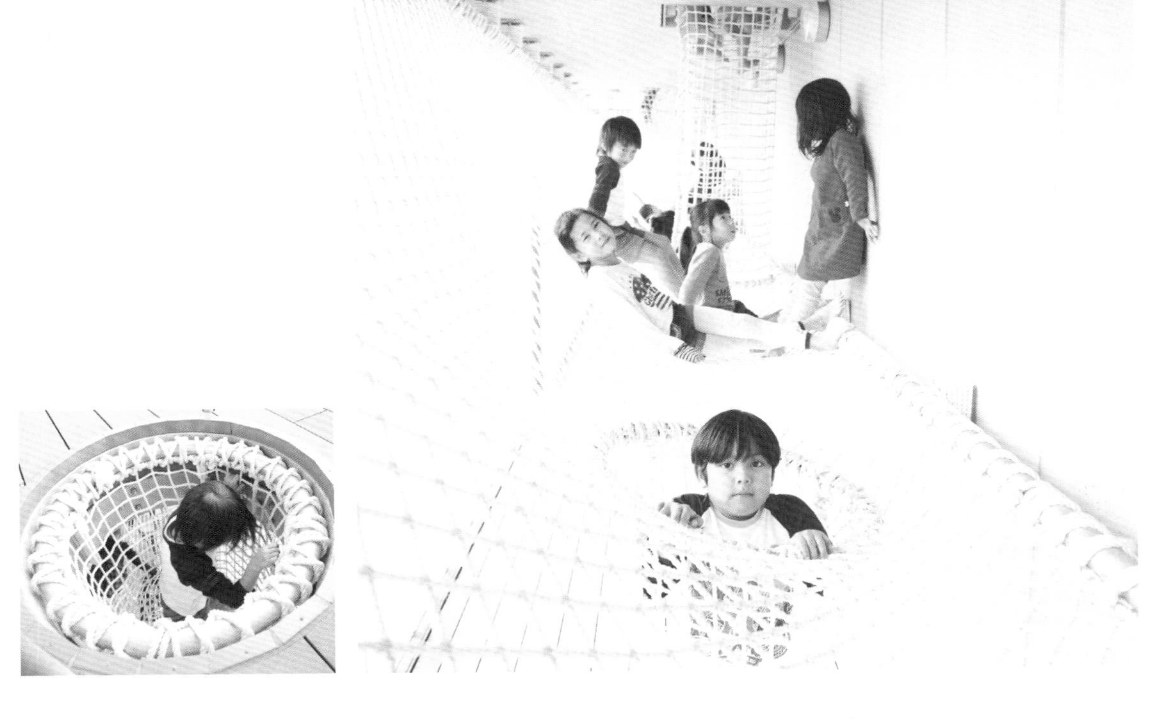

“创造出和建筑物有机结合在一起的玩耍环境”

KM 幼稚园 / 保育园将园舍做出了立体化的设计，孩子们能在园舍内四处走动，玩耍。

ATM 保育园和 OB 幼稚园 / 保育园，有效利用屋顶阳台的空间。

在 ATM 保育园中，围绕一棵树设计了这样的攀爬网，孩子们能够安全地上下攀爬，大人踩上去也没问题。地上铺的材料也使用了自然的素材，并非“人造材料”。

“从庭院到室内，游乐空间不设限”

都市型园舍难以具备露天庭园，建筑物内部的环境也是整个园舍的要素之一。孩子们喜欢Den（洞穴）式空间，玄关的黑板墙，可视的厨房。各种设施散布在各处，孩子们可以创造新的游戏，让室内空间也变成可以自由玩耍的空间。不论在何种天气何种心情下，孩子们都能找到适合自己的游戏。

SW 保育园的入口处用黑板做的游乐空间。

SM 幼稚园 / 保育园

ATM 保育园

OB 幼稚园 / 保育园

厕所（Toilet）

上厕所很快乐

厕所没有设在建筑物的阴暗深处，而是在明亮开放的空间。因此，孩子们才更快地学会如厕。

建在南侧的明亮厕所

以前，厕所大都设计在园舍的北侧，被称为“3K”——“阴暗，肮脏，可怕”。孩子们不愿意上厕所，不好的印象甚至到了影响健康的地步。后来，干净、明亮成了对厕所的最低要求。幼儿之城在此基础上，把厕所设计在南面，让自然光直接照射进去。而且讲究通风，在颜色使用和便器的摆放上也煞费苦心，旨在“让孩子们愉快地上厕所”。孩子们都天生向往欢乐美好，不用强求，他们也自然而然地喜欢并且学会了正确如厕。

厕所被设计在种有植物的建筑物内。阳光照射进来，十分舒适。小便池角度各不相同，引导孩子们进行交流。

YM 保育园

“厕所的目标是敞亮，通风”

有的孩子习惯扶着扶手上厕所，就为他们设计了黄色的扶手。为了和陶瓷一体化，施工精度很高。

DS 保育园

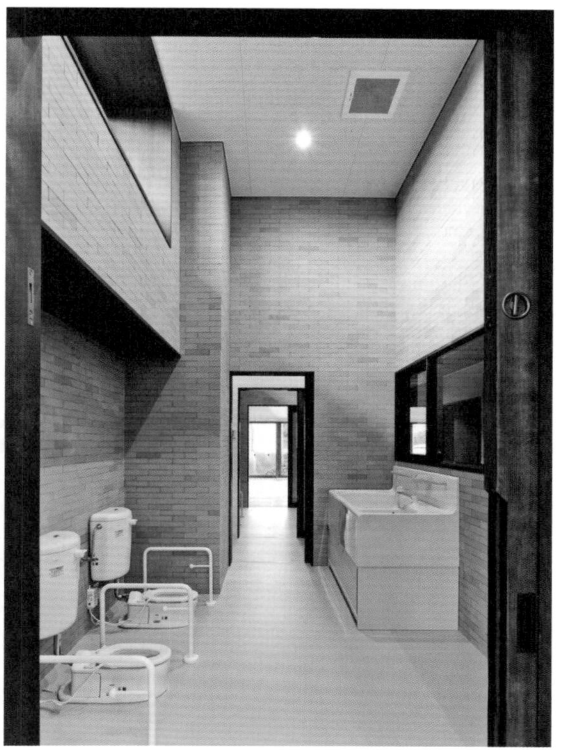

YM 保育园

D1 幼稚园 / 保育园

D1 幼稚园 / 保育园

不同年龄的孩子体格和上厕所的方式有所不同，在实地调查的基础上做出最合适的马桶形状和大小。

通常厕所都会建在园舍的北侧，即建筑物的“深处”“里边”，被隐藏起来。对很多孩子们来说，上厕所是件很痛苦的事。而现在的厕所都很明亮宽敞，深受孩子喜爱。幼儿之城设计的厕所大部分都位于南侧，并且有很宽阔的大门，自然光能照射进去，也很通风。舆水响子说，设计时就决定要把厕所放在优先考虑的位置。

“设计园舍的时候，有分歧的地方无非是厕所和入口，以前是优先考虑保育室的位置，然后剩下的地方就留给厕所，但是现在不是这样。要一边留心把东边或者南边的位置留给厕所，一边来考虑保育室的位置。”

幼儿之城使用的卫生瓷器有 90% 都是 TT 洁具的 KIDS Toilet，是 2007 年大规模改换之后的产品，这是 25 年来的产品大更新。

“一直以来，节水化和易于维修，都只在大人用的厕所上进行重新设计，孩子用的厕所却一直没有进展。”机械商品营业推进部的镰仓充宏先生说道，“产品也只有容量很大的类型……不能再这样下去了，于是下决心要在孩子用的厕所上下功夫。（笑）”

于是开始着手幼儿设施的产品更新。对产品的使用情况，以及对厕所有何要求等，做市场调查。“当时，因为对幼儿的身体数据比较缺乏，上裆和手的长度都会亲自测量。只是身体的尺寸数据是不够的。小孩子的好奇心很强，要考虑他们容易出现哪些危险，不正确的使用方法，等等，我们都要做到心里有数。”TT 洁具的崧泽雪子女士说。

就这样经过两年的开发，KIDS Toilet 问世了。没有多余的装饰，十分简约。能轻轻移动的手柄（Lever Handle），小便器上面装有一个如厕时可以扶的把手，这些下足功夫的细节都有利于孩子们慢慢学会正确如厕。

“功能性自不必说，越是简单越好，”朝仓孝博先生说，“没有碍手碍脚的东西，就会使厕所显得更宽敞。”

朝仓先生对 KIDS Toilet 是有要求的。包厢（Booth）和瓷砖都要设计得五颜六色，其余的部分也最好有颜色。

“考虑到检测健康状况，陶器部分用现在使用中的白色就最好，把手如果要选择其他颜色的话就一定要和整体的色调相协调，保持空间一体感。”

镰仓先生和崧泽女士一边仔细听着要求一边做笔记。期待有一天，这些现场讨论的话都会变成产品呈现给大家。

让厕所变得更有趣

进行园舍改造时一个很重要的因素就是厕所。近年来，很多地方都加大力度整改厕所，很多公立学校的厕所也修得非常漂亮。

当然，园舍里也是这种趋势。清洁明亮是最低要求，在此基础上人们还越来越追求快乐。

但另一方面，不融入什么理念地进行改修，仅仅是翻新得漂亮一些，也是可以的。

做出明亮的厕所，并不是说用电灯来使厕所明亮。

我们理想中的厕所应该是靠南侧的。

以往都是保育室朝南，有水流的装置都安装在北侧，但是打破这种理论，让厕所朝南，环境就会焕然一新。

太阳光才是不可取代的照明来源。

在此基础上，要有大大的窗户，这样舒适感又增加了。

不要把厕所藏起来，而是要有把厕所展现出来的意识。

怎样才能增加快乐感也需要考虑。

只是把马桶一一排列起来毫无乐趣而言。

当然，有时候受到面积限制。

但是，就算如此，只要花一点点心思，就会使孩子们很高兴地使用厕所。

墙上画一些圆弧。每一个厕所小空间做成圆形会不会比较好？

小便器无规则地摆放，会很有乐趣。

此外，在颜色搭配和材料选择上再下一点功夫，一定能造出很棒的厕所。

以前的幼儿设施和学校设施在房间配置上，教室位于南侧，而厕所都是设置在空出的阴暗角落。

但是，这样的厕所会给人阴暗脏乱的感觉。小朋友们也害怕上厕所，从而可能因不愿排便而造成健康问题。

在这样的背景下，我们从 15 年前开始就对厕所设计进行了改革。目标是给予厕所明亮、干净的印象，创造一个孩子们不会害怕的空间。

实现这个目的有几个关键点。

（1）将厕所设置在向南阳光处。

这样厕所既能变得明亮，也能吸收进紫外线而达到杀菌效果。另外，不易潮湿的空间可以抑制霉菌生长，起到消除臭味的作用。

（2）使用干燥地板

以前的厕所地板一般是用水来冲刷清洗，但其实这是造成臭气的根源。

查看数据便知在对厕所进行湿润扫除（用水冲刷的打扫方式）后，过段时间后繁衍出的细菌数量远远高于打扫前。这是因为细菌会在水里繁殖，湿润的清洁方式即使在打扫过后的一瞬没有什么问题，在环境变干燥的过程中，即潮湿的状态下细菌会不断繁殖。

但是，在我们采用干燥的清洁方式（拧干的拖把和亚盐酸水）案例中，打扫之后的细菌数量不断减少。

所以日本最先进的厕所不仅仅存在于学校，还存在于各种各样的公共场所，都使用干燥式清洁方式。

（3）厕所作为房间，同样需要室内设计。

厕所对于孩子们来说并非是一个特别的场所，应和其他房间具有相通性。

所以在思考园所的设计过程中，整个园所需要贯彻相同的设计理念。

若使用干燥清洁方式的话，厕所地面就能使用木材地板，从而厕所内也能诞生出温暖的氛围。

不要忘记厕所是现代幼稚园和学校建筑的一个重要空间。

地板（Flooring）

建造幼儿设施时要选择合适的设备和建材。幼儿之城的员工们，从功能性以及易于维护方面考虑，不断了解新信息，努力做出最好的选择。

在这里，邀请了 8 家一起工作的员工进行讨论。

有什么优点，有什么缺点，对未来的要求……大家推心置腹地探讨。

“地板是基础的基础，要精心挑选”

日本的学校大多采用木制的地板。曾经也流行用 P 瓷砖和聚氯乙烯板，这样易于维护，不过现在越来越多的客户要求回归自然，采用木材。幼儿之城的日比野拓说：“因为有预算限制，所以要决定优先顺序。一定要选择木地板的话，就选择值得信赖的‘BZ 地板’。”也可以说是被董事江野则秀的人格所吸引，江野在学生时代就骑自行车环绕日本和美国 32 个州。现在也经常到世界各地去识别木材，去当地工厂考察，寻访适合做木地板的好材料。

“亲自去现场考察，看看这些即将成为地板的木材究竟有哪些优点和不足。这样亲力亲为的人实在太少了。”日比野说。自己园舍里用的地板木材产自哪里……孩子们可以发挥无穷无尽的想象。

木材的种类不同，出来的地板颜色和质感就不一样。地板做在哪里，就要选择适合的木材。幼儿设施比较有人气的是红橡树（Red oak）地板，刮板（Hand Scraped）加工的地板——这是江野先生精心开发出来的。所谓 Hand Scraped，正如字面意义，表面是手工打磨，其不规则性（Random）尤其有魅力。

“将欧美广泛种植的阔叶树进行加工，再让亚洲的工匠将其打磨，”江野先生说，“表面凹凸不平，孩子们光脚玩耍也很舒服，又可以防止滑倒。”

广岛的某幼稚园也采用的 Hand Scraped 木地板。“0～2 岁的孩子不容易摔倒，所以这个地板评价很高，”那里的铃木涉太说，“如果要选择其他的地板，可以考虑 BZ 地板，非常有个性，空间氛围感通过地板就可以传达出来。”

品味木材，采用基础胶合板（Cushion 材）的话成本就高了。“地板是基础，如果地板做好了，不管放上什么家具应该都不错。”江野先生说。这可以作为园舍修建的小启发。

“杉并之家保育园”采用的手工打磨的地板十分生动。

地面卷材的种类有哪些?

关于地面卷材，有些外观相同，但是功能上却有千差万别——你了解吗?

日本最普及的，应该是乙烯基地板，或是大尺寸 PVC 地板的聚乙烯类地板卷材。

这种地板卷材价格便宜，接缝处以外具备防水功能，经常用于厨房和厕所。

另外，近来得益于印刷技术的发展，可以做成地板或是石板的纹路，虽然这点我并不喜欢。

进而，加入缓冲功能从而以安全性、防滑性为卖点，功能越来越得到强化。

另一方面，在日本并没有得到普及的亚麻油卷材，在欧美却具有压倒性的普及率。

亚麻油卷材，是由亚麻籽油、麻、软木、木粉、松脂等天然素材制造而成的产品。

因为材料的原因，刚制成的产品具有很强的香气。

在欧美，相比 PVC，这种亚麻油卷材占有压倒性的市场份额。

我们去参观欧洲的园舍，可以看到保育室和走廊基本都不是地板，而采用亚麻油卷材。

当然，在日本也可以买到亚麻油卷材。

但是，目前基本都依赖欧洲进口，所以价格上与地板相当。

另外，亚麻油卷材的缺点是不适合用在厨房和厕所等有防水要求的地方，这与目前日本普遍使用的聚氯乙烯材料的使用方法是不同的。

地板材料根据木材种类、厚度、宽度等不同，所呈现出的效果不同。应根据需要选择合适的。

在神奈川有巨大仓库的 BZ 地板。从世界各地购入的木材，接下来又会造出怎样的地板呢？

手工打磨的木地板略有凹凸，不易滑倒，孩子赤脚也可以很安心。

采用了红橡树地板的保育园，空间显得很明亮。

从左向右依次为：铃木涉太（幼儿之城），日比野拓（幼儿之城），江野则秀（BZ 地板董事长），上原孝纪（BZ 地板营业开发科）。

12 折叠门（Folding Door）

“连接屋内屋外 创造开阔空间”

轻轻一拉，玻璃门就像蛇腹一样折叠全开，屋子和室外露台无落差地连接在了一起。空间一下子从室内延伸到半室外的露台，孩子们可以在这里自由地游戏。很多保育园会选用 TK 门窗的横拉式折叠门（折叠门 / 东花园）。负责这两处园舍设计的佐佐木真理女士告诉我，游戏室和外部的分界处，午餐厅和中庭的分界都可以用 TK 门窗的折叠门。天气好的时候，屋内的空间可以延伸到露台。通常的推拉门，无论如何都会留下一扇打不开的门，总会让人感觉到室内外的分别。”

同是幼儿之城的朝仓孝博先生，在施工中的 THK 保育园选用了 TK 门窗的折叠门。

“说实话，当初考虑在大尺寸的门窗上选用推拉门。但是如果用推拉门，拐角处就得加一根柱子。这样就破坏了室内外的一体感，所以最终还是用了折叠门。”

像蛇腹一样开合的折叠门，总让人感觉不易打开，而且密闭性不高。“TK 门窗”的产品线上，“AKETENDE”系列可以做到像三层结构的中层建筑所用门窗同等的水密和气密性。公司东京支社的梅垣敬志支社长说：“即便如此，为了提高性能而导致下轨道变得粗糙，分界处做不到平滑的话，就没有意义了。这些都是公司研发部门钻研的课题。”另外，出于安全考虑，在孩子们可能触及的部位用橡胶包裹，加装全开固定用的门挡，我们也非常重视诸如此类的建议，提高产品性能。

“目前来说还存在一些缺点，比如说不易安装纱门。不装纱门的话，不可避免会有虫子会进入室内。虽说采用折叠门就是为了创造更开阔的空间，这一点不成为大问题，但是还是要事先向业主说明这些缺点的存在，然后再做判断。”佐佐木女士说。

朝仓先生也提出了这样的希望，“如果可以提高玻璃面的横竖尺寸选择的自由度，把门框做得更窄就皆大欢喜了。也许很难实现……”，他笑着说。

在确保门窗的功能和操作便利的前提下，进而解决设计上的课题也许并非易事。但是选用折叠门所带来的开阔空间，是其他手段难以替代的。我对将来的新设计充满期待。

选用 TK 门窗的保育所游戏室。

打开折叠门与室外的木质露台平滑连接，开阔感极佳。

“AKETENDE”的下框部分。旋转关闭的同时垫片凸起密闭。保证水密，气密性。

折叠门的开启状态。午餐厅的空间延伸到有屋檐遮挡的半室外露台，像开放式咖啡馆。

SG 保育园午餐厅的一侧采用了折叠门，并选用了与室内装饰色调一致的白色门框。

照片左边是 TK 门窗的梅垣敬志东京支店长，本社在福井。图中、右分别为：佐佐木真理（幼儿之城），朝仓孝博（幼儿之城）。从概念设计阶段开始与梅垣先生商谈。“AKETENDE”在福井方言中是“请开门”的意思，据说也有“在天气好的日子晒太阳”的含义。

折叠门多用在商业设施中。学校、幼儿设施也存在着很大可能性。

AZ 保育园面对中庭的部分采用了 TK 门窗的折叠门，照片为关闭状态。

折叠门的开启状态。通风透光效果完全不同，晴天可以利用露台就餐。

舞台（Stage）

游戏室的多样性

说起游戏室，你是不是会想到在园舍的最里面像模像样地搭建起舞台？

再稍微想想——

这间游戏室的使用频率有多高？

豪华的舞台一年能用几次？

入学仪式、游园会等加在一起也没有五次吧。

有的幼稚园会每个月举行生日会。即便是没有豪华的场地也可以实现。

今后的园舍设计，要舍弃不必要的空间。

把平时不使用的游戏室更好地利用起来如何？

最近有的游戏室设计在玄关的附近。平时就作为休息室。也有的把游戏室和餐厅作为一体。

设在玄关附近的话，其空间给人感觉就比一般的玄关宽敞。

把房间之间的隔断或者用家具隔出来的交流角、图书角作为游戏室也是可以的。

餐厅也是一个道理。

舞台设置在玄关附近，或者刚才说到的设置在餐厅，幼稚园平时的活动演出都是不受影响的。

当然，这样一来的话，用相匹配的家具隔断出合适的空间就很有必要了。比如可移动的舞台就很便利。

不用的时候就把可移动舞台收纳起来，要用的时候再搬出来。

移动舞台根据预算决定是用电动还是手动，大小也可以自由决定。

对游戏室的想法稍微改变一下，就能使园舍得到更合理的利用。

“利用移动式舞台，有效利用空间”

入退园仪式，游乐会，每个月的生日会……类似的活动在幼稚园、保育园必不可少。在这样的活动中营造热烈气氛的，是舞台。

舞台可以作为空间设计的一部分固定下来，但是，相对于其他空间，舞台的使用率并不高。“特别是城市里的保育园，有时候无法在游戏室里专门为舞台划出空间，”幼儿之城的伊佐地阳子说，“遇到这种情况，我们就选用移动式舞台，它为设计者提供了使同一空间发挥多种功能的可能性。”

来自移动式舞台先驱的FJ工业的佐藤智幸说，由于城市用地紧张，以往七八年来对移动式舞台的需求在增加。“不仅是园舍，来自自治体公民馆的订货也很多。比如在原本没有舞台的会议大厅里后期加装。针对这样的需求，我们开发了从普通家用插线板即可取电工作的移动式舞台。”

FJ工业的产品线，有靠墙收纳式或地板升降式的各种手动、电动的移动式舞台，其中又以双层折叠电动式的需求最大。惊讶于手握遥控器就能变出舞台，业主和孩子们都乐于亲自操作一把。FJ工业产品的长处在于，每个用于折叠的吊杆连接各自对应的电机。“大多数产品只用一两台大型电机驱动，所有吊杆都用钢绳连接。这样一来，虽然可以降低若干成本，但是一旦电机损坏，或是钢绳缠绕，整个舞台就无法工作了。我们公司的产品采用多个专用电机与吊杆相连，在保证平衡的前提下工作，能有效降低故障率以确保安全。”佐藤说。而且，舞台在工作中分两次计时暂停，这样可以让操作人员在过程中判断是否安全，以便进一步完成操作。

幼儿之城的跡部努介绍说，“FJ工业非常可靠，因为它们不仅提供舞台的机械部分，还会将后台幕布这些因素做整体考虑。”有了与整体空间和谐一致的舞台，参加活动的孩子们表现会更加出色。

幼儿之城的设计师们遇到与舞台相关的课题都会向FJ工业寻求建议。跡部希望收纳状态下的舞台占用更少的空间。“哪怕只是一点点，如果能扩大地板的可用面积，就能给园舍设计带来更大的可能。”空间的有效利用，也体现在舞台技术的进步上。

左起：伊佐地阳子（幼儿之城），佐藤智幸（FJ工业首都圈营业所），跡部努（幼儿之城）。

电动折叠式舞台（FS-2AR 型）在展开状态（A），展开中（B），收纳状态（C）。采用折叠式收纳，舞台纵深由收纳空间的高度而定。

手动滑轨式舞台（FS-1M 型）在展开状态（D），展开中（E），收纳状态（F）。其魅力在于收纳状态下可以成为内墙的一部分。为保持平衡加装了配重，手动安全易操作。

关于近年来需求进一步增加的移动式舞台，开发方、设计方各抒己见。

幼稚园的游戏室

构造（Structure）

“木结构也能营造安全安心的园舍”

不少园舍的业主希望孩子们在树木环绕的环境下成长。置身其中，不仅能够感受树木带来的温暖和芳香，根据有关统计，也能给孩子带来安定的精神状态。因此，想要修建木造园舍的业主很多——幼儿之城的日比野拓介绍说。

“我们最早着手建造木造园舍是在2005年。业主有此要求，并且需要创造很大的空间，说实话，从强度上来判断，木结构是有困难的。”

那时我们发现了SH公司开发的“KES构法”。他们利用在接合部使用五金件的大断面集成材料形成结构框架，使得木结构得以实现与钢结构媲美的高强度。“孩子们在这里生活，况且这个国家又多地震，抗震性和耐火性是一定要考虑的问题。协同合作的时候，我们经常讨论如何使木结构建筑也具备高自由度，并且做到安全安心。”

KG保育园和ASN学园不同于一般意义上的木结构建筑，空间都很大。门间直树先生在这两个项目上都运用了KES构法。他说：“这两所园舍的梁柱等构架基本上都以原貌示人，尽可能地保留了木材的触感。”

“只有木结构建筑才能呈现构造本身的原貌，这是它的特色，无须再用装饰刻意隐藏，这一点对我们来说也很乐于接受。”SH公司的渡边大和说。

“业主的保育方针和对木制空间的诉求各不相同。我们在融合各种诉求的过程中，也从侧面发掘了自有构法的可能性。”

KG保育园的业主对木制的现代园舍有很高的要求，从结构部分到墙壁、地板，甚至外墙都使用了木材，造就了名副其实的全木制空间。在ASN学园里挑高顶的保育室，也可以看到屋顶底板的原貌。

“屋顶底板不加修饰，这与项目预算也有一定关系。但是ASN学园的宗旨，就是实践不刻意的保育方针，希望锻炼孩子们强壮健康的体魄。所以即使在保温、隔音方面略有不足也无大碍。业主方这种不对孩子过度保护的想法，成就了这样的空间设计。”

木造园舍独有的优势不胜枚举，同时它也存在一些难点。门间说：“由于选用木材，维修频度会高一些，有时成本会比钢结构高。针对这些可以预见的不足，务必做到事先说明之后再做判断。”

同钢筋混凝土和钢结构相比，法律上对木造园舍的要求也更为苛刻。目前，在城市中心建造木造或是多层结构的园舍还存在很多困难。与 SH 公司的技术和设计师们的邂逅，也许会改变人们对木结构的看法。

KG 保育园的午餐厅，合成材料房梁营造了开阔的空间。KES 构法选用国产木材。

“森林保育园”的入口。在室内也能看到大面积斜坡屋顶的形状。

大厅采用挑高屋顶，空间开阔。

ASN 学园的游戏室。可以直接出入左右两边的庭园，通风极佳。

（左）日比野拓，（右）门间直树（幼儿之城）。

据说希望采用木结构的幼儿设施越来越多。

左边是渡边大和先生（SH 公司 KES 营业开发部副经理）。

为什么如今木造园舍再次得到关注
与木造园舍的设计监理舆水女士对话

我是幼儿之城的舆水响子。

木造园舍既有木材的香气又温暖，简直太舒适了。

是我的最爱。

东京都町田市相原町的宁静风景，在热闹的小田急线的町田站前是绝对想象不到的。相原幼稚园的森林大厅，就建在这样的地方。

到了现场附近，随处可以听到叮叮当当的锤子敲打声和电锯声。再往前一步，就能闻到木材的芳香了。

“木造园舍最大的妙处，就是这香气。”舆水女士说。

钢筋混凝土或是钢结构的园舍就很难体验到这种香气扑鼻。据说木材中的精油成分是香气的来源。宫崎良文所著的木材科学讲座《环境》也写道，木材的芳香可以让人情绪平和，神清气爽。如果说成年人可以因此得到治愈，那么孩子们也可能在不知不觉中达到精神上的平静。

“‘幼儿之城’设计的木造园舍同一般意义上的木结构建筑有一些差别。一般在住宅上采用以往的木结构施工方法，是不进行构造计算的。但是我们的方案采用大截面集成材料工法，和钢筋混凝土或者钢结构一样进行构造计算。所以可以放心地在园舍里生活。”

说不准哪天会发生大地震，家长可以放心地将孩子送到园舍，孩子自己也安心，愿意到园舍来。

因此，从构造上让人放心的园舍是重要的关键词。

“简单来说，关于结构的考虑与钢结构很接近。柱梁选用的材料是强度较高的集成木材，接合部用采用金属片和销。所以接合是非常牢固的。”

材料在工场预制，精度很高，现场用大型吊车吊起，然后由工匠们手工组装，这是最精彩的一幕。

“大截面集成材料工法的优点还有很多。以往的施工方法会限制柱间距。然而，大截面集成材料施工法可以根据所需空间的大小来调整柱子的位置。比如，像这样的大厅中间如果有根柱子，那就碍事了。这种施工办法的特点就是能创造出没有柱子的开阔空间。”她告诉我。

于是我提出了这样的问题。“说到木材自然会想到火灾的问题，耐火性能是怎么考虑的呢？”

“这也是这种施工方法的特征之一，我们要进行燃烧量计算。简单地说，我们在必要的结构计算的基础上，加大柱梁的尺寸，万一发生火灾，尺寸增加的这部分燃烧碳化，可以阻止火势蔓延。所以防火方面也是可以让人放心的。”舆水女士这样说道。

搭建木材是最关键最精华的部分。工人们的声音回响在工地上。

客户到现场确认情况，交换意见。

“我听别人说起过这样的事情，某个幼稚园的孩子们情绪一直不稳定，经常会情绪化，孩子之间闹别扭。然而，当这些孩子们搬到木造园舍之后，据说就变得融洽了。”

接合部大量使用的金属销。

木材之间接合部用专用金属片固定。

最后的阶段。不论何时，都和客户保持沟通，探讨。

现场木香四溢，非常舒服。

木质地板是园舍最好的选择吗？

现在来写写装修。

首先说一下地板。木质地板有一种不可名状的温暖感，是园舍氛围再好不过的选择。以前，日本学校建筑很多就采用木制地板。

以前都是无垢材居多（译者注：在日本，无垢材通常指的是松木、枫木、胡桃木一类生长于北美和欧洲，质感轻盈、具有高度透明感的木材，近来广受喜爱）。每逢期末，就会把桌子板凳搬到走廊里去用墩布打油蜡。

但是，真的木制地板就是最好的吗？

不可一概而论，要具体情况具体分析。

现在的木制地板是由很多种木材混制而成。是表面贴上 0.24mm 薄木的胶合板。

宽度从 50mm 到 250mm，长度从 600mm 到 3m 的都有。无垢材的材料有很多种，一般都是比较小型的，作为高级材料。

表面的涂料也多种多样。工地现场涂上聚氨酯，这是很早就有的材料。现场使用高品质的聚氨酯，用紫外线使其硬化，然后从健康角度出发，再用天然蜜蜡涂在上面。

如果不在乎弄脏而更在乎健康的话，就什么也不涂。

这样想来，价格、性能、材料感等，选择余地非常广。

弹性当然也可以实现。根据不同的人，用在不同的地方，做出适当的选择，木质地板就是最好的选择。

墙裙，要不要贴木饰面板

做室内设计的时候，经常遇到要不要在墙裙贴装木饰面板的问题。

不只是墙裙，从室内装饰的角度来说，整个墙面贴板效果更好。

墙裙的贴装木材和地板一样，可以选用无垢材和胶合板。当然，树种和材料选择很多。

贴装的目的不仅仅是创造温暖的室内设计效果，也考量在容易被孩子们弄脏的部分选用硬度较高，且污渍不显眼的墙裙。

选择标准具体问题具体分析。

内墙装饰，最有代表性的低成本且施工时间短的选择是墙纸。

与墙纸相比，木材的价格要高 3～10 倍。这样一来，就需要考虑对整体成本的影响。而且，《建筑基准法》也有相关制约。

选用木材，有普通木材的加工产品，也有经过难燃加工和不燃加工的。按照建筑物的用途，规模的不同，需要选用不同的产品。

当然，与普通木材相比，经过难燃、不燃加工的成本要高一些。

木材本身具备吸放湿气的功能，不做任何加工是最理想的。但是人们对木材有了不易沾污、不易燃烧这种木材本身并不具备的功能要求，就不得不进行加工了。然而，有时就要牺牲木材的本质特性。

关于木材，还有许许多多深奥的知识，在这里不能一一列举，我要说，如果条件允许，木材是可以大量采用的材料之一。

15 厨房（Kitchen）

能看到厨房

让孩子们看到做饭的地方，让他们参与进去。学习的机会一下子就增加了。

对食物产生了兴趣

随着食育的重要性越来越多被提上日程，要求建造开放式厨房和餐厅的幼稚园也逐渐增多。不过，并不是建造出来就结束了。怎样运用，让孩子在餐厅吃饭是不是为难……仔细考虑究竟要传达给孩子什么，然后再来琢磨空间的建设，这才是重点。若是开放式厨房，园舍里就可以到处闻到食物的香味，孩子们就会对做饭的过程产生兴趣，这是食育的成功。下厨的职员也更有干劲。认真琢磨厨房和餐厅，是使园舍变得多样性的好机会。

创造美味的饮食空间

平成十七年（2005）制定了食育基本法。条文中强调：“为了培养孩子们丰富的人性，掌握生存的能力，饮食是头等大事。”另外，此法第二十条涉及了学校、保育所等促进食育的内容：“要促进孩子对饮食的理解，启发孩子对过瘦或过胖导致身心健康问题的认识，并采取其他必要的措施。”（摘要）

也就是说，保育所或幼稚园要使孩子懂得饮食的重要性、乐趣和文化。

园舍设计阶段，就要考虑什么样的设计能使这样的初衷更容易得到实现。

我们以“创造美味的饮食空间”为宗旨来启发设计。

当今，小家庭越来越多，孩子们与很多人一起吃饭的机会减少了。也可以说，很多孩子并不知道很多人一起吃饭的乐趣。

为了让这些孩子对饮食感兴趣，在饮食过程中感受到乐趣，我们应该怎么做呢？

以往的园舍内厨房，基本都设在北侧不起眼的地方，这样的环境让孩子们不知道是谁在什么时候怎样做饭。

首先，为了排除这种情况，我们推荐将厨房设置在醒目的位置。比如说，玄关或者大厅附近，早上入园时肯定会注意到的位置。

当然，单单考虑位置是不够的，还需要安置大面积的玻璃窗，让孩子们看到厨房里的样子也很重要。也有设计成开放式柜台的。有意地让食物的香味飘进园内也很有趣。

“今天他们在做什么好吃的呢？”

“厨房的老奶奶，我开动了！”

“啊，您在做什么呢？”

像这样在厨房前的简单对话，也说明孩子们的意识已经起了变化。

然后，就是就餐的空间了。

有的园舍，没有设计午餐室这样的空间。我们认为，哪怕只有一点余地，也不妨挨着厨房安排一个就餐位置。

孩子们自己动手，互相帮助将饭菜摆上餐桌，用餐后撤下餐具，这些都会很有趣。

装修时可以设计得像餐厅一样，或者是家庭的延伸，都是不错的主意。

在那里，能跟大家一起愉快地就餐就好。暖暖的明亮的洒满阳光的空间。

眼前的如果有好的景色，做成开放式露台也不错。

TM 保育园

YM 保育园

D1 幼稚园 / 保育园

园舍里到处都是供孩子玩耍的设施，比如符合孩子视线的大窗户。在走廊下来回玩耍的时候就可以看到做饭的情景，一定能让孩子们激动。

MDR 保育园

厨房和餐厅之间设有配膳台。看着孩子们自己盛饭盛菜的样子，就像置身于一个可爱的小咖啡馆。配膳方法定下来以后，为了不影响行走，还在移动路线上下了一番功夫。

KG 保育园

16 庭园（Yard）

为了运动会而建造的庭园十分无趣

运动会一年也就一两次。

但是园舍设计时很多时候都要把“可以召开运动会”作为标准之一。

孩子们不管在什么样的环境里都可以玩耍。

平坦的地面上可以玩耍。

有高低落差的地面，攀登上去又滑下来，这样也能玩耍。

如果有很多高高低低的树木，还可以爬树，荡秋千。有可能还会飞来野生的鸟儿。

做一个齐膝的水池，放一些鱼和其他水生物，孩子们还可以观察其生态系统。

挖一口井，随意使用水泵，也会很快乐。

丹麦有一系列的幼稚园被称为Four Season（统称：森林幼稚园），就是以在自然环境里生活为主要理念。园舍占的比例很小，其余都是庭园。庭园并不修缮得规规矩矩，而是被花草树木所环绕，然后在合适的地方放一些游乐设施。

这样一来，孩子们一年几乎所有时间都在户外活动。

TM保育园

大冬天当然也不例外，照样在室外玩得不亦乐乎。

运动会的话，向附近的小学和中学借借场地不就行了吗？

如此一来，庭园的自由度一下子就得到了提升。

请一定要为孩子们建造快乐的庭园！

欢乐的Biotop

德国生物学家海克尔首次把“生物生存的空间”称作“Biotop”。在日本，是从20世纪90年代开始才着手建设Biotop，将其融入学校的教育，其特点就是和自然接触，观察生态。日本都市化进程中自然环境越来越少，Biotop建设担任着恢复大自然、对孩子进行环境教育的重任。

近年来，经常能听到Biotop这个词语。Biotop来源于德国，但是语源是拉丁语，其中Bio是生物，Top是居住地的意思。

本来，如果是本身自然环境就很好的话，根本也就谈不上Biotop这一说了，可是在城市里的园舍里孩子们接触大自然的机会骤减。因此，我们推荐一些装备，可以多少给孩子们提供自然环境，让孩子们从中得到欢乐。

但是“Biotop怎么做呢？不太懂啊！”“需要花多少钱？”等等，很多类似的担心。

然而，Biotop没有特别严格的定义。

说得极端一点，蓄一点水，放进去水生物，如果水蒸发的话就再补充进去，就是这样也是可以的。

即便是小小的生物，孩子们也一定会三五成群地围拢过来看，伸手去触摸。

那就先从小生物开始如何？

梦想的草坪庭园

看欧美学校庭园的照片，经常看见铺着美丽的草坪。

你们知道这美丽的草坪背后需要怎样的维护保养吗？

草坪庭园，是永远的话题。

因为现实中要维护起来十分麻烦。

但也不是不可能。

换个说法，是可能的。

不过相关人员必须要对草坪有所了解。

草坪的种类有很多。

日本原产和西洋进口两大类里，又有很多细分。

不同种类的草坪生长繁殖特点是不同的，每天庭园的孩子们来回踩踏，草坪也受不了。

庭园中心和两侧基本上都会有脱落。

脱落以后，给一段时间休养，草坪就可以复原。

庭园里，确保草坪的这段休养时间很重要。

如果庭园很大的话，就在脱落光秃的地方拉上绳子不让进去就可以了；但是如果庭园很小的话，孩子们的日常活动就受影响了。

所以说，想要实现草坪庭园的话，能不能制定出庭园的整体维护制度就很关键。

喜欢冒险的孩子们

之前我写到过，建造快乐庭园时，挑战一下高低差。

放一些假山一样的装置，攀登的方式也设计得多种多样，我觉得这样就不错。

另外，假山里挖一些洞穴，放进去陶管、水管，做成隧道，是不是也很有意思？虽说是庭园，做出一些地下室啊地穴之类的很不错。

孩子们喜欢冒险。

试试建造难度稍微大一点的环境，稍微危险一点的环境如何？

德国 BETHELSDOLF 幼稚园

节能（Eco）

考虑环境，

在考虑过环境因素的园舍里生活，孩子们的意识自然会提高。

将园舍和土地融入生态（Ecology）

无论用途如何，在现代建造建筑时，环境的视角是不可欠缺的。特别是幼儿设施，因为这里是养育承担未来希望的儿童的场所，所以更应该注重环保。通过利用太阳能发电和合理设计通风，减少电力和煤气等能源的使用，通过采用木质结构减少二氧化碳排放……不是简单地装上一些新潮高端的设备就万事大吉，我们需要结合园舍所在地的气候、建筑的形状等要素，思考建筑最合适的存在形态。

客户希望不使用空调，所以我们设计了一个太阳能发电整体屋顶，上面有天窗自然采光，同时还达到调节室内温度的效果。另外，夏天还可以躲在宽大的屋檐下避暑乘凉。

AKN 保育园

位于寸土寸金的东京都内，建筑本身很紧凑，但是体现了很高的环保意识。我们使用硅藻土建造墙壁，并植入二氧化碳测量仪，称之为“呼吸之墙”。另外，在园舍屋顶铺设了草坪，实践了屋顶绿化。

杉井之家保育园

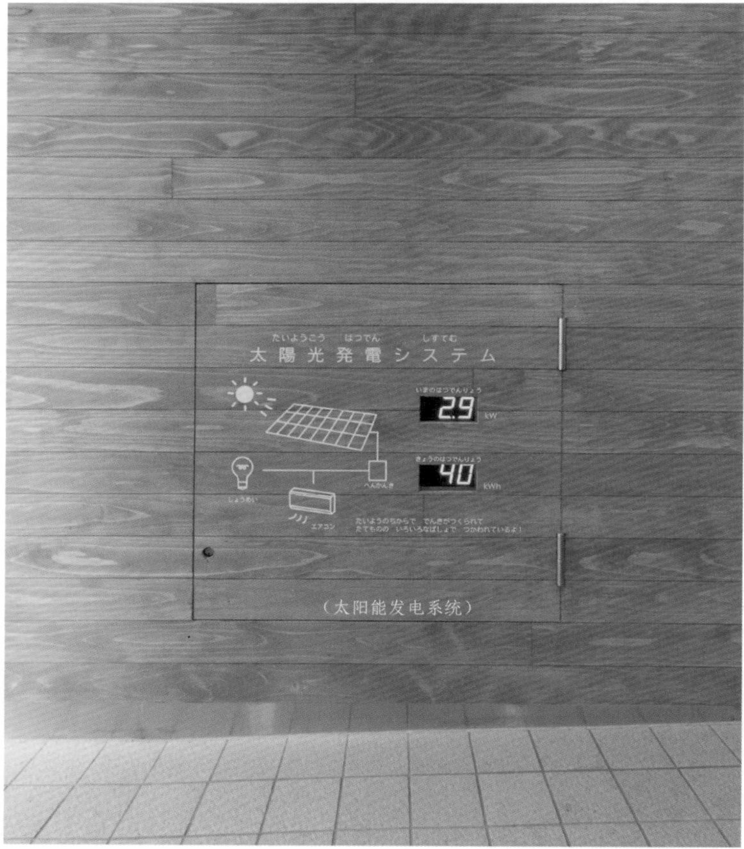

这所保育园的附近有一个丘陵地形的公园。考虑到附近是安静的住宅区，所以我们设计了一栋二层的木质建筑，旨在将其和附近山坡融为一体。另外，通过设置在室内的可视界面，让小朋友们可以一目了然地了解太阳能发电的效果。

樱花中央保育园

常常听到 Ecology 这个词。园舍怎样运用这个理念？幼儿之城特有的想法其实很简单。

2007 年 12 月 11 日，在国立京都国际会馆召开的防止地球温室效应京都会议上，签署了《京都议定书》，以减少导致温室效应的六种主要气体的排放量为目标，针对各个国家都分别作了设定。其中，要求日本减少 6% 二氧化碳以及生成二氧化碳的其他五种气体的排放量。

以此为契机，从以前开始就呼吁要 Ecology（保护生态环境），但是怎么跟园舍结合起来还真是没有头绪。然而，幼儿之城对此已有前瞻眼光并且正在努力。幼儿之城的节能园舍究竟是什么样的呢？佐佐木真理女士接受了采访。

“说到 Ecology，大家印象就是利用自然能源从而节约电费，节省开支。但是现实情况是，以现在的技术，初期费用和后续维持费用无法平衡，很难收回成本。

“因此，我们幼儿之城向客户提案的节能园舍并没有站在资金回收和成本的角度，而是真正要把 Ecology 这个理念通过容易理解的方式告诉孩子们。”

那么，具体是怎样的方法呢？

“具体来说，容易理解的就是太阳能和风能的装置。不过这些设备算在初期费用里价格很高，想要大规模安装不是太容易。

“不过话说回来，也没有必要大规模安装。小范围安装，直观地给孩子们展现它们是怎么发电的，孩子们兴趣盎然。”

发电过程用图像展示，不光是孩子，大人也会对此感兴趣的。

天气不好的时候发电量就低，赤日炎炎或者刮大风的时候发电量就高，这样对孩子们进行的节能教育浅显易懂。

但是，虽然说是小范围安装，也要花费近一百万日元甚至两百万日元，有时候也拿不出这么多钱。这种情况又该怎么办呢？

“如果这样的话，就回到建筑物本身来考虑。比如怎么布置安装窗户，采用什么形状才能在白天节约电费。怎样使透风性更好，夏天才能尽量不适用空调。这些想法也算是 Ecology，足够了。我们就思考怎样在园舍里把这些简单的道理很好地传递给孩子们。因此，我们在园舍里做了一些告示牌，说明这些节能理念，作为设计者，找机会给孩子讲座，等等。”

所谓的 Ecology，虽然给人印象是很机械化的，但是用简单的思维来看待反而更好。即便是为京都议定书里规定的减排 6% 做不了太大贡献，但幼儿之城设计的节能园舍是可以和孩子们一起从身边小事出发，思考节约能源和环境保护的园舍。如果这种理念的园舍能在全国哪怕多一点点，地球的将来也许就不是黑暗的。

佐佐木说：“用简单的思维，节能园舍很容易实现。”

第4部分

园舍设计实务

如何思考园舍的理念，怎样和设计事务所打交道，关于园舍设计有哪些重要事项……设计园舍时，委托方会面临各种各样的实际问题——别担心，我们已经根据以往的经验为您进行了梳理。

思考园舍的理念

“这次设计园舍的理念是什么呢？”

进行园舍设计时就是从这个问题开始的。但是，又不能只凭设计师个人喜好决定。土地情况、周围环境、风土、历史、保育方针、教育方针、园长先生的品性、孩子们的笑脸等，这些因素都要掌握以后才决定“这个幼稚园就按照这个理念来设计吧”。最初阶段，特别重要的一点就是要从现实生活中找灵感。理念决定好了之后就制订计划，实际操作就是绘制草图，或者电脑绘制图表等，慢慢摸索。

“设计理念，制订计划，如果不考虑现实的法规，单是沉浸在自己的梦想的蓝图里是件很快乐的事哦！”和田职员笑着对我说。

（1）确立特征，谋求差别

近几年，所有的行业都出现两极分化。

经常能听到“赢家”“输家”这两个词。

尽管有人反对教育和保育界里引用“胜负”这样的概念，不过获得生源的一方仍被比喻为“赢家”。

尽管也有人认为幼稚园和保育园与“输赢”无关，但实际上，除了社会福祉法人成立的保育所以外，其他地方的这种“输赢”还是挺明显的。

很多幼稚园和民营的保育所都陷入了即将关门的困境。

与此同时，却有一些幼稚园在开学报名一周前就门庭若市，家长们排着长龙般的队去为孩子争取名额。

诚然，地域不同，孩子的多少也不同，因而造成这样的局面。但是即便是在孩子很多的地区，也有的幼稚园排着长队，有的却门可罗雀。

果然是两极分化严重。

为什么会这样呢？

理由很简单。

人气很旺的幼稚园都有一个共同点，就是有自己的理念和特色。

幼稚园和保育园各有各的特色：

“提供三餐”“园长比谁都热心于教育”“英语设在常规教学里”“重视家长参与”“园舍建筑非常棒”“庭园很有趣”“离地铁站近，十分方便”“被自然包围，环境特别好”……这只是列举的一小部分特色。

不管是多么小的事，只要某一件事不逊色于其他的园舍，就可以做到差别化。剩下的就是怎样把这个特点呈现出来，并且运用到实践中去。

（2）幼稚园的印象战略非常重要

如果说已经具备了与众不同的地方，那么怎样把它具体化、成为幼稚园的特色展现给大家就显得尤为重要。

借用最近很多企业所说的印象战略词语，便是“打造品牌”。

不过，这里所说的打造品牌，并不是说要像路易威登（LV）、索尼、丰田这样赫赫有名众人皆知。

这些大企业的目标是全世界。因此，他们为了展现自身所做的广告战略也是着眼于全世界的。

就幼稚园和保育园而言，设定的目标人群原则上只是周围的居民。

因此，做到“地区”最好就不错了。

那么，要做到地区最好，应该制定怎样的战略呢？

没有必要像企业或者商店那样做招牌，在地方情报杂志刊登广告。

最靠谱的做法就是依靠口碑，尤其是妈妈们的口碑——这是很有利的武器。

反之亦然。

如果在妈妈这个群体里的口碑不好，那么人们对幼稚园的坏印象就会迅速传播。

那么，口碑又是怎样传播的呢？

（3）是不是和园舍相符，是不是和幼稚园相符

我们是建筑设计事务所，所以不对软件提出建议。

但是，为了好口碑的扩散，日常教育的一切都非常重要。

之前写过的，幼稚园的理念和教育要相辅相成，统一展开。

园舍也是这样。

日常教育和园舍是不是一致，这一点特别重要。

最开始的时候，可能不太清楚保育和教育的理念。

但是，经过长时间的经验积累，应该对保育和教育理念、想做什么等了然于心。

在重建的时候，就应该建造和理念相符的园舍。

都说“园舍的设计全靠设计者”——

也许是很有名的设计者。

也许园舍的理念也很宏伟。

但是和幼稚园的想法不一致的话，就变成了幼稚园去将就园内的建筑。

如果没有合适的老师们，那么结果就是园内建筑非常不适用。

所谓的园舍设计，并不是说只要符合幼稚园设置基准和儿童福祉设施最低基准就够了。

符合标准是最低的要求，此外，要进一步挖掘其独特性，让它具有自己的特点，与众不同。

（4）创作出 Logo Mark（标志）

实施印象战略中很有效的一点是创作出 Logo。

我们这些设计者在接到客户委托的时候，进行适合的园舍设计。幼稚园的特点再和园舍建筑相结合设计出 Logo Mark，这样一来，品牌的吸引力当然会高。

这里需要指出，不可以仅仅把“可爱”作为出发点来设计。否则这样设计出来的 Logo 就只是跟画家作画差不多了。

设计的理念很多都在日常生活中。比如园长、园舍，还有地域特征都可以作为素材。幼稚园的名称也可以设计出来。决定了理念，大家就朝着这个统一的方向，想办法设计出让人印象深刻的 Logo 来。然后，把设计好的 Logo 在各个地方展现——名片、宣传小册子、制服、书包、幼稚园的小礼品、建筑标记、网页，等等。

如果 Logo 得到了孩子们、家长、老师，以及附近居民的喜爱，那么幼稚园就应该会得到大家喜爱。

（5）奇形怪状的地基也有意思

在接到委托的时候，有时候会听到客户问:“地基比较特别，不知道能不能修建起好的园舍。”

但是我们通常都这样回答：“特殊的地基也有可能修建出相匹配的有意思的园舍。”

诚然，平平整整四四方方的地基能建造好的园舍。

但也不尽然。比如，地基的中间参差不平，或者形状呈三角形，这种时候就要活用这样的地形设计各种风格形态的园舍。

成本也许要增加。不过比起特地在平地上造成高低落差，这样天然有高低落差的地基应该要节约更多成本。

如果活用三角形的地基，建造三角形的园舍，那这个角的一隅你们不认为很有意思吗？

光想想就觉得很激动。

还在为不规整的奇怪地基而烦恼的客户，用这个思路想想如何？

（6）钢筋混凝土，钢铁构架，还是木造?

想要建造园舍的业主常常会纠结用什么材料。“钢筋混凝土，钢铁构架，木造，哪个更好呢？”

在这里我想试着写一下这几种结构各自的优缺点。

钢筋混凝土结构，是用钢筋搭建骨架承受拉力，把混凝土浇筑进周围的模板。因此十分坚固耐用。优点是重量大，地震时摇晃不明显。也是因为重量大，所以墙壁地板很隔音，又因为混凝土是浇筑进去的，所以做圆形这样不规则形状的时候比较方便。缺点是和钢铁、木造相比，柱梁大、重，所以在基础构造的时候可能会烦琐一些。

然后说说钢铁结构。优点是和钢筋混凝土相比要轻，柱梁可以细一点，基础构造负担就小一些。而且，在工厂能进行一定程度的局部加工，再带到工地现场去组合，这样能缩短工期，削减成本。缺点是和钢筋混凝土建造的房屋相比，抗震能力弱一些，震感要强烈一点，而且隔音效果没有那么好，这些需要考虑进去。

内外装修材料也需要考虑到地震时的振幅，要预留出一定的距离。

木造结构受到土地、建造场地以及建造规模的限制，优缺点和钢铁构架比较像。

木造建筑为了满足耐火性能需要做燃料量的计算，梁柱能保留木材的氛围。所以就内装来说，木造有其他建造法不可比拟的温暖舒适。

如果要详细写的话，几种建筑方法的特点还有很多差别。选哪一种建筑法要根据土地情况、成本、工期、建筑物的氛围来进行综合考虑，所以最好是跟设计事务所好好协商。

（7）木造园舍的优点

近年来，大家对木造园舍的看法有所改变。

前些年“Sick School 对策”（Sick School 是指学校建筑甲醛超标等问题）备受瞩目，文部科学省推崇木造建筑，木造人气旺的秘诀在于氛围好。

一进入园舍就能闻到树木的芳香。

树种不同，气味也不同，香气四溢的园舍总是给人舒服的感觉。

虽说钢筋混凝土和钢架结构的建筑也有不少在室内装潢上采用木材的，但是整体的木造结构房屋连房梁和柱都全部是木材。

一听到是木造，有人会担心“地震的时候没关系吗”。

然而，我们设计建造的木造结构园舍和一般的木造住宅还有些区别。

简单来说，木头之间接合部采用的是类似钢筋的材料。最近，一般木造居民楼的木材接合部采用特殊金属来增加承重强度，这种方法正在普及，我们设计建造的木造园舍在此基础上还更先进。

实际上，2008 年我们已经运用这种方法完工了一栋幼稚园，现在有三栋正在修建中。竣工的幼稚园得到了好评。

运用天然材料的好处是，触觉和视觉上都很亲切，对孩子们来说肯定是理想的园舍。

这么说起来，因为不知道，或者因为一些误解而认为木造结构只适用于修建平房，不适用于两层或更高层园舍的人出乎意料地多。

实际上，我补充一点：如果是保育园，两层的木造园舍也是可能的。

园舍改造翻新的时候试着和我们商量探讨如何？

（8）好好制订资金计划

进行园舍翻新，不可避免要谈到资金。

通常报价方式是“每坪单价○○万日元”（坪是日本的度量单位，相当于 3.3057m^2）。

根据我们的经验，如果是幼稚园则每坪 75 万日元起，如果是保育园则每坪 85 万日元起，这样算是比较合理。

因为没有上限，所以最近的建筑用材料价格高涨，导致有很多园舍报价一坪超过了 100 万日元。但是，并不是说钱花得越多就越好，重要的是看资金计划（预算）是否合适。

如果做计划做预算都是自己的钱倒也无妨，但很多时候都会借钱。有借就有还。

通常债务的偿还期限都是 20 年左右，也许债务将延续到下一代业主了。

为了更好地运营，计划好下一次改造的时间，并为此储备资金，以及想好必要资金的用途都是很重要的。

和设计事务所打交道的方法

（1）建造园舍的是设计事务所吗？

在日本，建造园舍的一般是综合建筑公司（General Contractor）和土木工程公司（统称建筑公司）。为这些建筑公司提供图纸的是设计事务所。

不过也有的建筑公司从设计图纸到施工都负责。

并非全盘否定这种做法，但是施工方设计图纸真的能造出好的房子吗？

设计和施工由同一方或者关系亲近的双方负责，也并不是说就不好。

设计事务所之所以有存在的必要，是因为在建筑过程中，事务所更站在客户的立场考虑问题。

设计事务所主要的工作内容就是：按照客户的需求提出方案，画出图纸，控制成本，监督建筑公司是否按照图纸进行施工，为了取得法律相关手续而申请行政检察以及在场陪同。

可以说，建造园舍最关键的因素就是选择设计师，虽然选择好的建筑公司也很关键，但是选择好的设计师更重要。

（2）选择设计事务所的方法

那么，怎么选择设计事务所呢？

最应该避免的是经过朋友或亲戚介绍。

身边的人推荐的确是一条捷径。但是正是因为关系过于亲密，想说的话反而说不出口，互相恭维，结果是设计出来的园舍和想象的不符，这样的例子很多。

此外，建筑设计根据不同的设施，有不同的专家。

正如伤风感冒看内科，或者专门看伤风的医生。

生孩子去妇产科，骨折了去整形外科，心脏不舒服应该去看循环外科医生。

建筑设计也是这个道理。

社会上，有的事务所擅长医疗设施，有的擅长商业设施，有的擅长再开发，有的擅长公寓……每个事务所擅长的领域不一样。

如果事务所不说自己最擅长哪方面，就有可能哪方面都不擅长。

当然，擅长园舍的事务所有很多。

在网上搜索“园舍设计”“幼稚园设计”“保育园设计”试试。

应该可以搜到很多。

亚马逊网上书店或者检索其他专业书籍也是一种方法。

最好查查这些事务所以往的业绩，确定设计方向，选择一些应该能够设计出自己想要效果的设计事务所，听取他们的意见。

见面以后，负责人的人品、事务所的氛围应该都有所了解。

有了些许兴趣之后，最好去这些事务所设计的园舍去参观一下。

此外，确认事务所的作业环境也很重要。

是不是有专业设备，工作人员是不是努力工作，建议去事务所亲自拜访确认。

（3）由比赛决定?

最近，很多人向我们询问：“园舍的设计者想通过比赛的方式来决定，你们能否去参加呢？”

住宅和网上都有代理公司组织比赛，确实比以前容易很多。

诚然，进行园舍修建的时候，从好些事务所拿到方案，然后从中选出最好的，这种做法是理所当然的。

但是，真的通过比赛就可以决定吗?

本来，比赛在行政领域采用比较多。

比赛最重要的是要用平等的条件让事务所拿出设计方案，然后进行公证的审查。

客户直接包办了比赛的环节，很难贯彻平等、公正。

拿到什么样的材料和图纸才算好呢？就算看见了这些材料图纸也看不明白。

审查的时候要操心审查员的组成。

不能接受审查员的意见，等等。

有时候，接到很多家事务所的设计方案，却没有一家满意的。

如果客户方有一定程度的专业知识，参与意见者和参加比赛的成员没有利益关系的话，组织比赛也是不错的选择；如果客户完全没有相关知识，就轻率组织比赛的话，就需要格外注意了。

（4）土木工程公司和教材从业者的园舍设计?

如果上网查查或者去书店看看，就会发现现在有很多教材[1]厂商也在高唱“园舍设计”。

如今，园舍设计事务所和施工单位分离是理所当然的。与此同时，园舍设计事务所和教材、家具厂家也理应站在不同的立场。

---

1. 日语的“教材”二字，意思是教学材料、教学用品，除了书本以外还有投影仪、体育用品等。但是课桌和椅子不属于教材，而是属于家具厂商的范畴了。（译者注）

很好理解，教材厂商要做设计事务的工作，是想把园舍设计所需要的备件和教材捆绑销售。

本来，家具和游乐设施都是依照个人喜好而定。

“椅子是这个厂家的好，不过锁的话还是那个厂家的更好。”

“游乐设施这个厂家不错。”等等。

从很多商品里面选择自己喜欢的。

但是教材厂家来统筹协调的话，基本上就全是自家生产的商品了。

价格上来看，也都变成了教材厂家定价了。

设计的工作委托建筑设计事务所应该更能保持中立。

建筑设计事务所并不完全销售教材厂家的备件，而是从整体的设计出发，考虑平衡成本等综合因素，使人更安心。

从教材厂家那里只买教材就行了。

（5）设计费用贵还是便宜?

设计事务所选定之后，下一步就是设计费了。

所谓的设计费，正式说是设计监理费，指的是设计的费用加上现场监理的费用。

关于设计费，国土交通省设有基准，不过国家的标准是人工计算，完成作业需要什么级别的技术人员、需要几名，以此为依据计算得出，因此相当昂贵。

站在设计事务所的角度，因为设计花费了大量的人手精力，以此为依据来收取设计费的话是再好不过了。

但是，现在的设计事务所都会自由地设定费率、按照预定工程费的百分之几设定，这种方法也还不错。

预定工程费说到底是定制的，可以理解为表明了建筑物的品级。

有了设计图之后，建筑公司就要估价，投标，有可能建筑费会比预期少，但设计费并不会少。

相反，很多时候建筑费都是超出预期的，但是这种情况下设计费也不会随之增多。一般都会把工程费用估算高一些，建筑公司施工时再控制成本，做到节约施工。

那么，设计费究竟是贵还是便宜，怎么来判断呢?

同时交给几家设计事务所，进行比较就会知道价格如何。

但实际操作不太可能。

比如，为了工程估价而画的图纸被称为实施设计图，那么去看看你找的那家事务所画的设计图就能大概知道对方的态度和能力了。

认认真真的事务所和马马虎虎的事务所设计出来的图纸完全不一样。所有细节都在图纸上详细体现出来，这样的事务所对园舍设计的真诚度截然不同。

在开始设计以前的对园舍定性的基本阶段也是同理。

最近，经常使用模型和电脑绘图来进行探讨。有时候双方直接抱着电脑到现场进行沟通。

在彻底的相互理解的基础之上花钱设计园舍的事务所，和根本不和客户交流擅自设计园舍的事务所，设计费用不同是必然的。

想要通过什么样的流程方式进行园舍设计，就选择相应的设计事务所，并且设计费用也就随之发生变化了，这样理解是不是可以呢？

（6）和设计事务所打交道的方法

现在讲讲和设计事务所打交道的方法。

“到底怎样才能传达出需求呢？”

“这样说究竟行不行？”

很多人都有这样不安的时候，但是没有什么事是不可以对设计事务所说的。

不管什么事，不管用什么方式都应该说出来。

是否理解这些需求，是否能把这些需求咀嚼消化并以提案的方式呈现出来，并且不断根据客户的要求完善提案，这体现了设计事务所的能力。

我听过这样的案例，比如修建住宅的时候，客户中意某个建筑师的作品，只告诉设计事务所预算，其余都交给事务所的设计师决定。

但是我不推荐园舍采取这样的做法。

倘若是自己的房子，就算条件差点，只要自己能忍就行。当然住在一起的人也要能接受，这才是一家人。

但是园舍，不管多么符合客户的要求，如果孩子们不进去的话就没有任何意义。

除了孩子，对父母以及园舍的老师们来说，园舍也必须有魅力才行。

要设计出让孩子和大人都觉得有魅力的园舍，又要满足客户的需求，不是一件容易的事。

如果我是客户，我会做好预算，决定好需要的房间和面积，以及其他无论如何也不可或缺的因素（园舍的特征），交给设计事务所，让他们制订计划。

然后以制订好的图纸为基础，不断地商榷，一点点完善提案。

（7）有关设计师的一些情况

写了这么多，现在要说说好的设计师应该是什么样的。

反过来说，我想写的是不合格的设计师是什么样的。

一言以蔽之，就园舍设计而言，好的设计师是不是应该是具备以下素质呢：

- 有丰富的园舍设计经验
- 不仅仅是园舍，其他建筑经验也很丰富
- 善于倾听

● 对于提出的要求能够准确回应

做不到以上几点的设计师，是没法使客户满意的。

有园舍设计经验是最重要的。这里所说的经验，也应该包括失败。失败过多次的人一般都会在下一次总结经验汲取教训。当然，如果有过很多成功案例的话，也应该会把这些经验运用到接下来的园舍设计中。

另外，除了丰富的园舍设计经验，丰富的建筑设计经验也很重要。园舍不是教学用品，说白了也属于建筑，做好建筑的基本功很重要。如果只做园舍设计而忽视了建筑本身，也是没有将来的。

接下来说善于倾听。这也很重要。不倾听客户的需求而一味追求自己的设计，这是不行的。

哪怕是闲聊，也能做到认真倾听，这样的设计师我认为才算得上是好的设计师。

最后是对提出的要求准确回应。对方说出了需求却没有得到像样的答复，这样的设计师不是好的设计师。好的设计师应该是反复咀嚼客户的需求，拿出好几套提案和高质量的建议。对于完全是外行的客户，能够在客户想不到的地方给出建议的设计师方可被称作好的设计师。

在园舍设计方面，设计师和客户之间来回沟通越多，设计出来的园舍越好。就像投球练习一样，要找配合得好的搭档，这样合作才能长久，才能效果好。一定要找专业知识丰富并且易于沟通的设计师。

（8）设计的可能性无限大

设计园舍时有一点要很在意，就是要设计怎样的外观。

设计师不同，设计的外观千差万别。

时尚商店一样现代感很强的园舍，日式高级餐厅一样的园舍，高级住宅般的园舍，运用流行颜色的可爱风园舍，有象征性的三角形屋顶的园舍，等等，设计的可能性非常多。

然而，按照客户需求设计，或者是设计出比客户想象还要好的园舍，这就是设计师的功力了。

或者说，就像前面有提到过的，如果对某个设计师的设计风格很喜欢，就全权委托给这位设计师，也是方法之一。

我们在探索这些可能性的时候，会运用各种方法进行研究。

有时候会做小模型，甚至大模型。

有时候会画出草图探讨。

有时候用电脑绘制图表。

不同的设计，根据实际需要采用不同的方法。

（9）园舍从委托到结束的整个流程

① 协商（构想阶段）

如果是新园舍，那么要明确教育理念、建筑理念，以便于今后设计过程中才清楚一些细节。

我们幼儿之城认为，设计之前的这个阶段，是和业主沟通最重要的阶段。

事业构想

开设理念

土地调查

设施规模

园舍考察

土地预定参观

书面交换（临时合同）

② 基本设计（3个月）

以园舍的理念为基础，提出多种设计方案。这个时期要根据具体园舍的风貌，提出各种要求。这十分重要。要不断和业主进行沟通。

法令

图纸提案

基本设计

（每两周进行一次碰头协商）

工程预算

制作模型

③ 实施设计（3个月）

这个时期是要把基本设计的具体细节落实。比如设备、材料、颜色等。设计师要将交给施工方的图纸最后完善。作为业主，要将申请补助金等需要提交行政机关的单据准备好。如果有补助金的话，土木工程公司的投标准备需要另行追加一个月的时间。

详细设计

确认申请

补助金申请

④ 施工（7个月）

建筑物以及土地的条件不同，施工的时间长短也不同。大致流程是，“基础工程”→“基本构造完工”→“外墙工程”→“门窗（sash）”→“防水工程”→“内装工程”→“外部构造”（fence，庭园等）之后竣工。这个时期，在施工现场和设计师进行沟通，如果有需要变动的地方，只要有可能都是可以改的。

一周一次的现场会议（委托方、施工方、监理）

各种检查（水泥、钢筋等）

* 有时候基本构造完成以后也会进行中间检查。

* 上梁或者是开工的时候预付一部分合同款，完工之后支付剩余部分。

⑤ **竣工后（1个月）**

竣工以后，各项检查合格以后，进行交付。要购置什么家具，请和设计师商量。因为园舍倾注了设计师的心血，所以不管多细小的事情都可以找设计师商量。

行政检查（消防署需要 2 ～ 3 天）

各种机器设备的设置

内装（Interior）的设置

员工培训

⑥ **运营**

“从开园的时间倒着算，这样来制订计划吧。”——门间直树（项目负责人）

（10）幼儿之城的视点（日比野拓）

01 在少子化时代修建园舍

近十年来保育所如雨后春笋。待机儿童越来越多，为了减少待机儿童，只有两个选择，要么扩大目前保育所的规模，要么新建保育所。经济不景气，核家族[1]化，职业女性增多，父母双方都要工作的家庭越来越多，成了理所当然的现象。因此，才需要很多保育所。

但是另一方面，少子化倾向的确存在。虽然生育率（TFR）没有下降，但是也没有上升。如果保育所增加的话，“将来是否运营得下去呢”，又是很多业主担忧的问题。

几天前，接到一个幼稚园的委托“想商量一下改建的事”。去了现场发现这是昭和时代一位著名建筑师的作品。我们怀着激动的心情去参观了园舍，但是听取了业主关于改造的意见以后才发现，很多地方从构造上来讲是不可以改变的，这就满足不了业主的期望了。这家园舍单从建筑来讲很有趣，不过使用者发生变化的时候，很难再做其他改变了。

不光是这家园舍，类似的事情发生过好几次了。现在的社会谁也说不好会怎么发展。但是幼儿之城的设计理念是新园舍要尽量顺应多变的社会。并不是说要否定建筑的特色，但是就园舍来说，考虑其将来的可变性是很有必要的。否则，二三十年以后再想对空间和使用方法做出改变时，只能望洋兴叹了。

具体来讲，如果在广阔土地建平房的话，就要考虑到将来改造园舍时要修建临时园舍，这个位置事先留出来，问题就解决了。如果将教室、保育室单独划分出去的话，像别墅一样很可爱，不过要想将两间屋并作一间屋就有困难了。还有，如果电器的配管，地下的空间没有留有余地的话都将是致命的硬伤。

不了解足够的事例，就无法制订出应对将来的计划。在顾及将来性的同时，设计出有特色的园舍，在丰富的经验上加上崭新的思路，就是设计园舍的关键所在。

---

1. 核家族，即核心家庭，指仅由夫妻，或是夫妻（单亲）与未婚子女所构成的家庭，没有祖父母等同住。

02　乳儿室应该在一楼还是二楼?

在设计幼儿设施的时候，有一个问题经常被问到，那就是 0 ～ 2 岁孩子的乳儿室应该配置在园舍哪里比较好。乳儿没有幼儿的判断力，他们的房间应该配置在离出入口近的一楼好还是最远的二楼好？……下面我们来看看各自的优缺点。

乳儿室配置在一楼

- 优点：有利于紧急避难 / 家长接送方便
- 缺点：楼上的孩子活动量大，噪音问题令人担忧 / 幼儿离庭园太远 / 不利于上楼避难

乳儿室配置在二楼

- 优点：幼儿的房间在一楼，到庭园方便 / 乳儿没有幼儿噪音的干扰 / 歹徒进入园舍的话，二楼相对安全
- 缺点：不利于去园外避难 / 家长接送不便

罗列出来就明白了，各有优缺点。如果是平房的话，很多问题都不成问题了，但是很多时候土地面积有限，不得不建楼房。

要根据幼稚园的方针和理念进行判断。如果重视孩子们是否能在庭园里玩耍，就把乳儿室配置在二楼，幼儿的保育室放在一楼。考虑到万一发生紧急情况需要地面避难，比较在意这个的话，就把乳儿室配置在一楼。

其实设计园舍的大前提就是要尽量保证孩子们的安全。这种考虑避难的想法着实有些难度。自从“池田小学事件”[1]之后，有一种主张就说要把所有教室都放在二楼以确保孩子们稍微远离歹徒。东日本大地震之后的海啸，很多人是到了屋顶才躲过一劫，所以说并非将地面作为避难地点就万事大吉。此外，园舍里所有孩子都一样重要，持“乳儿室应该配置在避难性好的一楼”这种观点的话，“幼儿在避难性不好的地方就好吗？”这样的反驳也不无道理。

对幼稚园来说，最看重的是什么，不是业主自己说了算的，也是每位职员和家长有权过问的事项，大家应该共同商议。

03　园舍的成本有多少?

要说明园舍的建筑成本不是件容易的事。通常都问“每坪单价是多少”（1 坪约为 3.3 平方米），这样衡量是不是最容易理解？实际上这样衡量是很暧昧的。简单来说，土地情况各异，以下罗

1. 2001年6月8日，日本池田小学发生的一起暴徒袭击学生的事件。5分钟的时间里，8名儿童死亡，13名学生和2名教师受伤。由此事件开始，日本的教育设施开始普遍加强安全保障。

列的都和成本息息相关：

1）大型车辆是否能轻易进入。

2）土地是否平坦，是否高低不平。

3）地基如何。

4）作为行政指导的工程（护墙、道路设施、下水道、公园的设施等），是否作为附加条件。

其他的，工程估价的时期不同，价格出入很大。2008年北京奥运会，钢铁供不应求导致价格升高，建设价格随之高涨。还有东日本大地震之后，重型设备、手艺人和建筑用材料大量涌向东北，建设价格上升。反映这些情况的坪单价也发生变化，建筑公司的规模和想法也左右了价格。那种超大规模的建筑工程承包商（Super General Contractor）和地方上小规模的建筑公司，在工地现场的表现完全不同。不好说哪个更好，要根据园舍的规模和内容来选择合适的。

并且，业主的想法也不尽相同。比如有的业主要求园舍不安装空调，那么空调的费用就没有了。相反，如果要大范围安装地暖，那费用自然就高了。

也就是说，园舍和园舍不能单纯作比较。重要的是设计师要正确把握市况和土地状况，并且在理解了业主的意向之后，活用自己的经验，做出恰当的预算建议。

对园舍和建筑越了解就会越觉得“每坪单价〇〇万日元”的衡量方法是不可取的。越站在业主的立场上考虑，就会越觉得为业主做出适当的价格提示是我们的应尽之责。

04 为什么厕所朝南好？

幼儿之城十年以前就一直坚持厕所应该朝南。当时，一般的设施里几乎没有将厕所设计在南面的，厕所给人3K（暗，脏，可怕）的印象根深蒂固。都说：“为什么要建在南面？北边不就行了？”现在很多人都赞同了要建在南面，这样的建筑也越来越多。

那么，为什么要建在南侧呢？

理由很简单。阳光可以照射进去。当然，北边也可以通过照明使空间变得明亮，但不管怎样，太阳光是人工照明不能替代的。有阳光照射的厕所刚开始可能会让人有点不习惯，但一旦习惯以后，就再也不会喜欢以前黑暗的厕所了。

还有，太阳光有很强的紫外线。大家都知道，紫外线可以杀菌，明亮的南面的厕所相比北面黑暗的厕所，杀菌效果自然强很多。而且，因为菌是臭气的来源之一，所以设置在南面的厕所没那么臭，这也是通过目前为止已经建好的南面的厕所总结出来的。

最近，很多商业设施都在厕所里安装了大大的窗户。南面厕所的好处，希望孩子从小就能体会到。

05 “安全”是为了谁？

我随处都可以听到一种说法，“让孩子安全的环境”。这种说法实际上有很大问题。这里所谓的“安全”，难道真的是为了孩子考虑的吗？

1995 年制定的 PL 法（《制造物责任法》）规定，企业对其销售的商品，要尽量做到不要让消费者投诉，事前应该做好防卫措施。我记得“绝对安全”的说法就是从那时候开始的。有的商品夺去了孩子宝贵的生命，这令人痛心疾首。发生这种事的时候，很多父母都会将责任归结到贩卖商品的商家。如果商品真的存在不足，那么商家当然要认真对待。

但是，商家会引以为戒，改善商品。这样一来又有问题了。

孩子是通过不断的小失败来成长的。从失败中吸取经验教训才能更上一层。企业如果销售改善后的所谓的安全产品的话，是不是又剥夺了孩子从失败中吸取经验教训的机会呢？为了“安全”是假，过度保护，为了自己不被投诉是真。

在园舍设计里，我们会接到“所有的棱角全部磨圆”这样的委托要求。这样果真是为了孩子着想吗？其实是为了减少被家长投诉的风险吧。如果真的是为了孩子，父母和园方就应该允许孩子受点小伤。就好比园里设置一个无菌室，“安全环境”是做到了，可是出了园舍，外面是不存在这样的环境的。如果十年后全日本都是不让人受伤的环境，出国的话就麻烦了。

如果认真地思考如何作为一个人健康成长，大人就应该珍视孩子的小失败和小受伤。真正意义上的安全和安心，是每一个孩子成为成人的过程中，通过自己的判断，将自己逐渐引入正途，不是吗？这样一想的话，在园舍里还有很多很多可以思考的事情。

06　使用新建材和设备的时候要把握其不足之处

园舍里要用到很多设备和建材。从无数的设备建材中进行挑选，直到业主满意为止，这是我们的工作。

因为要进行比较，和我们事务所打交道的建材和设备厂商有很多，销售人员也经常上门拜访。有的是已经有多年的合作关系，有的是新建立的。在评估（PR）阶段，厂商都必须给我们看他们的目录（Catalogue）和手册（Pamphlet）等销售资料。

记得以前有一次，一家经营地热系统的厂家销售人员来我们事务所。说他们的系统是将管道埋在地下，建筑物里的温度可以很稳定，做到冬暖夏凉，并且造价不高。听起来确实不错，但是问题来了——“这个系统是将管道埋在地下对吧？那么万一地震使管道扭曲了怎么去修正呢？”“万一扭曲变形了不会影响空调系统吗？”

日本是地震多发的国家，我认为这样的疑问理所应当。然而对方却没有给出像样的回答。我们自然不会采购这样的设备。

实际上，类似的设备很早以前就一直存在。利用太阳能给水加热系统，使用不结冰液体的地暖……不胜枚举。有的设备本来预计使用很长时间，可是不知什么时候连厂家都消失了，当初的费用回收估算就没有任何意义了。

销售方法和销售资料让我感到不足的是，商品的弱点描述不够详细。“既然是销售用的资料，当然不会把商品弱点写进去。”也许有人这样认为。但是站在消费者的立场，并不想购买失败。特别是园舍相关的建材和设备，都不是廉价商品，又关系着孩子们的安全，只宣扬自身优点的商品反而让人疑心。

有的销售人员对自己销售商品的弱点很了解，我就愿意从这样的人手上购买产品。幼儿之城负责的园舍在建议购买建材和设备时也是如此。认真听取销售人员说明商品的不足，把握好这些不足，将来才好对应。我们接受了，才能向客户推荐。设计事务所和设计师的经验值就是体现在这些地方。包括设计监理，也是受到了业主委托，掌管重要财产并进行资产运用的代理人。

07 外部使用木材的时候需要注意的事项

近年来经常可以看到新建的园舍外部使用的是木材。木材质感温润，给人深刻的印象。不过遗憾的是，竣工一年以后再去看，和竣工当时的印象大不相同。“刚建好的时候在杂志上看特别漂亮，怎么现在……”是的，木材劣化了。一半以上的例子都是由于使用木材不当造成的。

一言以蔽之，木材的种类和分级参差不齐。举个例子，有节子的杉木十分便宜，看起来也很不错，又香，很多园舍会考虑杉木。但是，有节子的材料很容易裂开。

木材很怕下雨和紫外线照射，如果没有屋檐等遮挡的话，就会很快劣化。东南亚、澳大利亚和南美产的超高硬度木材，十分耐用，但是比起有节子的木材就贵很多。园舍的内装和商业设施，店铺不同，不可能经常进行翻新。作为业主来说，应该并不想花太多的经费来进行园舍的维护（Maintenance）。

因此，外部使用木材的时候，一定要有遮挡物，尽量不要让木材直接被紫外线照射或者雨淋。

关于园舍设计的重要事项

（1）园舍设计没有什么规矩

除了一间屋、一间房地建造以外，没有什么规矩定论。如果不考虑预算，什么样的园舍都可以造出来——说得夸张些，墙壁地板、天花板都可以贴上宝石和金子。屋顶可以打开，天气好的时候从教室抬头就看到蓝天。地板下是游泳池，有一个装置，打开以后游泳池就露出来。如果担心孩子们受伤，就把所有东西都做成圆的。马桶和洗面池的颜色形状都可以自由选择。家具的大小、颜色、材料，门的形状和材料也自由选择。建筑基准法的解释法也是在变化，说得极端点，可以作为特例申请超过建筑基准法范围规定的园舍。所以，我们在和客户沟通的时候，“这样不行”的话说不出口。首先要回答“可以”，然后再说“这样做的话是可以的”，“成本大概要这么多”——园舍设计里没有规矩，梦想无限大。

（2）大家一起开会很有意思

园舍设计需要和客户不断进行交流。

这时候，我们通常建议把工地现场的人员一起召集过来。

这样一来人数就多了，不过人多了也很有意思。

在沟通的过程中，设计事务所的人站在客户和现场人员之间，掌舵着会议。

开会的时候，客户通常很在乎预算，但是现场人员并不在意。

站在实际使用的立场上，“这样更好”“能不能这样？”等等，不断交流。

我们在这样的场合里经常都为现场人员的想象力所折服。

客户和现场人员热情高涨，越听他们雄心勃勃的展望，我们越是想：“嗯，要做点什么！”于是我们就会见机提问“那么这样来设计的话可不可以呢”。

按照这种流程，一开始大家都畅所欲言，慢慢地想法思路越来越接近。

然后涌出不可思议的一体感。

“让我们一起建出好的园舍吧！”大家站在一个阵营，不断地积极地交换意见。

进展到这一步，会议就可以结束了。

能使客户、现场人员和设计师之间建立起一体感的流程，应该可以产生好的园舍。

（3）应对将来的变化

园舍设计有一点很重要，就是要把将来考虑进去。

如今是幼稚园和保育园的变革时期。

女性进入社会工作以及核家族化等因素，育儿环境和从前大不相同，需求也发生了很大变化。

在幼稚园里要求有保育园的功能、保育园又被要求有幼稚园的功能，按照原来的体系，很多需求就得不到满足。

政府颁布认证幼稚园制度后，幼稚园和保育园的界限正在逐渐消失。

处在这样的变革期，如果进行园舍重建时没有预见到将来的变化，那么几年以后又需要大规模改造的话就相当麻烦。

但是，这只是一种期望，谁也无法真正预测未来。

那么怎样做才好？

答案很简单——不管怎样，重要的是设计容易变更的园舍。

建筑物有其构造形态，其中安装上墙和窗户就把室内室外隔开。

实现这种构造形态的简单设计在现代园舍设计中尤为重要。

有的设计师特别执着于形状，设计的园舍构造很复杂——“这里的墙壁必须得保留”，等等。

如果这样的话将来想自由改造就很难。

设备系统亦是如此。

管道安装排列也要简单才好。

如果是仓库的话，管道露出来如何？

这样一来，将来变化的可能性就增大了。

园舍设计时，要注意这些事项。

（4）使用者不仅仅是孩子

园舍设计时，考虑的不仅仅是孩子们。

园舍的主要使用者确实是孩子。

但事实上不仅仅是孩子。

父母、职员等成年人平时也会使用到。

设计出让孩子、老师、家长都觉得有魅力的园舍，是近年来园舍设计的重要前提。

举个例子——厕所。

人们通常都觉得园舍的厕所就是小孩子用的。

很多旧园舍里，在孩子使用的厕所一角也设有大人用的厕所。

这种设计，使用的时候会觉得特别不舒服，也不利于整理装束。

园舍里会举行很多诸如入学毕业的仪式。妈妈们总会打扮得漂漂亮亮出席。女性常在洗手间补妆。如果为妈妈们安装一面稍大的镜子，就这一个细节，人们对园舍的评价就会高得多。

另外，也有的妈妈会带着更小一点的孩子一起出席。为这样的小孩子安装尿布台和大小便时用的婴儿座椅（Baby Keep）很有必要。

还有坐轮椅的人。他们也要使用厕所。但是普通的厕所太小了进不去，所以还有必要设计坐轮椅的人使用的厕所。

还有，既然是成人用的厕所，就需要区分男女。

“男人刚用过的厕所我不想用。”

“刚用完的厕所我不太想让女性进去。”

男性和女性有很多人有这样的顾虑。

如果大家都没有那么介意倒也罢了，不过不太可能。

以上提到的事项，在园舍设计时都需要考虑进去。这样人们对园舍和幼稚园的评价才会高。

（5）和周围建筑和谐很重要

外观设计要考虑到与所在街道建筑的和谐。也许有人会说，园舍是托管孩子的地方，考虑孩子的喜好来设计就好了。事实上并非如此。偶尔，我们会看到配色鲜艳，看上去像游乐园一样的园舍。这样的事例是不可取的。

园舍本身也是街道的一部分。街道风貌与当地的历史和特色有着千丝万缕的联系。我来介绍一个美的例子。

希腊的米克诺斯岛以街道美丽而著称，想必很多人都听说过。不少职业摄影师在这个旅游胜地拍照，出版摄影集。街道建筑的外墙一律为白色，白天沐浴在晴朗的阳光中，傍晚夕阳映照在白墙上演绎出各种奇妙的光影。但是外墙为什么是白色呢？那是因为当地人将希腊及周边地区的消石灰涂上了外墙。当然，白色外墙易脏，所以当地针对保持外墙清洁制定了相关条例。即使如此，可以说米克诺斯的居民对保持街道风貌有着很高的意识。瓦片屋顶也是一样。欧洲的古老街市经常可以见到或是橙色或是土黄色的屋顶。这是因为瓦片取材于当地的黏土。本来，建筑都是就地取材。构建成有当地特色的地域风景。日本自古以来也很重视街道风貌。京都和金泽都以美丽的街道而被人熟知。此外更有许多美丽的小村落。这些地方都有一个共通点，就是统一。我们可以看到岐阜县白川乡美丽的“人”字木屋顶群，还有爱媛县祝岛美丽的瓦顶房风景。

因此也许可以说，就地取材在园舍建设中也不失为一项乐趣。既然园舍作为托管孩子、着眼将来教育孩子的设施，向他们教授当地的风土历史、街道风貌也是教育的一部分。突兀在街道中的园舍设计绝对谈不上是好的设计。

设计有无限可能。能考虑到作为园舍本身的存在以及街道风貌的和谐，并且有自己独特的风格，就是了不起的园舍设计。

04 问题与解答（Q&A）

新建、改造、翻新、修建园舍是件大事。业主并没有很多经验，抱有疑问是很正常的。在这里，我们总结了一些业主以及园舍相关人员给幼儿之城提出的问题，并作出了回答。内心感到踏实和满意，是修建世界上唯一园舍所迈出的第一步。

需求（Request）

Q： 可以参观访问事务所吗？

A： 当然可以。我们觉得最好是要亲自到事务所来进行商讨。直接和负责设计的职员面对面沟通再好不过。幼儿之城到目前为止担任设计的事例、照片、模型、幻灯片资料，等等，包括设计过程中的经验教训，都做一番了解，这样交流起来更容易。很多人都说幼儿之城比想象的要小（笑）。人少，舒适，我们在这样的环境中进行设计工作。

Q： 可以指定负责人吗？

A： 可以。很多是和业主有关系的，还有的是业主觉得某负责人以前设计过的园舍很不错，所以指定要他（她）设计。不管哪种情况，园舍是不可复制的。保育方针，建筑条件，对园舍的要求……每个客户都不同，因此，我们的工作就是要聆听客户的需求，然后为他们设计出世界上独一无二的园舍。如果没有特别指定设计师，我们会基于事前和我们商讨的内容，指派符合客户品位和爱好的设计师。

Q： 土地还没有定下来。这方面可以向你们咨询吗？

A： 可以。实际上我们也遇到过类似的情况。如果对选址有疑惑，请务必和我们商量。特别是保育园，地方自治体条例有所不同，我们可以给客户一些行政上的参考意见。

Q： 进行咨询讨论的时候，要带些什么东西？

A： 基本上来说，什么都不用带也没关系。如果土地已经选好的话，可以把土地相关资料带来。地形图、测量图、照片等就可以了。

Q：从制订计划开始到完成，大概需要多长时间？

A：顺利的话，需要一年半左右。根据建筑不同，工期会有很大差异。如果要填地的话基础工程的时间还要更长。根据季节情况，也有工期提前延后的案例。

Q：外地可以委托设计吗？

A：可以的。目前为止，我们在日本关东以外的地方，以及其他国家也有业绩。在正常的费用基础之上，需要负担设计师的交通费、住宿费，请尽管来和我们协商。

Q：因为是重建，所以我们担心孩子们在临时园舍的生活以及搬家问题。

A：如果土地够宽的话，在空地上建新园舍，也有的情况是在土地内建临时园舍。不过在城市里一般情况都是选择在土地外的地方建临时园舍。一般在临时园舍需要生活半年到8个月。

Q：可以去你们设计修建好的园舍参观学习吗？

A：可以。建议选择最新的，或者规模和理念接近的园舍参观。能看见厨房、开放式厕所等，幼儿之城设计的园舍有很多特点，实地去参观的话会感触更深。如果想尝试目前园舍没有尝试过的风格，请务必事先和我们协商，看我们能不能帮上忙。

Q：抗震诊断和抗震辅助加强可以委托你们吗？

A：可以。我们这里有常驻的构造设计师。负责人和构造设计协助会可以迅速对应。但是抗震诊断的话，目前只限于神奈川县、东京都、千叶县、埼玉县、静冈县和山梨县。

Q：计划案要收费吗？

A：不一定。如果签订合同的话，单是计划案是不收费的。如果是公募案件的话，要收取一定的费用。

Q：可以应客户要求去参加设计比赛或者投标吗？

A：可以。我们根据比赛和投标的内容以及工作繁忙状况而定。

费用（Expences）

Q：设计费用是多少？

A：这个问题最常见。确切来说，根据不同的案例或项目，收费是不一样的。以估算的工程费为基础，参照费率表来计算设计费。建筑的设计监理，内装的设计监理不同，费率就不同。此外，如果是改建的话，有既存图和没有既存图，经费也不一样。所以，请根据情况进行协商。

Q：新建和翻新，哪一个更划算？

A：这个不好说。翻新的情况基本上都需要画既存建筑的详细图纸，所以有实地调查费。此外，1981 年对建筑物的抗震基准有了新的规定，在此之前建的房子，很多在翻新的时候都需要加强抗震辅助。这种情况工程费又增加了。像在东京都，耐震工程都可以拿到补助金。当然，希望古老的建筑能更长时间使用下去，以及根据土地取得情况，希望翻新的案例越来越多。到底是推倒重建，还是翻新呢……我们会根据经验，从不同角度给出建议，和客户一起商讨出满意的结果。

Q：附带业务有哪些？

A：协助补助金事业的申请单据制作，地质调查，都附带在建筑物的设计监理业务里，可供选择。对于业主方提出的各种要求我们都做了准备，所以无论什么，请尽管来和我们商量。

Q：补助金真的可以申请到吗？你们能帮我们申请吗？

A：尤其是保育园，基本上都被纳入了地方自治体补助金的范畴。申请起来特别麻烦，要提交的资料很多，很多业主都不习惯，感到很棘手。我们可以根据长期的工作经验，给出建议，以及借款方面的协助。

Q：清水混凝土怎么样？

A：最近，相对来说清水混凝土不如十年前那么流行了。那种独特的触感可以创造出简单而时尚的氛围，加上好的设计，可以建成相当出色的园舍。

有时，低成本会成为选用清水混凝土的理由。但是，清水混凝土成本并不低。非建筑从业者，可能会误认为除去模板之后清水混凝土就完成了。确实也可以这么说，一般来说清水混凝土完成阶段的模板叫作装饰模板，其表面是施以涂料的。

这是为了在剥离模板之后，使得混凝土表面平整漂亮。也就是说，所用模板的材料要比普通合板模板成本高一些。

模板的使用方法也是相对奢侈的。

看看可靠的设计事务所做的清水混凝土建筑就能发现，模板的分割应该是漂亮且均等的。

合板是按固定尺寸出售的，如果采用规格尺寸也许成本会低一些。但是为了达到设计效果，一般需要切割隔板得到想要的尺寸。这样一来，所需的模板材料就比通常要多。

内墙另当别论，用在外墙时就需要具备防水防污的功能。因此，必须涂装防水材料。防水材料是透明的，虽然目视无法看出区别，但是涂装防水材料与未涂装防水材料的外墙并排放置半年，差别就显而易见了。况且防水材料并非永久有效，相对来说耐脏的时间较短，脏了就需要维护。

如此一来，使用的模板较一般而言成本相对高，且采用相同的涂装，那么成本高的原因就不难理解了。

但是，尽管有这样的困难，漂亮的清水混凝土还是很有魅力的。

我们在园舍建造中也采用过这样的方案，它与木材的色彩和质地很和谐，能营造出很好的氛围效果。

真正着迷于清水混凝土的设计者不妨放手一试。

Q：瓷砖外墙如何？

A：之前我写到了清水混凝土的选用，在此我想再说一说瓷砖。

瓷砖外墙，真的不容易弄脏吗？

的确是这样的。但是，需要考虑细节。

近来，出现了光触媒图层的产品，以及对表面凹凸做过处理、平整度很好的产品，确实不容易弄脏。从前，白色瓷砖一般来说很容易弄脏，现在已经大有改观了。稍素净色调的瓷砖，使用接近十年也不会让人感觉老旧。

从价格上说，四五角（45mm×45mm）和四五二丁（45mm×95mm）规格的瓷砖，有时候比喷涂更便宜。

如此一来，是选用喷涂还是瓷砖，在通用商品的范畴内，相对性能而言，更可以考虑对氛围营造的好恶来选材。当然，也可以选用老法的高级烧制瓷砖。刚才提到的通用商品只能购买到样本中标记的尺寸和颜色，我这里说的瓷砖不同，是定制品。

如果你想要营造出与别处不同的氛围，那么选用定制品瓷砖也是方法之一。

定制品，顾名思义，颜色、纹样、尺寸都可以按我们的喜好制作。这种指定制作的瓷砖，需要从金属模具开始在工场里分别制作，烧制。如能在工场里目睹整个制作过程，感动之情溢于言表，做出来的绝对是奢侈的瓷砖。如果有足够的时间和预算，不妨一试。

设计（Designing）

Q：怎样将新建园舍介绍给职员和家长？

A：有的园舍刚建好，大家对它的理解度就很高，这是因为从设计开始，职员和家长就参与其中。什么样的园舍理念，什么样的教育理念，建设出来的幼稚园是个什么样子……在和职员、家长进行空间细节的沟通的过程中，大家对新园舍的印象就逐渐丰满起来。幼儿之城会在设计初期准备一本叫作 *Concept Book* 的绘本。用言简意赅的画和诗等，向大家传递新园舍的理念。

Q：可以设计能应对将来设施变化的园舍吗？

A：幼儿之城认为，现代园舍有必要将转用挪用以及幼儿数量的增减纳入考虑范畴。比如说根据孩子多少可以改变房间大小，没有使用的教室可以作为地区设施运行……很多方法，柱子尽可能少，房间的隔断尽可能可以摆弄，确保空间的 Potential（潜能）。当然，这是对将来的先行投资。不能转为他用，不能应对将来变化的园舍是不行的。

此外，关于设备，如果说希望将来安装空调，安装太阳能装置，最好和设计者说明。

Q：和负责的人相处不好……

A：这种情况很少，不过也被问到过。我认为我们社的员工都是怀着诚意，希望设计出受欢迎的园舍。信任是开展一切工作的基础。所以，如果有什么的话请直言不讳地跟我们说出来。

Q：我们所希望的能实现到什么地步？

A：当然我们希望是全部。很多时候，到最后预算和规模都会大大超出预期。虽说超过预期，但不是说放置不管了。改变木材的等级，房间可以兼有多种用途……根据经验，我们可以给出各种建议。

Q：如果要改变设计的话最后期限是何时？

A：直到最后都可能。但是在对园舍的雏形进行敲定的“基本设计”阶段，是和客户不断进行沟通，调整计划的关键阶段。这个阶段结束进入实施设计阶段以后，如果再有变动的话，有可能追加额外费用，还会影响工程进度。如果是保育园的话，按照规定，申请到补助金的时候建筑必须完工。从完工期倒推，有时候时间上不允许再进行设计上的变更了。所以不管有什么疑问，请尽量在基本设计阶段提出来，这样效率最高。

Q：只看设计图，能不能对成型的园舍有一个具体印象，比较担心……

A：只看平面图，对成型建筑的空间感还是没有太直观的感觉，这是很正常的。通过 CG 立体透视图（Perspective）、模型来给大家展示，但是还是不够直观。因此，我们建议去直接去参观规模和理念类似的园舍。窗户的朝向，和附近建筑物的关系，颜色的选择等，参观实际大小的建筑最便于理解。幼儿之城设计的建筑很多，可比性很强，这是我们的强项。

建造（Construction）

Q：可以去施工现场参观吗？

A：当然可以。到施工现场可以真切感受到空间大小、尺寸等，所以最好和负责人一起去参观一下。设计师作为施工监理的话一周要去一次现场。因为是工地，所以请一定戴上安全帽。

Q：到现场以后，发现有的地方和想象的不一样……

A：不管进行到什么阶段，如果发现有问题，请和负责人商量。越早提出来越容易做出调整。尽管我们一直尽力在尘埃落定前就将需要做修改的地方修改好，但是仍然有时候会客户到最后给我们提出“这个地方想要个窗户”等要求。

善后（Aftercare）

Q：园舍的设计和修建结束以后，还能向事务所继续咨询吗？

A：当然可以。园舍修建好以后接下来就是细节了。怎么布置庭园，买什么样的家具，只要是关于建筑和里面空间设计的，都可以找我们商量。一般来讲，备件备品那些就不属于建筑设计范畴了，不过也和空间相关，所以如果找我们协商，我们会非常高兴。

Q：怎么交接园舍相关的事项呢？

A：我们幼儿之城的做法是这样的：在建筑完工的时候会将“使用说明书”交给业主。为什么有台阶，为什么可以看到厨房，使用的什么材料……建筑的特征，以及依据什么理念确定，这背后的故事等，包括维护的方法，都会写在说明书里。这样可以让使用者对建筑有更深的理解。

Q：请告诉我一些关于维护方面的事项。

A：按照规定，完工后一年到两年，会有很严格的审查，看建筑情况如何。不过并不是说只能依靠这个审查，只要有问题有疑问，就随时来问我们，届时我们都会给业主作出答复的。

去园舍建造现场

平常的日子里从未想过会去建筑工地，最多只是想象邻家木制住宅建设的场景。然而，我想亲眼看看园舍是怎样建起来的。因此我尝试拜托了幼儿之城的仙波职员。仙波职员自然而爽快地答应了我的要求，于是我们一同去了园舍现场。

到了现场，首先看到的是门口可爱的提示牌，

“这牌子太可爱了。不像是建筑工地该有的东西，看上去很有亲和力。”

“是啊，这是我们幼儿之城在这儿建造园舍的证明。”

我对这个花费了近一年时间建造的园舍颇为期待。

“这次的园舍是在保存原有园舍的基础上施工的。所以，我们对施工中的噪音和灰尘也很注意，”仙波职员接着说，“即便如此，有时候还是必须要建临时园舍，为了降低成本，我们尽量做到在不建临时园舍的情况下完成新园舍的施工。”

临时园舍据说也是有法律规定的，一般来说建设费用需要几千万日元，足以新建一栋木结构住宅了。因此，节约这部分费用，用在新园舍的建造，为了孩子也是可以理解的。

接着我们参观了现场事务所。事务所是由上下两层集装箱搭建而成，现场所长和助手两人在此工作，稍显狭小。“现场事务所的大小根据现场条件而定，有时现场安排不开，我们会租用附近的公寓。环境干净一些，待着也舒服。”的确，现场事务所充满了男人的气息。

“这次的园舍是钢筋混凝土的地上二层结构，所以梁柱粗一些，非常稳当。”梁柱确实牢靠。

“钢筋混凝土，顾名思义，混凝土里面包裹着钢筋。钢筋就像人的骨头，水泥就像肌肉，分别发挥各自的功能。”

“幼儿之城的园舍与一般建筑相比，柱子粗，钢筋的数量也多。偶尔施工方也会问我们‘为什么需要这么多’，其实是为了达到更好的抗震效果，采用了1.25倍的构造系数。因为这里是寄托孩子们的园舍，所以建筑让人安全安心很重要。”如此我理解了柱子加粗的原因。

“我至少一周来一次现场参加例会。除此之外，很多事情需要在这里完成，比如检查现场，确认工期，听取施工方报告，核对图纸等，”他告诉我，“当然，除了例会之外，我也根据检查需求到现场来。有时候休息日突然想到什么事情，也会到现场露个脸。”

“现场是有生命的。施工每天都在进展，每天都会发生变化。稍一愣神，转眼就完工了。所以时刻都要有紧迫感。”

于是我问仙波职员：“设计和现场，哪边更有意思？”

他说：“当然是都有意思了。现场可以说是二次设计。也就是说，设计图画好之后再到现场实际看建筑现场，有时会发现更好的设计方法。这种情况下，我们与业主和现场施工人员商量，有可能会对设计图做部分修改。如此这般，我们探讨各种可能性，所以设计和现场两边都很愉快。”

等园舍完成了，我想再来看一看。

室内改装

经常会有这样的一些案例：一直希望能够将园舍进行一些改变，但是重建要耗费大量时间和金钱，都市区的话地价又非常高，所以再怎么想也无法去实现。在这种时候其实可以考虑将园舍进行改装。幼儿之城也经常接手这种改装工作。

（1）Wings KIDS Family

建筑老化当然是一方面，社会和教育理念的不断变化，也使得运营者或多或少想要对园舍进行一番改建吧。

这种时候，如果有条件能立刻进行改建或者搬迁的话，那没有什么问题。但实际上，资金周转、土地及临时园舍的设置等很多问题都需要解决。特别是在城市里，很难找到建筑用地及建材堆放地。在住宅和办公楼方面，进行内部改装翻新，或者建筑用途变更所做的建筑改造工作，在最近十来年非常突出。幼儿相关设施方面也有此倾向。

位于东京都目黑区的“Wings KIDS Family”，是一家针对 2 岁婴童至 9 岁儿童的，全英文授课的民间学堂。

“之前的空间变得不太够用了，因此租下了附近这座大楼的一整层空间。原先这里是个没有什么生气的办公室，直接拿来用于幼儿教育的话完全不合适，但是预算却没有那么充裕。我们也知道这是一个难题，但还是将这个任务拜托给你们。”

学校的法人代表清冈由香和运营公司社长清冈城英笑着说道。在有限的预算内，如何才能创作出符合学校氛围的空间呢？这里，我们以“帐篷”为主题进行了设计。

“如果来到这里，有种体验寄宿的感觉就好了。既有家的延伸感，又符合我们的教育理念。”

地面、墙壁、天花板不做处理，将木材按纹理进行组合，做成三个三角形屋顶、像房间一样的箱子。其中的一个作为鞋柜和储物箱，另外两个装上薄薄的天篷，做出帐篷的感觉。此外，搬运用的规格统一的木制收纳格被高高低低地拼接起来，孩子们可以在上面跳舞、就座，来回走动，还可以在空隙处放书，用途很多。这样一来，虽是简洁的空间，却有多处地方可以活动。

“跟以前相比，现在孩子们活动得更自如了。我们考虑等预算充足后再做一些改进。”清冈老师说。这是一个可以灵活地进行逐步整改的案例。

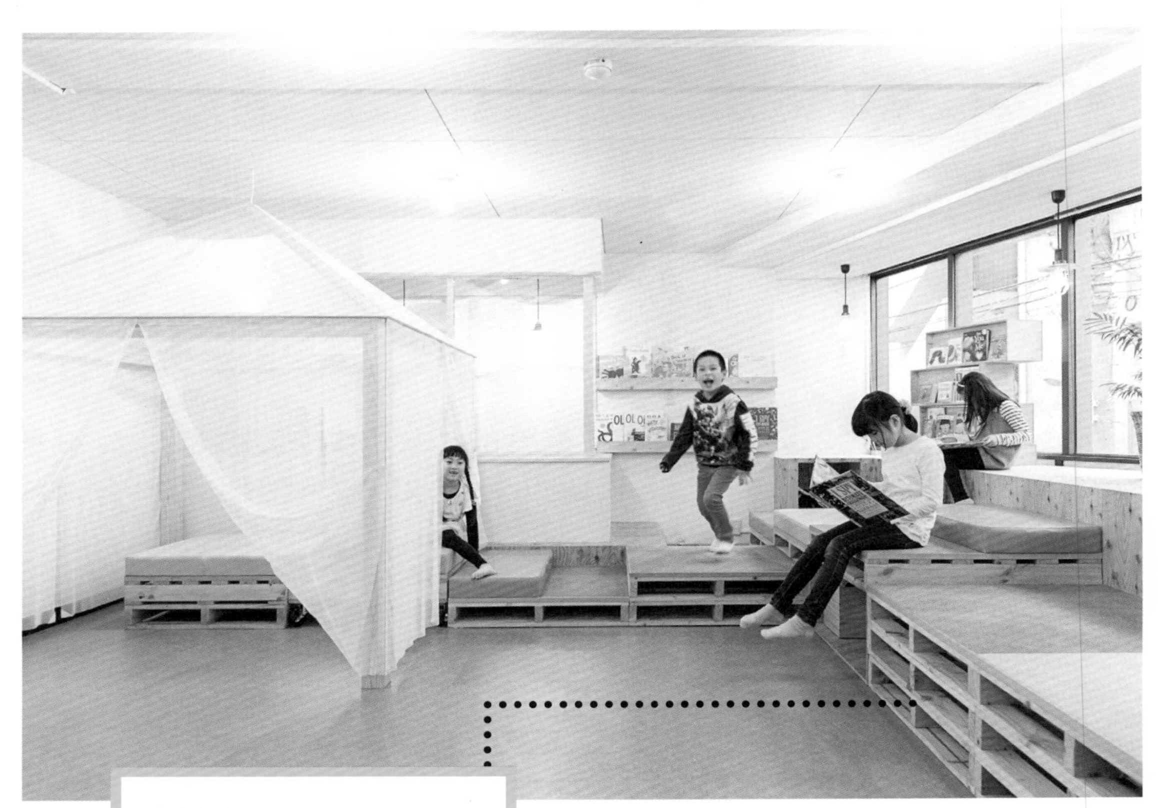

小细节

将搬运用的规格统一的木制收纳格错落地拼接起来，乐趣多多。

建筑面积：161 m^2
结构：钢铁钢筋混凝土
层数：大楼的二楼部分

小细节

二楼的学校。书架的背面，是嵌入照明灯的看板，吸引了路人的目光。

小细节

透明白板比孩子还高，可以在这里写字画画。

小细节

木质屋形结构加上垂落的薄纱，看起来像一顶帐篷。关灯后更有感觉。

幼儿之城
室内项目

主题

将原来毫无生气的大楼一整层，改造成孩子们练习英语对话的空间。

（2）QKK 保育园

面向 0～2 岁婴儿的 QKK 保育园，是通过大胆改装让空间焕然一新的另一案例。这里原本是一家意大利餐厅。这个二层建筑的一楼，现在被改造成一所定员只有 34 名的小规模认定保育园。

0～2 岁是培养感性的重要时期。出于这样的考虑，我们的理念是将这里设定为“Farm（农场，田地）”。在原先餐厅的中庭里增加了绿化、蔬菜的栽培等，让这里成为一个能让孩子们亲身接触到泥土和花草的场所。这个内装运用了大量绿植，保留原有的空间布局不但能够节省费用，还能通过木和钢的构造让空间呈现出一种整体统一感。在室内，使用了一种名为“House”的木材，与钢材一起组合拼搭成一种游乐设施。“艺术之家”的地面上贴上了黑板，让孩子们可以随性作画；敲击“音乐之家”的地面后会发出有趣的声响。而“芬芳之家”则是充满着花木的气息……这是一个通过游乐逐渐培育孩子们五感的场所。在这个“农场”中，孩子们的感性认知发展会非常迅速。

这里的一楼原先是一家意大利餐厅。活用原有餐厅的空间布局，将其改造为保育园。

QKK 保育园

定员：34 名
总占地面积：411 m²
建筑面积：177 m²
使用面积：150 m²
结构：木结构
层数：地上二层建筑的一楼

小细节

为了培养孩子们从小对材料的感觉，在材料选择上使用了纯正的木、钢、瓷砖。

小细节

对原本就有的中庭进行最大化利用，增加了绿化，同时也新增了小型农田。

小细节

将地面做成黑板，敲击地面还能发出声音，小房子的形状更是充满感性的原创设计。

（3）MK-S 幼稚园　让大家欢乐的儿童博物馆

“认证幼稚园”制度于 2006 年开始实施，旨在顺应社会变化需求。2007 年 4 月率先得到认证的“MURONO KIDS”，是由 MK-S 幼稚园和 MK-S 学前班组成的幼保协作性设施。“学龄前儿童在有监护人陪同的情况下才能外出，因此，早放学让孩子们回家也未必一定就好。此外，很多监护人也对幼稚园的教育也抱有期待。认证幼稚园具备这两方面的优势，今后的需求会越来越多。”村田晃理事长说。

学前班园舍由幼儿之城在 2007 年设计完成。对这座建成 30 年以上的幼稚

游戏室和教室一样，色彩是游乐项目之一。孩子们可以从方形色块重叠部分的色彩变化中得到启发。可移动墙体能改变房间大小。

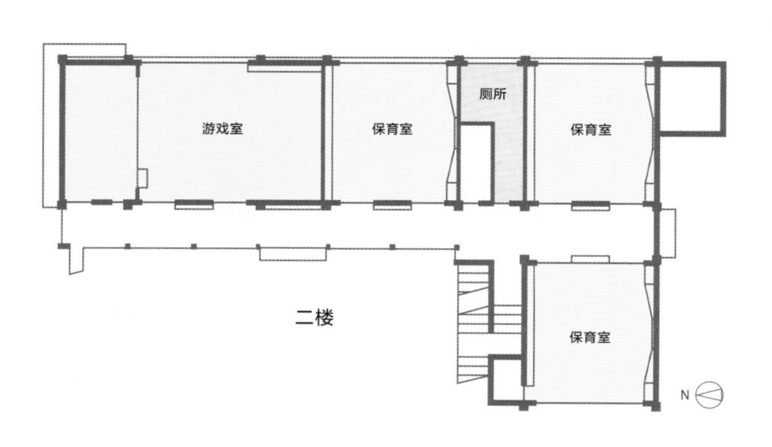

村田晃理事长（后排右）、北见宏园长（后排左）和孩子们。

园设施实施改建。“业主方要求不能是简单的推倒重建，且要用色彩来改变园舍的整体氛围。”

主要实施改建的是园舍的二楼。选用白色为整体基调，用樱花、梅花、紫藤作为象征色将每个教室区分开。地板、墙壁、天花板上遍布大小各异的方形色块，这与孩子们自由玩耍的身影相得益彰，营造出使孩子们充满活力的明快空间。

此外，本次改建的目的之一是要导入电子黑板和挂壁式投影音响系统。因此，如何在不损害功能和使用便利的前提下收纳这些新设备，以及对原有园内器材道具的合理墙面布局，也是设计要点之一。为了做到充分的功能性收纳，听取实际使用者的意见是必不可少的。设计方与老

使用普通规格的门框，如昔日的教室入口。保留原有尺寸，利用有色玻璃突出现代感。

室内焕然一新。翻新了天花板、地板材料、照明、桌子等家具。引入电子黑板等新设备，创造出崭新的保育空间。

改建后桌椅排列整齐的教室。利用电子黑板周边的墙体空间收纳老师们使用的绘本等道具、杂物。

师们共同整理了详细的收纳品项清单用于设计。针对这些没有生命的机器，尽量做到隐蔽收纳，力求简单有效。

这次改建不打算涉及一楼，然而最终还是决定对色彩做了改动。在欧美，建筑新建很困难，改建是理所当然的。根据用途以及社会环境的改变适时改建，以延长建筑的使用寿命，也许是将来的选项之一。

（4）AN 幼稚园

作为幼儿之城最初的园舍作品，AN 幼稚园在 40 年后迎来了新建。新的空间继承了旧园舍的理念，又充满现代感。

旧
厕所
节约用水
灭火器

新

讲堂的屋顶倾斜，很有特色。光线透过大窗户洒满房间。

两侧教室的中间是 5 米宽的走廊，作为公共的游乐场使用。

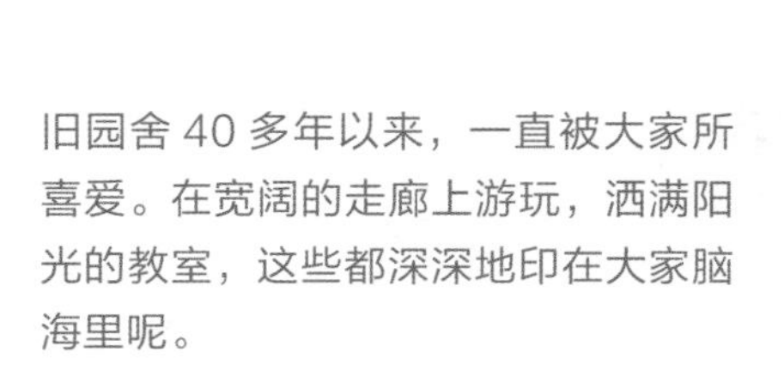

旧园舍 40 多年以来，一直被大家所喜爱。在宽阔的走廊上游玩，洒满阳光的教室，这些都深深地印在大家脑海里呢。

钢铁构架，一度进行过扩建的园舍。外观的颜色也经历过数次重新涂装。

亚铅板宽阔屋檐下的室外走廊，沿着建筑长长地延伸，是孩子们交流的场所。

一侧的屋顶向上翻折。自然光可以透过高窗照进教室。

深色调，让人安心的新园舍。孩子们的身影成为这里最美丽的色彩。

从一楼连到二楼的纵格子。一楼用来遮阳；二楼则可以作为阳台的扶手。

二楼教室的孩子们，可以经阳台走到外面的楼梯。

与二楼走廊相连的露台。这里也可以安放遮阳用的帐篷。

保育室将门打开后就和走廊相连。里面的房屋形状的小房间是孩子们重要的生活场所。

仔细看的话，新建筑和旧园舍还是有很多相似点。虽是新物，却又似曾相识，很快就能融入进去。

孩子们在园舍相遇，
拥抱室内的“森林”

充满多种可能性的走廊里，到处都是可以玩耍的地方。通过高窗注入的阳光，一直照射到挑高空间下的一楼。

继承旧园舍的理念，在建筑中央设置了一条宽阔的、充满多种可能性的走廊。孩子们在这里自由自在地到处玩耍。

外观是很清爽的结构。

这里的旧园舍，是我们 42 年前从事的第一个幼儿设施设计项目。随着时代的变迁，客户对教学内容及建筑物抗震强度有了新的要求，我们便再次担任了该园的改建工作。

当初的旧园舍是一层平房建筑，我们设计了一条从中部贯穿的 5 米宽的走廊。孩子们聚集在这个像大厅一样的空间自由玩耍。新园舍继承了这个设计。建筑中央的宽阔走廊和两侧的保育室、教室等房间无落差水平相连。另外，由于新园舍是二层建筑，特意采用挑高设计将一楼与二楼连接起来。高窗和大型开口，使整个房间既通风又明亮。在这个走廊里，特意设置了攀爬墙，小屋形状的密室，还利用楼梯下方空间做成了游乐场。孩子们在这个犹如森林一样明亮通透的空间里，不断有新的发现和体验。

在二楼走廊的两侧，一边是冷色调的攀爬墙，好像裸露的岩石；另一边是黑板墙。

小屋形状的密室，就好像是从二楼的挑高处伸出的树屋。

楼梯下面小小的入口里面设置了一个空间。贴着抱枕材料，就好像在大树的怀抱里。

旧园舍中曾经位于另一栋楼的教室，如今设置在二楼。

入口处。深深的屋檐为接送孩子的家长们提供了休憩的场所。

事务室。大量采用自然色，让人舒心。

Data

定员：240 名

总占地面积：2289 m²

建筑面积：895 m²

使用面积：1386 m²

结构：钢铁构架

层数：地上二层建筑

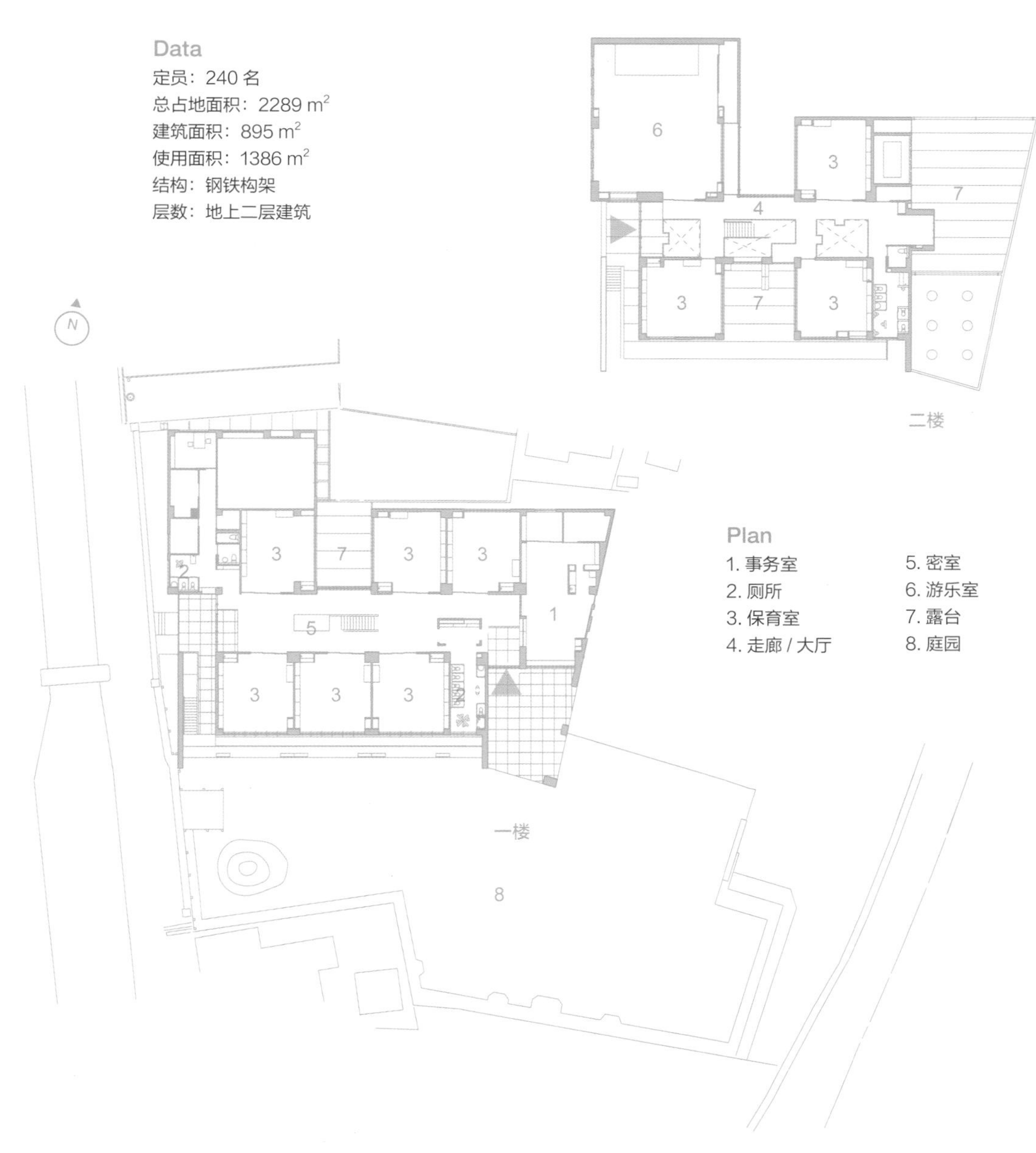

Plan

1. 事务室
2. 厕所
3. 保育室
4. 走廊 / 大厅
5. 密室
6. 游乐室
7. 露台
8. 庭园

第5部分

幼儿之城
新事例 16 个

本章列举的园所建造时间较新，还有近年来在中国发展的项目。新的园舍秉承了日比野设计 40 年来的设计原则，并且在坚持不断的创新和探索的过程中，找到新的平衡点，为更多的孩子创造更加有生趣的园舍。

北京 CLC 儿童中心

项目概要

地址：中国北京

建筑面积：$432.0m^2$

项目年份：2018 年

设计概要：城市居住社区里的育儿共享空间，室内有胡同般的空间

此项目是一个儿童保育和学习中心，位于北京市中心的一个高层公寓小区里面。该中心主要为当地的年轻家庭服务。从严格意义上来讲，它并不是完全为儿童服务，也同时对家长和周围社区开放。这是一栋高 4 米的半椭圆形建筑楼。

我们以“城市中的街头游戏”作为设计的核心理念，并期望在室内设计中融入老北京街道的感觉。为了满足孩子们不同的需求和喜好，我们还对空间进行了有机的分配，并在其中摆放了一个或多个集装箱模块。

集装箱模块是开放式的，这样可以让孩子们很容易自己识别出每个模块空间的功能。此外，该空间还可以根据设备的需求和教学课程的要求调整新的模块，或是扩大，或是缩小。

这个集装模块就像是建筑物，中间的过道就像是街道。而这些过道的亲密度也是这个原本开放的空间中增加的一些私人元素，这也是孩子们喜欢的。同时，也可以用于需要集中注意力的活动。集装箱的上部添加了栏杆，形成了一个露台阁楼，让整体体量更具有活力，因此也适合创造性的学习和玩耍。

模块在设计中保持了极简主义风格，只使用了两种颜色：外墙是深灰色的，地板、墙壁和天花板是木质的。此外，模块化结构还有另外一个好处，就是可以简单快速地提供材料、应用和维护。

恐龙大世界

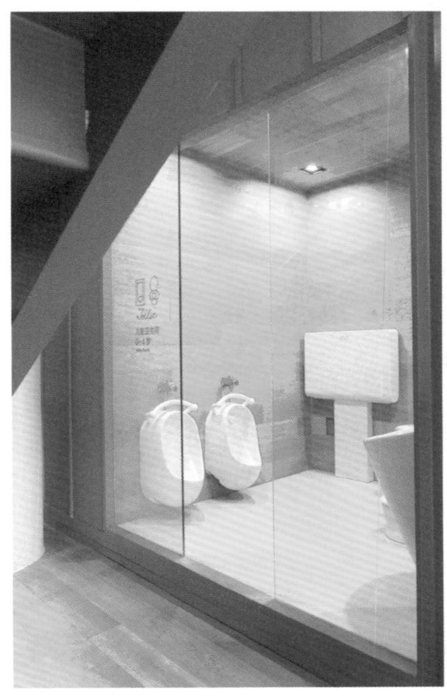

Toilet
儿童卫生间
0~4 岁
Kids Toilet

一楼平面图

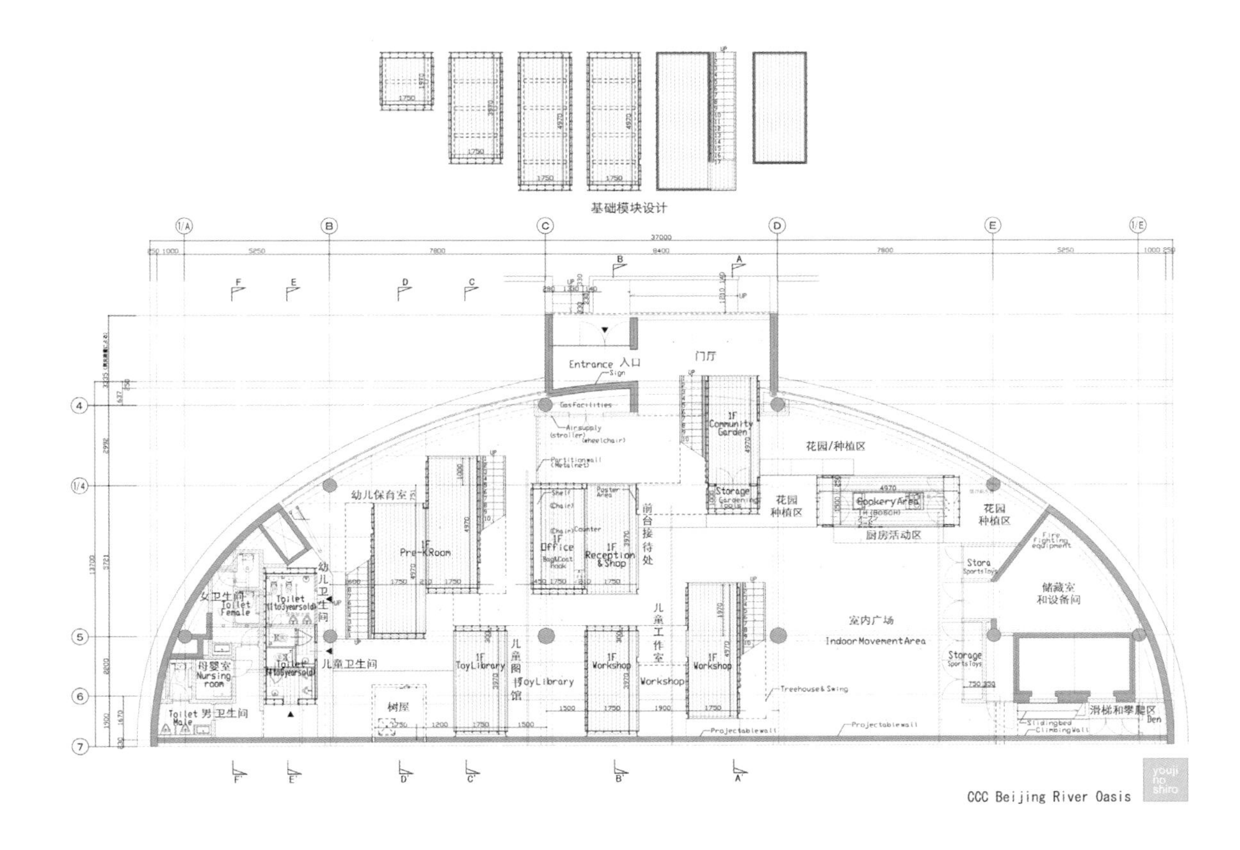
基础模块设计
Entrance 入口
门厅
1F Community Garden
花园/种植区
幼儿保育室
Pre-KRoom
1F Office
1F Reception & Shop
前台接待处
Storage
花园种植区
Cookery Area
厨房活动区
花园种植区
储藏室和设备间
女卫生间
Toilet Female
幼儿卫生间
母婴室
Nursing room
儿童卫生间
Toilet 男卫生间 Male
树屋
1F ToyLibrary
儿童图书馆
ToyLibrary
1F Workshop
儿童工作室
Workshop
1F Workshop
室内广场
Indoor Movement Area
Storage
滑梯和攀爬区
Den
CCC Beijing River Oasis
youji no shiro

二楼平面图

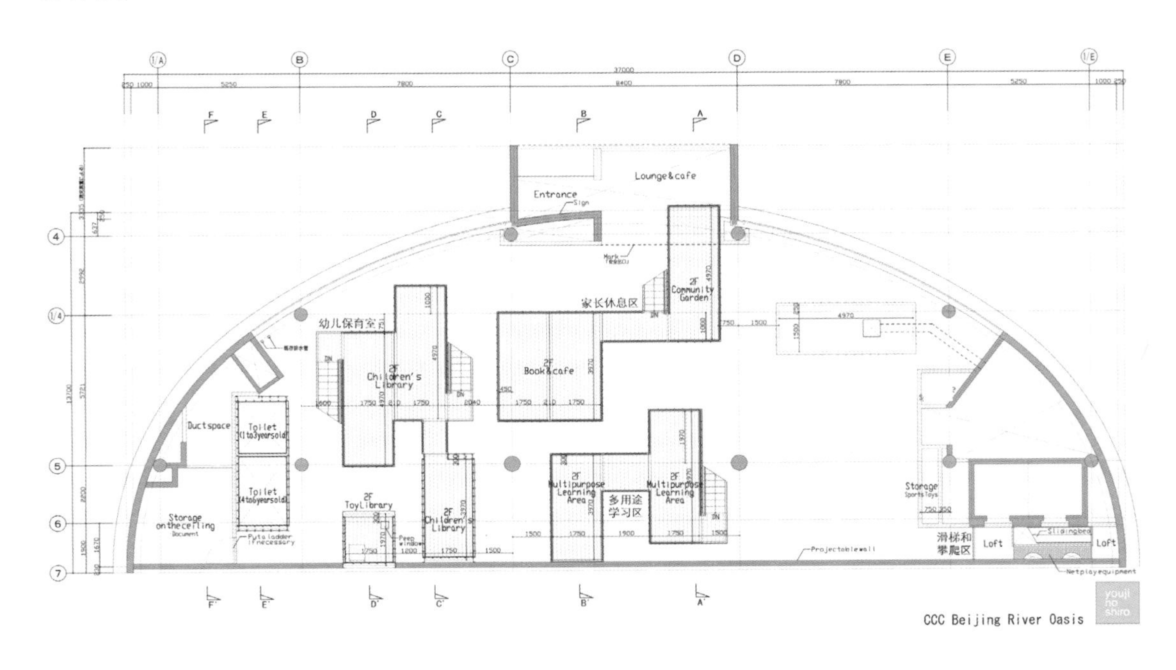
Lounge&cafe
Entrance
2F Community Garden
家长休息区
幼儿保育室
2F Children's Library
2F Book&cafe
Ductspace
Toilet (1to3yearsold)
Toilet (4to6yearsold)
Storage onthecelling
2F ToyLibrary
2F Children's Library
2F Multipurpose Learning Area
多用途学习区
2F Multipurpose Learning Area
Storage
滑梯和攀爬区
Loft
Loft
CCC Beijing River Oasis
youji no shiro

大阪 ATM 保育园

项目概要

地点：大阪府丰中市

总占地面积：2019.70m^2

建筑面积：694.87m^2

总使用面积：1080.30m^2

建造规模：钢筋二层建筑

竣工：2017 年 3 月

设计概要：纵横交错变化使人与人紧密相连

横跨丰中市和吹田市的新兴城市的一隅，原本是新千里南町的消防署，该保育园便是在这个消防署的旧址上建造起来的。这里曾经是住宅集中的社区，但是随着时间的推移，这种社区文化逐渐走向衰退。

我们认为，保育园是培养孩子们人格的地方，十分有必要让孩子们了解当地的风土人情和历史。因此我们在设计保育园的时候，将重心放在了重新诠释社区文化、建立当地人与人之间的联系之上。

具体做法就是，用凹凸多变的设计取代了社区建筑那种单一呆板的长条空间设计，给人一种轻快的感觉。此外，在建筑物外围设计的阳台又具有社区风格。这里错落有致，设置了攀爬物。绳索、长凳、云梯等游具，使孩子们可以在玩耍的过程中锻炼身体，也能让周围的人感受到孩子们的存在。

特别是在这里，孩子们即使出现一些轻伤、失败也是无可非议的，这样才能让他们更加勇于挑战，自立自强，积极向上。

另外，为了增加人与人之间的交流，特地设计了很多让视线交汇的地方。

比如外面的街道和保育园，厨房和餐厅之间的连接部分都设计成开放空间，外廊下面配有中庭，人们从园外可以感受到孩子们在园内活动，同时孩子们也能关注园外发生的事情。

每个保育室面向中庭和走廊都装有大玻璃窗，不同年龄段的孩子可以看到彼此的活动，感受到对方的存在。这样一来，小孩憧憬长大，有一种成长的欲望，而大孩子也会萌生出保护弱小的善心。

近来，出于安全考虑，很多保育园都是封闭式的。其实，通过开放的方式反而有助于当地共同守护，重拾人与人的温情，创造出安全的环境。增加人们交流的目的。并不仅仅限于保育园，这也是整个地区的努力方向。

现在，这里的平台已经开始成为附近居民的交流场所，我们期待这种交流可以持续下去，希望孩子们在成长中多多地与人接触，将来可以有很强的社会沟通能力。

一楼平面图

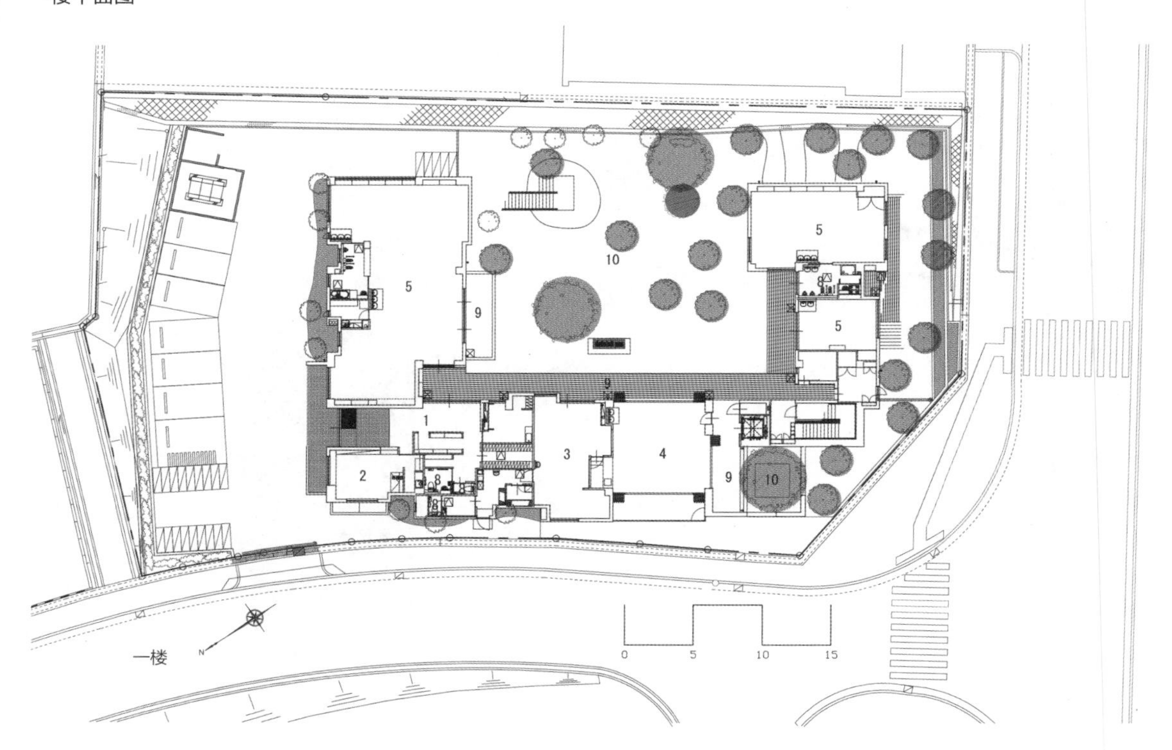

1. 入口
2. 办公室
3. 厨房
4. 餐厅
5. 保育室
6. 画室
7. 图书馆
8. 厕所
9. 露台（连接室内外的地板 / 地台）
10. 庭园（户外游乐场）
11. 走廊

03

神奈川 HN 保育园

项目概要

总占地面积：2651m²
建筑面积：588m²
总使用面积：573m²
建造规模：木结构、地上二层

设计概要：孩子们一整天都能与大自然接触

这是一个由家长创办的保育园。他们希望孩子可以在充满自然元素的环境中长大。为了达到家长的期许，设计师充分利用了周边的自然环境，让孩子们整天都可以感受到大自然，接受感官刺激，以此来提升他们的感知力和创造力。

在室内进行的保育活动，大部分都是固定的教材和玩具，缺乏灵活性。户外活动就不一样了，孩子们会感受到季节和天气的变化，感受阳光的温暖、土地的触感，闻到花朵的芬芳，观察到天空的颜色……这所保育园的宗旨就是要让孩子每天都和大自然接触，在大自然里尽情玩耍，得到全方位的感官刺激，从而主动去发现，去思考。

保育园室内有一棵大榕树供孩子们攀爬。阳光透过玻璃屋顶洒满整个房间，孩子们在室内就能仰望天空，看云卷云舒。

庭园的设计充分利用了地形，设置了落差 5 米的大坡，孩子们从只会爬行的婴儿时期开始便接触大地，可以尽情跑跳，还能在坡上翻滚、滑行、挖土，进行很多创造性的活动。

在这所保育园里，孩子们能够在广阔的天空和斑驳的阳光下愉快地度过每一天。

总平面图

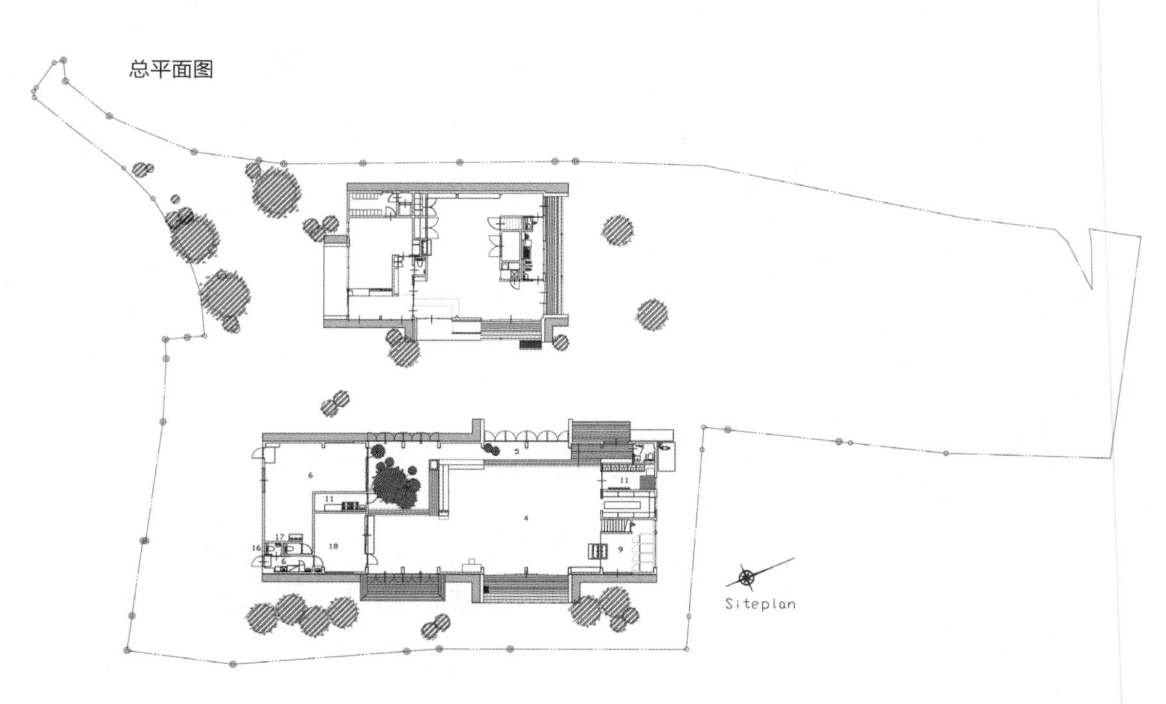

1. 入口
2. 办公室
3. 储物柜
4. 儿童活动室
5. 室内庭园
6. 儿童活动室
7. 公共厕所
8. 设备间
9. 儿童厕所
10. 会议室
11. 储藏室
12. （阁楼）储藏室
13. 走廊
14. 员工厕所
15. 哺乳室
16. 厨房员工厕所
17. 儿童厕所
18. 备餐室
19. 淋浴室
20. 房屋的后部

一楼平面图

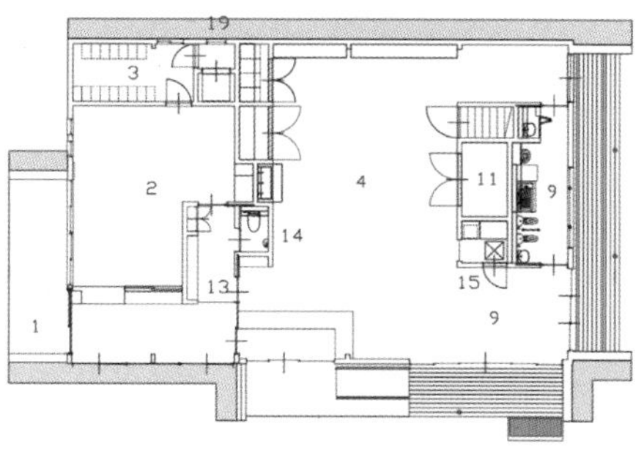

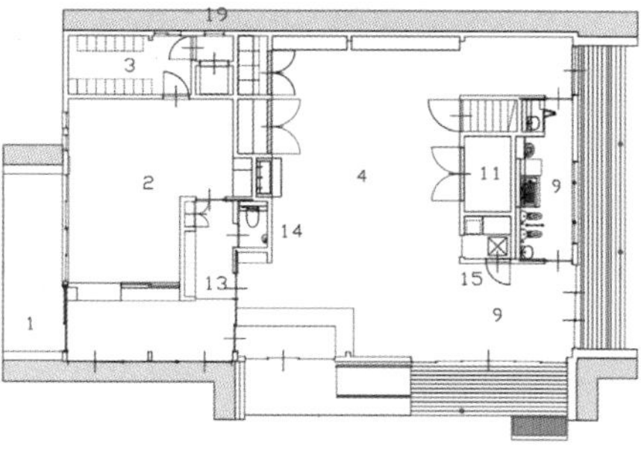

1栋　一楼

1. 入口
2. 办公室
3. 储物柜
4. 儿童活动室
5. 室内庭园（地面是泥土地，中间有棵树）
6. 儿童活动室
7. 公共厕所
8. 设备间
9. 儿童厕所
11. 储藏室
13. 走廊
14. 员工厕所
15. 哺乳室
16. 厨房员工厕所
17. 儿童厕所
18. 备餐室
19. 淋浴室

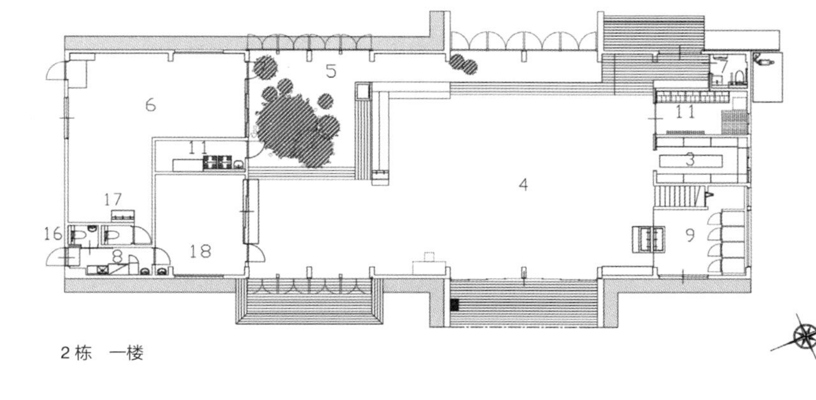

2 栋　一楼

二楼平面图

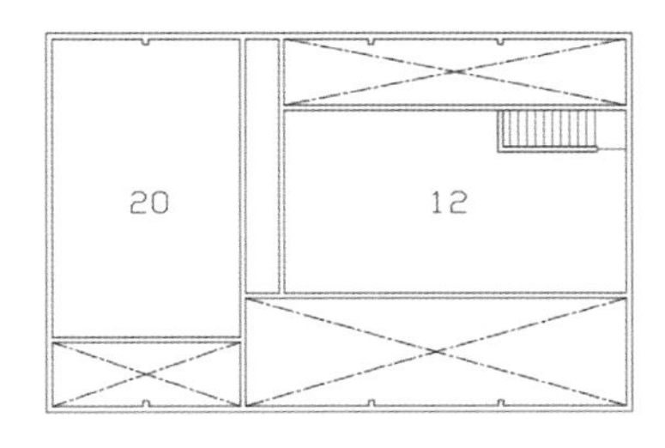

10.（阁楼）会议室
12.（阁楼）储藏室
20. 房屋的后部

1栋　二楼

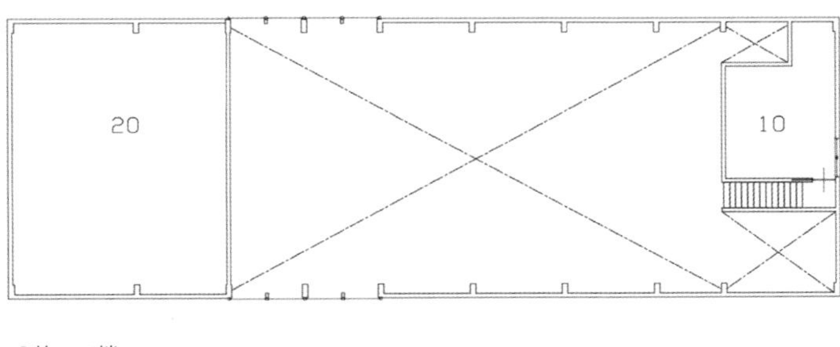

2 栋　二楼

立面图

1栋　东立面图

1栋　南立面图

1栋　西立面图

1栋　北立面图

2栋　东立面图

2栋　南立面图

2栋　西立面图

2栋　北立面图

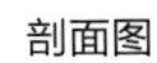

剖面图

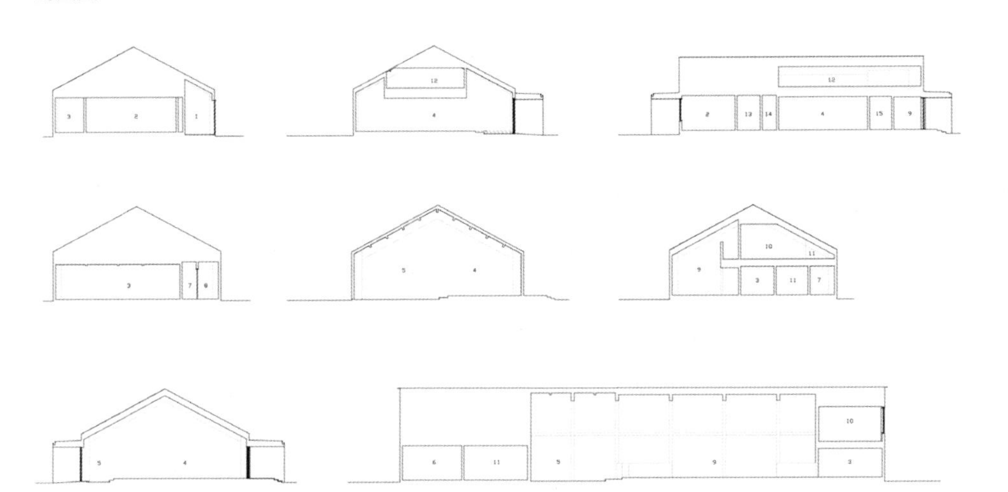

1. 入口
2. 办公室
3. 储物柜
4. 儿童活动室
5. 室内庭园
6. 儿童活动室
7. 公共厕所
8. 设备间
9. 儿童厕所
10. 会议室
11. 储藏室
13. 走廊
14. 员工厕所
15. 哺乳室

04

长崎 KB 小学和初中

项目概要

地点：长崎县佐世保市
总占地面积：25992.96m^2
建筑面积：3505.99m^2
总使用面积：5856.35m^2
建造规模：出入口（新建部分）/ 一层钢筋结构
竣工：2019 年 4 月

设计概要：让孩子们能够自主学习的中小学校

此项目是将一所长崎县佐世保市的废弃中学整改后的中小学一贯制学校。

目前，很多学校的建筑都需要翻新或者重建。随着信息与通信技术的发展与普及，将来的教育也要顺应这种自主学习的趋势。在这样的形势下，我们和 Kids Design Labo 合作，在翻新内装的基础上，重新设计了有助于让孩子们自主学习的校用家具，实现了低成本的整改方案。

例如，美术室的梯形桌椅，可以根据活动内容和人数来自由布局，能提高学生们的创造力。自习室的桌子是可拼接的太极八卦形，椅子装有滑轮。这样，学生们组队讨论问题的时候，移动起来十分方便。除此以外，教室家具全部使用天然木材，经年累月，学生们能感受到木材发生的变化，这也是一种“惜物”的德育。

另外，Kids Design Labo 和佐世保市的本地设计师一起合作设计了校服。佐世保市受到美国文化的影响，曾经非常流行“学院风”，该校校服便以此作为设计理念，希望孩子们可以通过每天的穿着，接触历史，热爱家乡。

通过内装、家具、校服的整体设计，这所中小学校的面貌焕然一新，孩子们能够在学校的日常生活和学习中接触到更多的现代化知识。

三國志
ヘレン・ケラー
マザー・テレサ
エジソン
クララ・シューマン
マリー・キュリー
モーツァルト
クレオパトラ
能

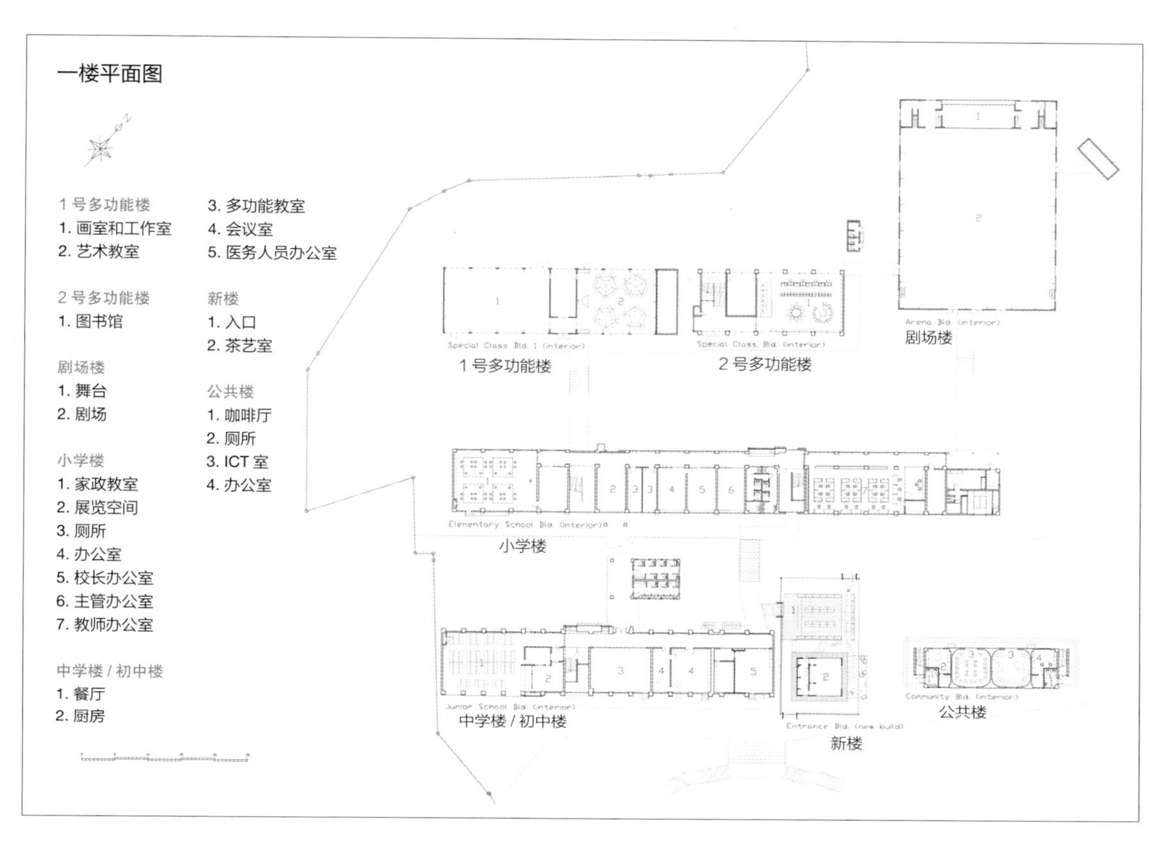
一楼平面图
1 号多功能楼
1. 画室和工作室
2. 艺术教室
3. 多功能教室
4. 会议室
5. 医务人员办公室
2 号多功能楼
1. 图书馆
新楼
1. 入口
2. 茶艺室
剧场楼
1. 舞台
2. 剧场
公共楼
1. 咖啡厅
2. 厕所
3. ICT 室
4. 办公室
小学楼
1. 家政教室
2. 展览空间
3. 厕所
4. 办公室
5. 校长办公室
6. 主管办公室
7. 教师办公室
中学楼 / 初中楼
1. 餐厅
2. 厨房
1 号多功能楼
2 号多功能楼
剧场楼
小学楼
中学楼 / 初中楼
新楼
公共楼

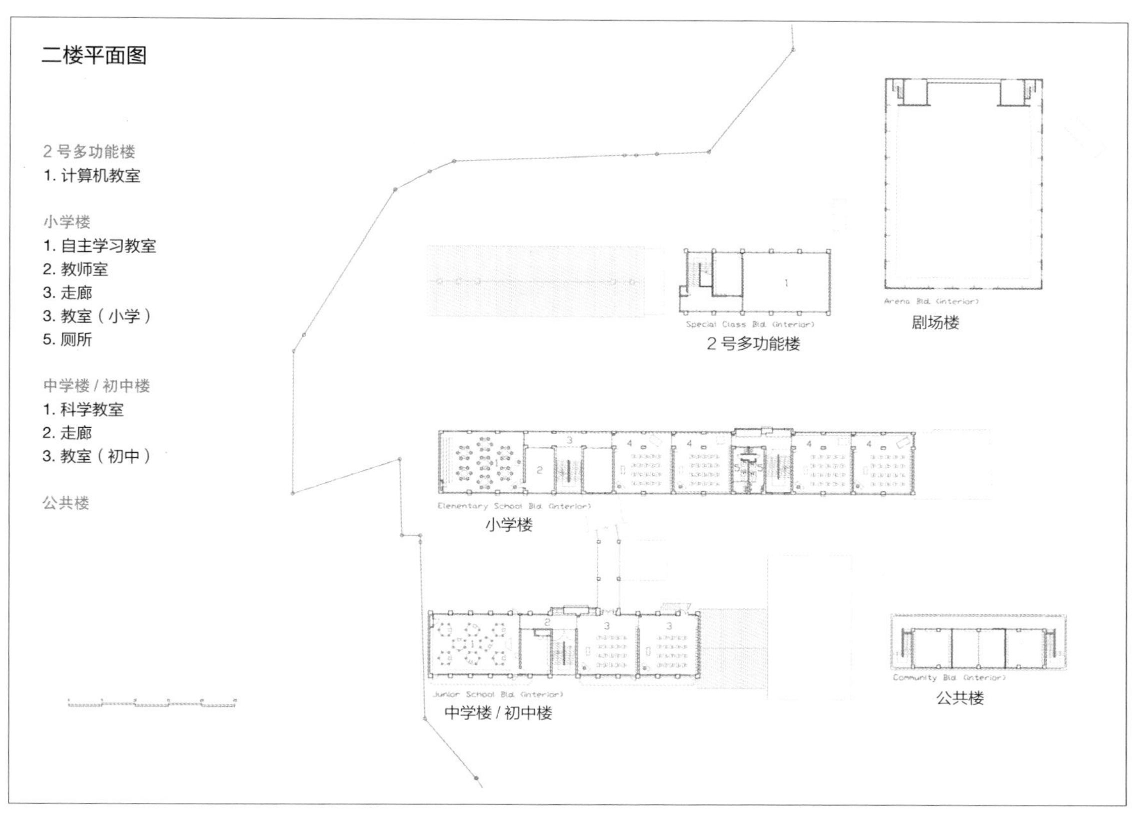
二楼平面图
2 号多功能楼
1. 计算机教室
小学楼
1. 自主学习教室
2. 教师室
3. 走廊
3. 教室（小学）
5. 厕所
中学楼 / 初中楼
1. 科学教室
2. 走廊
3. 教室（初中）
公共楼
剧场楼
2 号多功能楼
小学楼
中学楼 / 初中楼
公共楼

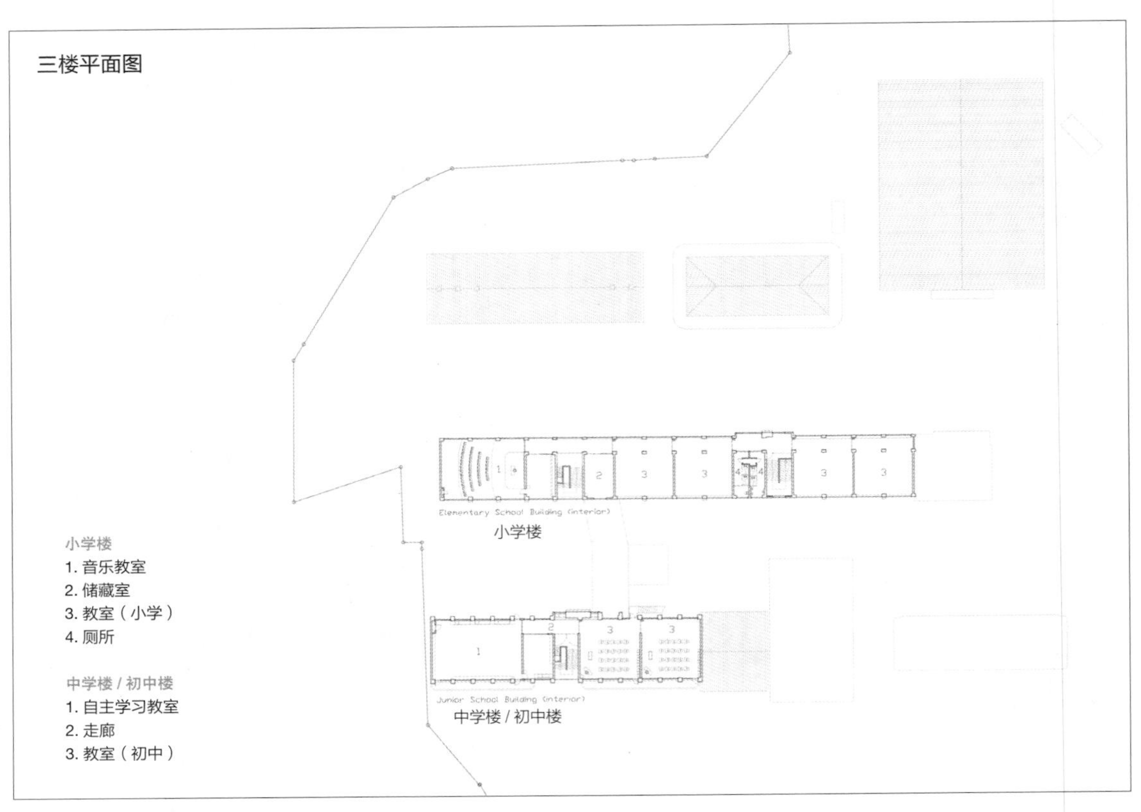
三楼平面图
Elementary School Building (interior)
小学楼
Junior School Building (interior)
中学楼 / 初中楼
小学楼
1. 音乐教室
2. 储藏室
3. 教室（小学）
4. 厕所
中学楼 / 初中楼
1. 自主学习教室
2. 走廊
3. 教室（初中）

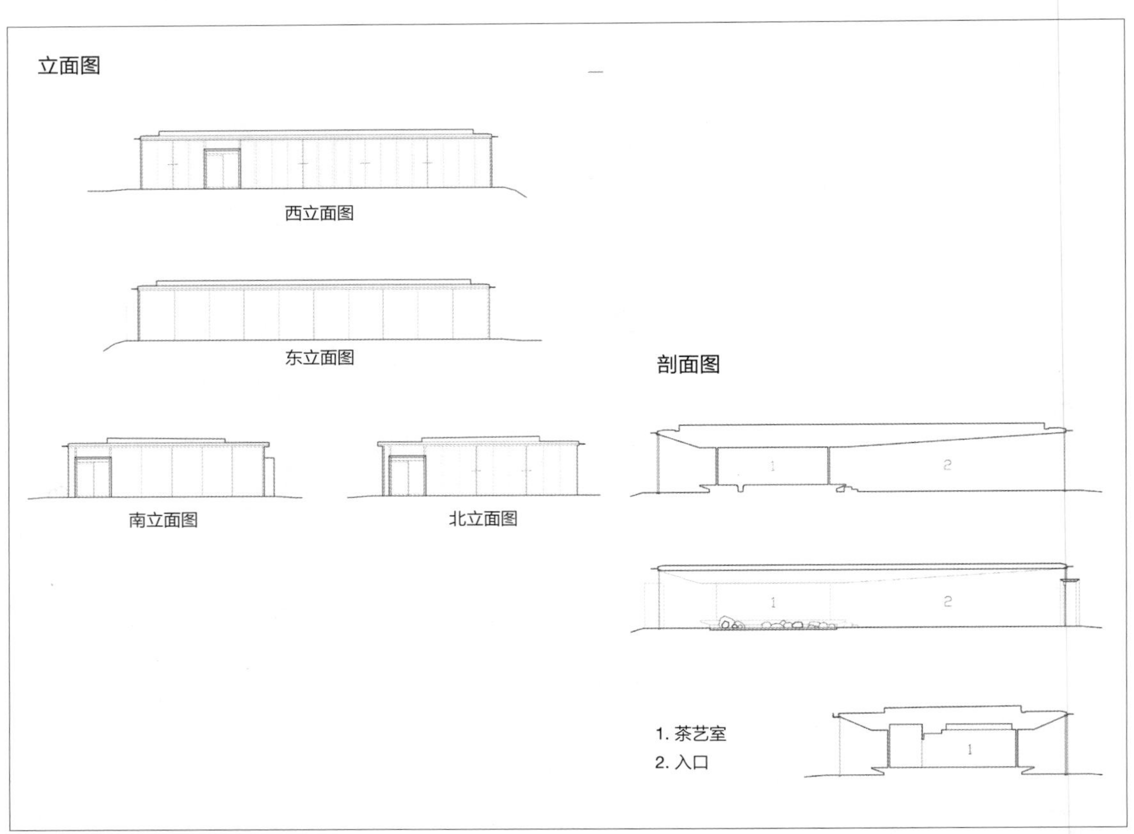
立面图
西立面图
东立面图
南立面图
北立面图
剖面图
1. 茶艺室
2. 入口

大阪 KM 幼稚园

项目概要

总占地面积：4229.96m^2
建筑面积：799.38m^2
总使用面积：1224.44m^2

设计概要：园舍占地面积较小，也能保障孩子们的运动量

这是一则对大阪南部一所老化的保育园进行改造的案例。一直以来，纺织业是这个地区的支柱产业。

但如今，由于国外劳动力成本更低，很多业务外包，这里的纺织业越发不景气了。这次的设计方案，我们主要考虑了以下两点：

第一，规划用地有限，孩子们日常运动量不足，这一点必须改善。

第二，要让孩子们了解当地的产业文化，设计时将作为地方特色的纺织品元素融入进来。

具体做法：土地面积不大，为了在有限的空间里增加孩子的运动量，我们设计了能来回奔跑的环形空间和有高低落差的凹凸空间，即园舍环绕着中庭，从一楼到屋顶是一个小坡。

如此一来，孩子们你追我赶地跑上屋顶，又跑下楼回到中庭，不断往返，运动量得到提升。

设计里还考虑到要融入当地的纺织品要素，使用摸起来柔软且有质感的建材，因此用纺织材料做成签到板和墙面，供孩子玩耍。

SOLAR POWER
GENERATION SYSTEM

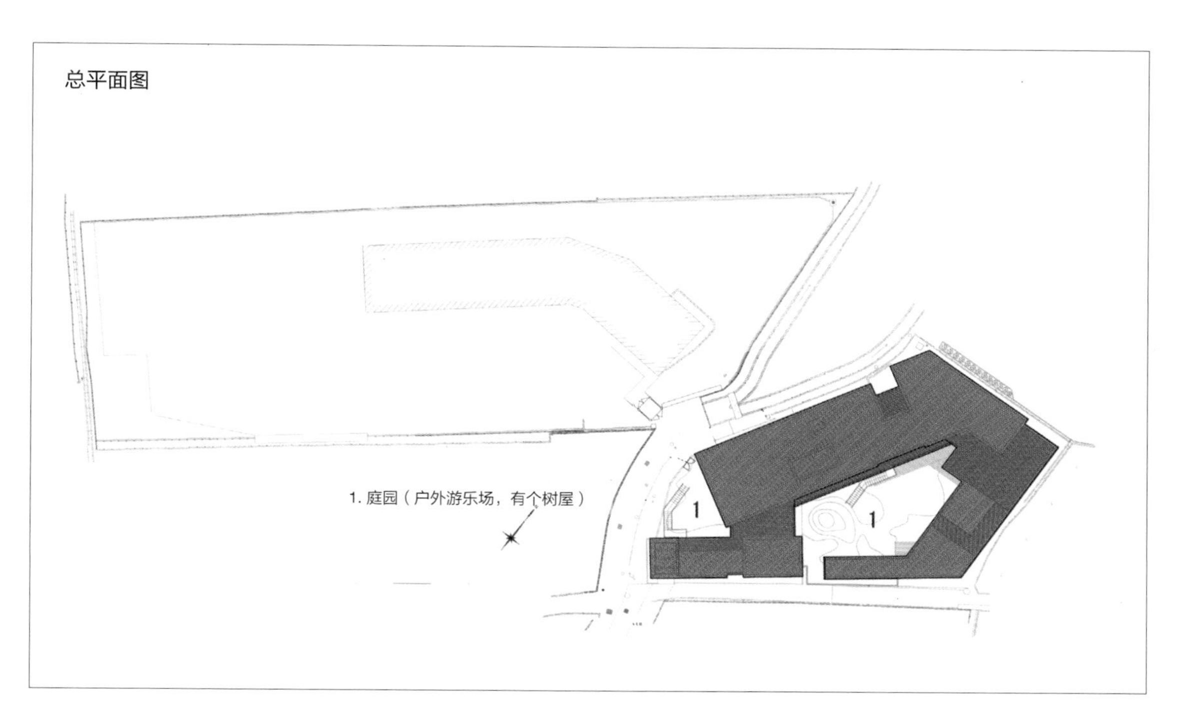
总平面图
1. 庭园（户外游乐场，有个树屋）
1
1

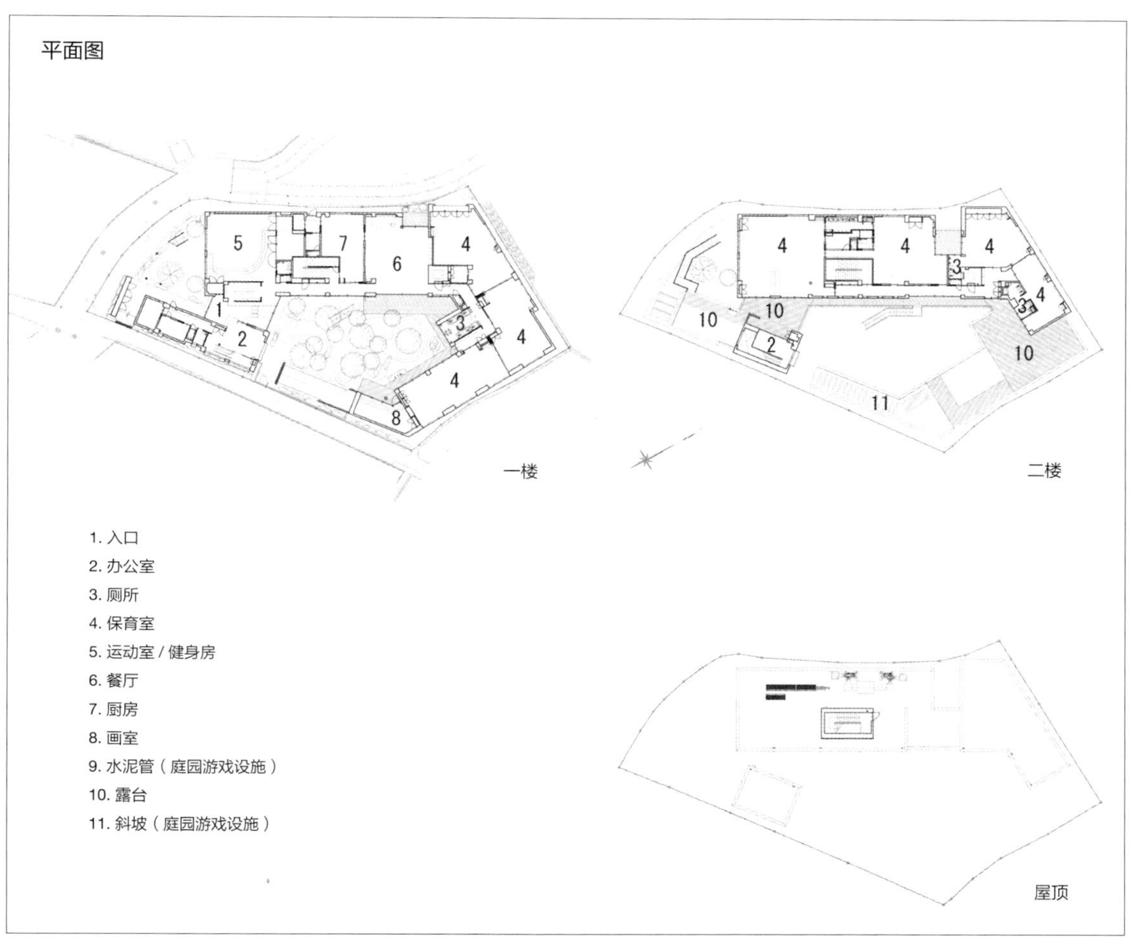
平面图
一楼
二楼
屋顶
1. 入口
2. 办公室
3. 厕所
4. 保育室
5. 运动室 / 健身房
6. 餐厅
7. 厨房
8. 画室
9. 水泥管（庭园游戏设施）
10. 露台
11. 斜坡（庭园游戏设施）

立面图

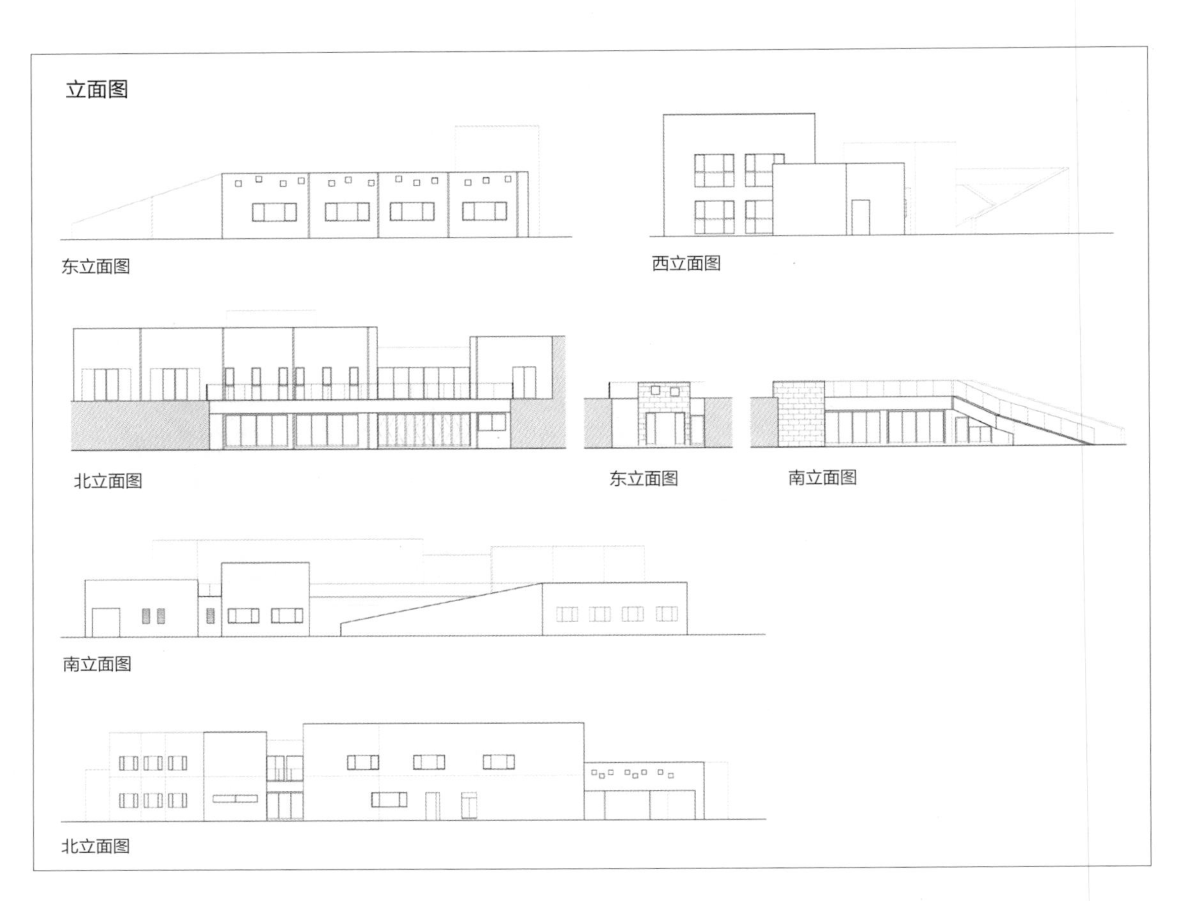

剖面图

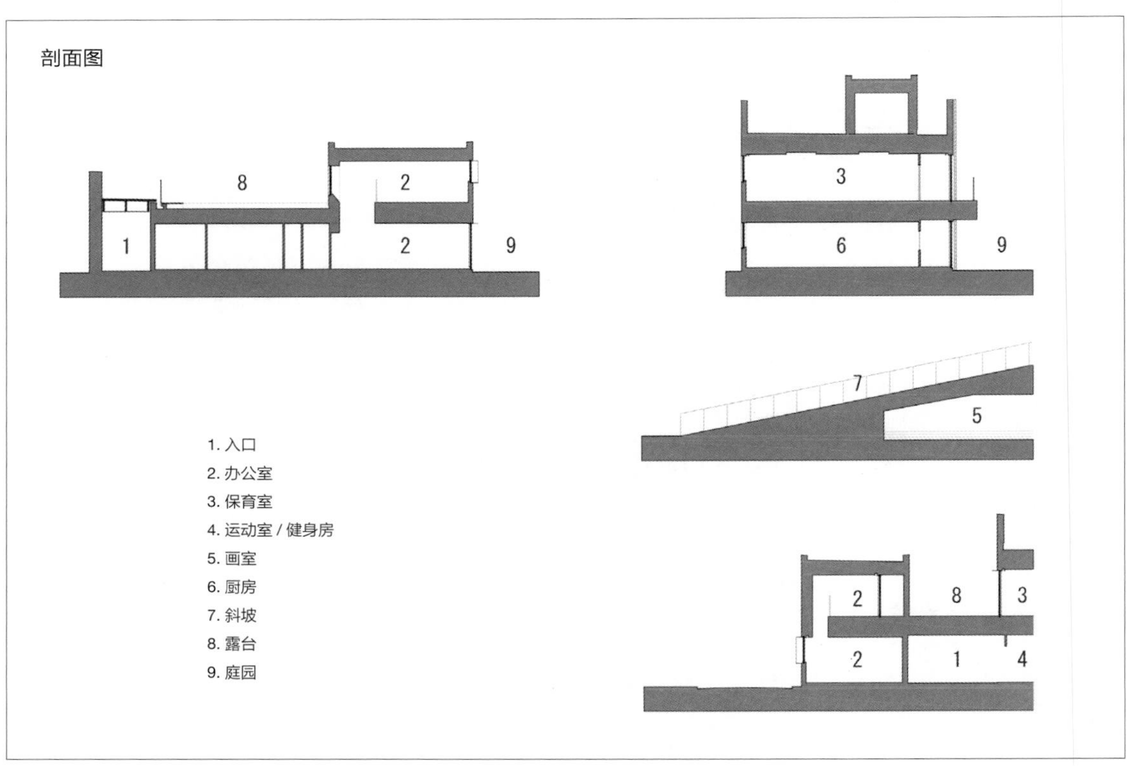

1. 入口
2. 办公室
3. 保育室
4. 运动室 / 健身房
5. 画室
6. 厨房
7. 斜坡
8. 露台
9. 庭园

静冈 KN 幼稚园 / 保育园

项目概要

总占地面积：2811.31m²　　总使用面积：1106.29m²

建筑面积：584.01m²　　建造规模：钢筋结构二层

设计概要：以远州织品为设计理念，向孩子们传达当地历史文化，让园舍与当地紧密相连

这是一所为满足静冈县滨松市地区发展需求而建的认定幼稚园。我们认为，新建的园舍需要在秉承当地历史文化发展的基础上体现新时代的魅力。因此，该园将滨松市的支柱产业——远州纺织融入设计，从而给孩子创造安稳的成长环境，构造园舍和地域之间的良好关系，达到园内园外共同守护孩子的目的。

园舍的形色、使用的素材无一不体现出远州纺织的特点。建筑物外观就像一排织布机的机床刚刚开始织布的样子。庭园里绿色的小山包好像是绿色的布团。内部是保育室和工作室，造型也像机床，屋顶呈倾斜状。工作室的地板被抬高了一些，这样，附近居民就能看到孩子活动的场景。有居民参与的日常守护可以带来安心感，还可以缓解保育师的紧张情绪，从而使得孩子们能够在安稳的环境里成长。此外，作为理念的延展，园名和标志都采用了“Kinari”（译者注：事物原本的样子），远州纺织还做了原创帆布包。通过接触实物，培养“惜物”的情怀。

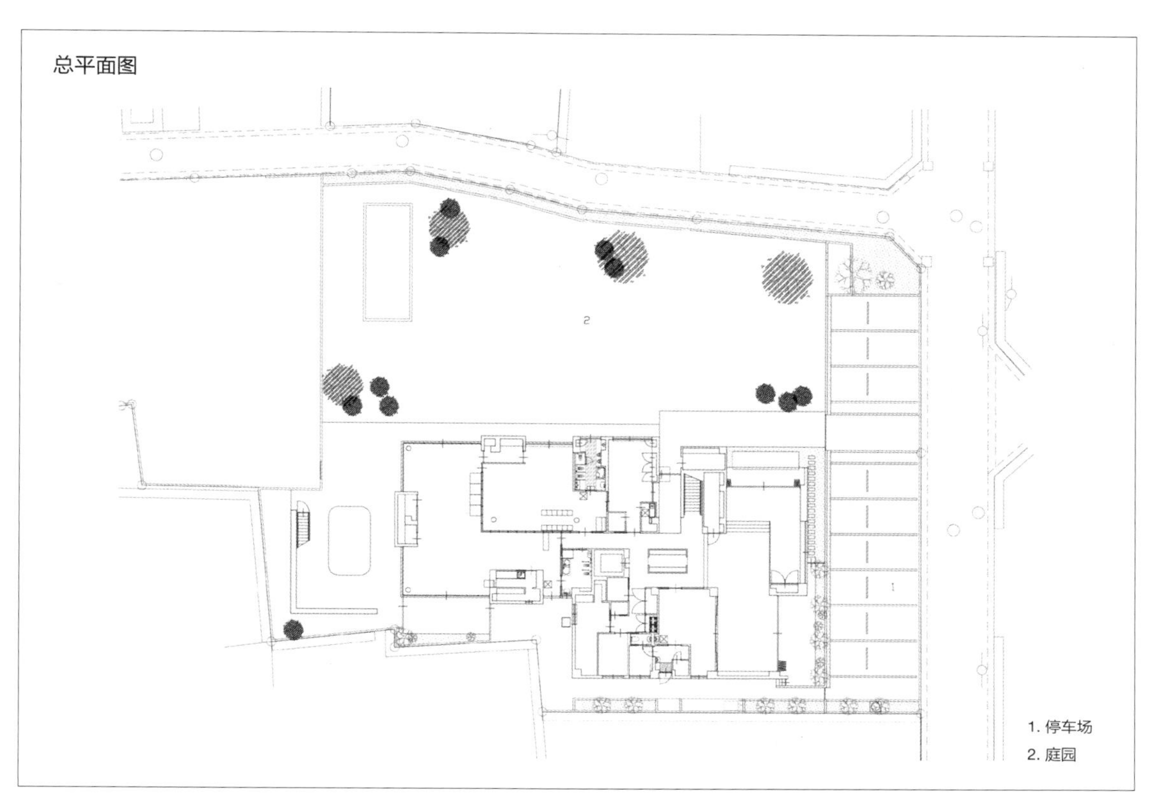
总平面图
2
1
1. 停车场
2. 庭园

平面图
13
10
7
8
6
1
10
11
9
12
10
11
3
2
4
5
12
11
一楼
1. 入口
2. 餐厅
3. 厨房
4. 员工室
5. 接待室
6. 办公室
7. 2 岁（幼儿）保育室
8. 0~1 岁（幼儿）保育室
9. 画室
10. 储藏室
11. 露台
12. 厕所
13. 庭园

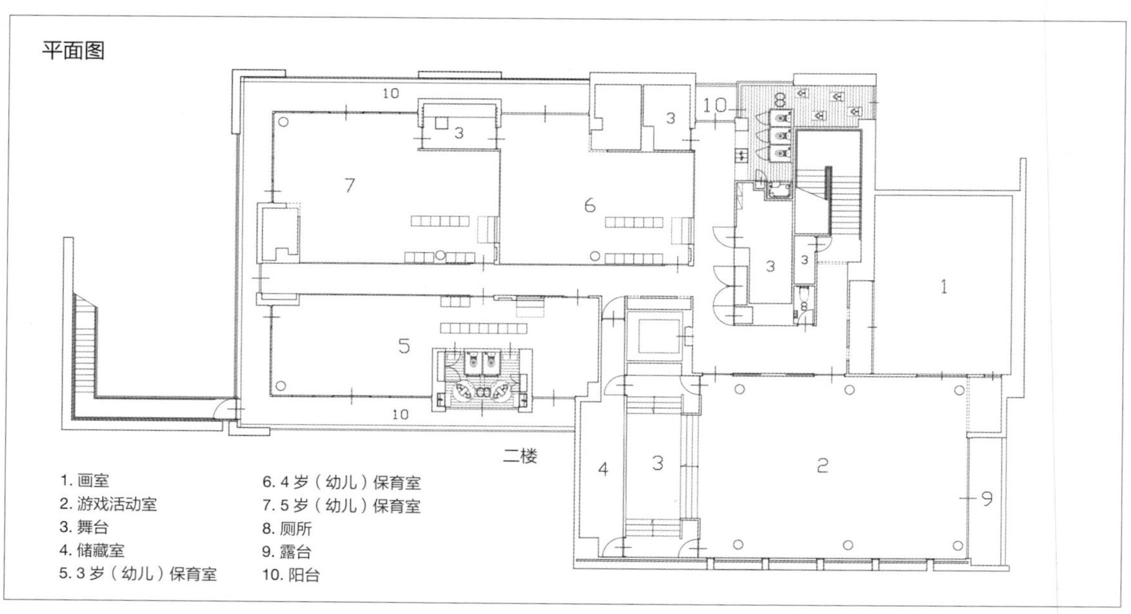
平面图
二楼
1. 画室
2. 游戏活动室
3. 舞台
4. 储藏室
5. 3 岁（幼儿）保育室
6. 4 岁（幼儿）保育室
7. 5 岁（幼儿）保育室
8. 厕所
9. 露台
10. 阳台

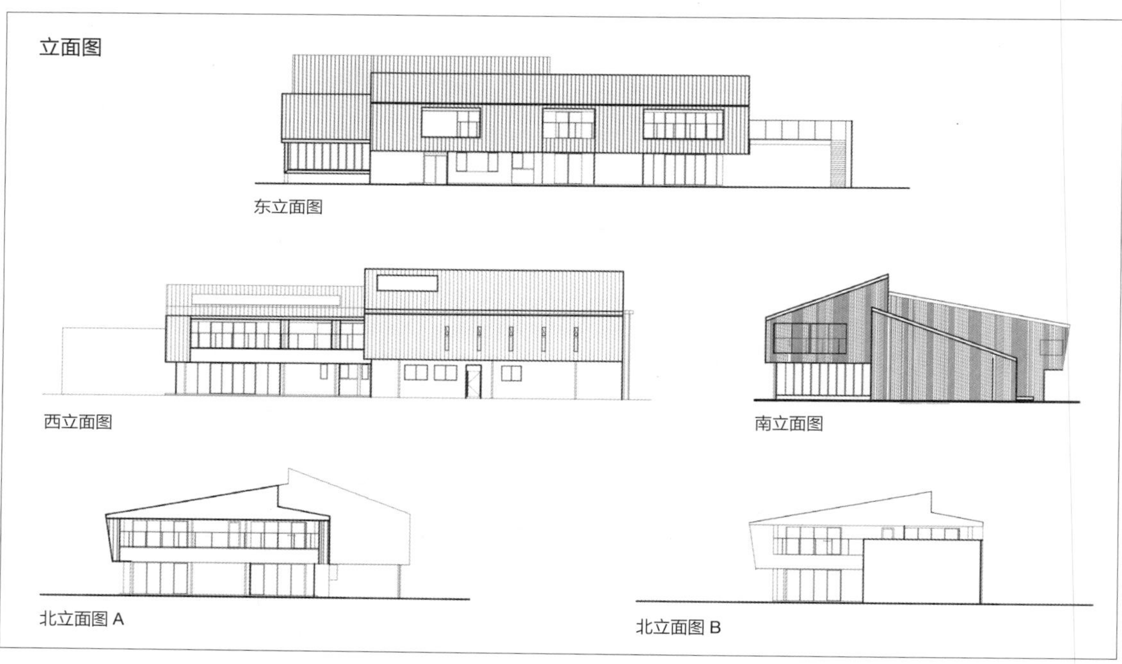
立面图
东立面图
西立面图
南立面图
北立面图 A
北立面图 B

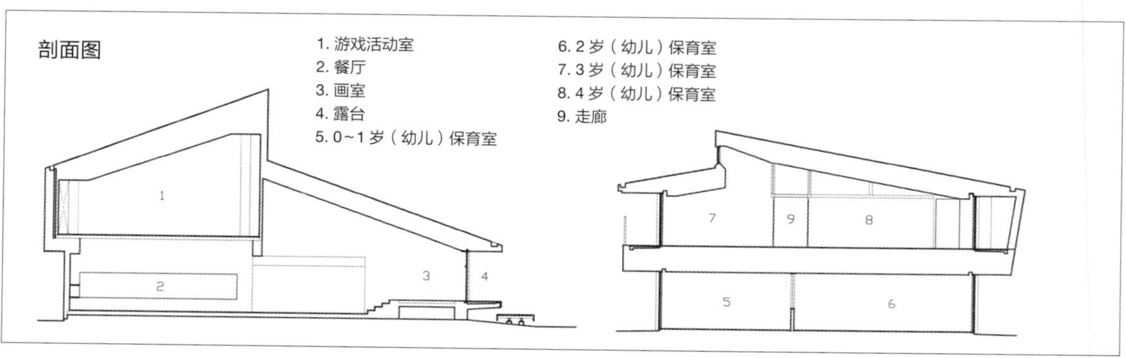
剖面图
1. 游戏活动室
2. 餐厅
3. 画室
4. 露台
5. 0~1 岁（幼儿）保育室
6. 2 岁（幼儿）保育室
7. 3 岁（幼儿）保育室
8. 4 岁（幼儿）保育室
9. 走廊

07 爱媛 KO 幼稚园

项目概要

地点：爱媛县松山市

总占地面积：5001.42m²

建筑面积：2220.36m²

总使用面积：2710.00m²

建造规模：钢筋造、地上二层

竣工：2019 年 4 月

设计概要：通过玩耍来锻炼身体

这是爱媛县松山市的新建项目。

近年来，地方城市以车代步，孩子上学放学基本上都由汽车接送，导致孩子们在日常生活中的运动量减少。与此同时，视频游戏的普及也使得孩子们更多时间待在室内，而不是去户外去发现、创造。基于此种现状，KO 幼稚园便以“通过玩耍来锻炼身体”作为重建理念。

职员室和保育室的空间被上下左右错开，多出来的空间可以作为孩子们的游玩场所，以原有的“路边”活动空间为参照，在园区里设计了 14 处类似的玩耍区域。山梨大学教育学部的中村和彦提倡的“跑”“跳”“堆积”“拿”等幼儿时期需要掌握的 36 个基本动作，在这些区域里都能够使孩子们在玩耍的时候自然而然地掌握。

福井大学工学部的西本雅人对 KO 幼稚园新旧园舍孩子们运动量的变化做了对比，可以看出，3～5 岁的孩子在新园舍里的运动量平均比在旧园舍增加了 20%。旧园舍里被忽略掉的“投”“钻”“爬”“乘坐”等，在新园舍都得到了体现。此外，旧园舍的庭园平整规矩，游玩方式单一，新园舍的庭园设计了草坪、小山坡，不仅给孩子们提供了“翻滚”“攀登”的机会，还能让他们在这个花香虫鸣的天然环境里发明出更多新奇的玩法。

像这样，通过设置一些能引发全身运动的游玩场所，孩子们的运动量自然增加，体力越来越好。不仅如此，在这样的空间环境里，孩子们有创造欲望，好奇心得到激发，能够健康成长。

平面图

一楼

1. 入口
2. 鞋柜
3. 员工办公室
4. 医务人员办公室
5. 更衣室
6. 保育室
7. 走廊
8. 游戏屋
9. 厕所
10. 储藏室
11. 游戏活动室
12. 儿童厕所
13. 木球池
14. 攀爬洞
15. 蚂蚁地狱（这里设计的形状，对蚂蚁来说像地狱一样，不容易逃出，孩子们就可以一直在这里回旋奔跑）

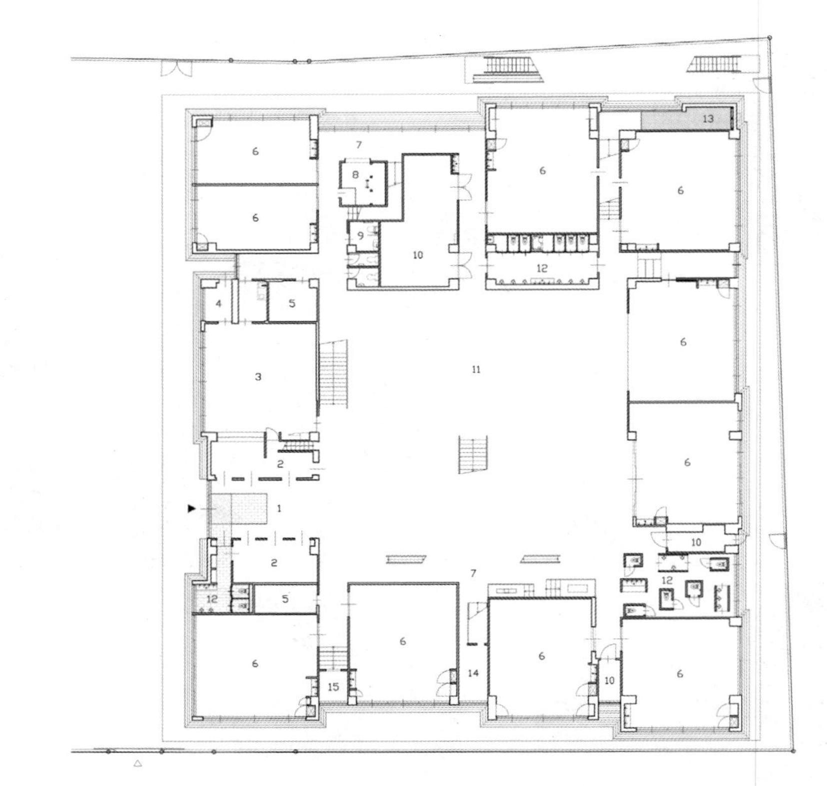

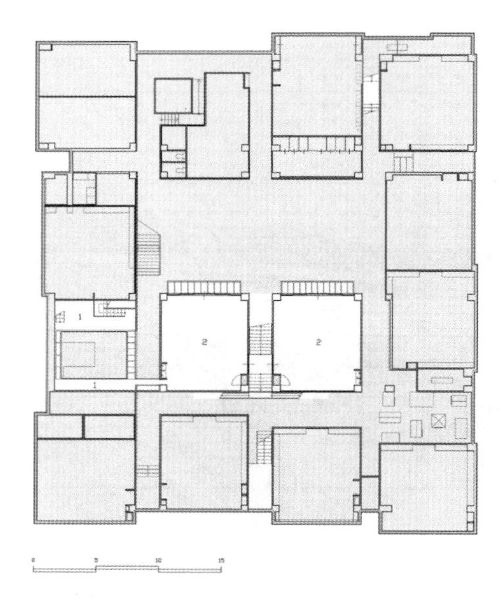

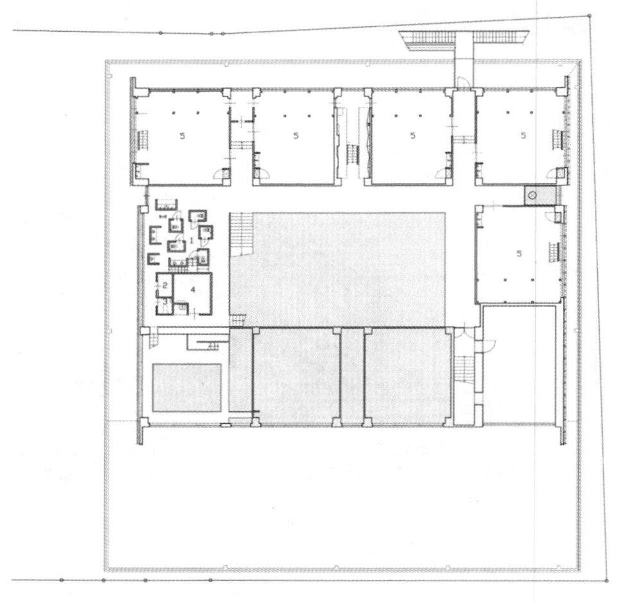

夹层

1. 鞋柜
2. 保育室

二楼

1. 儿童厕所
2. 更衣室
3. 厕所
4. 储藏室
5. 保育室

平面图

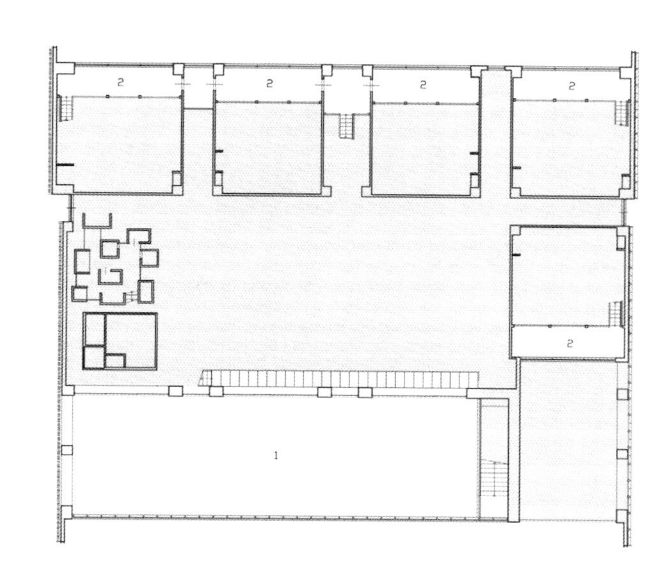

三楼

1. 屋顶露台
2. 保育室的阁楼

立面图

剖面图

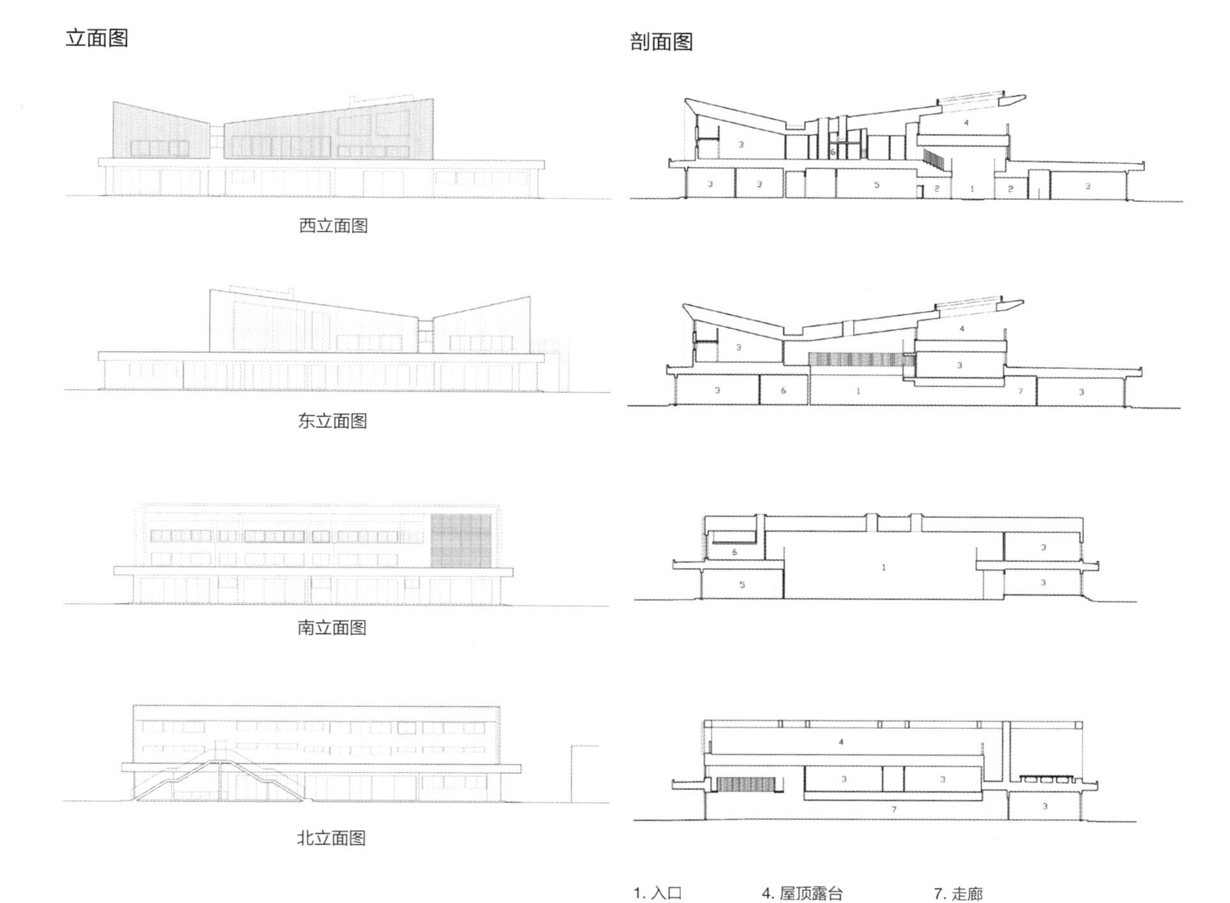

西立面图

东立面图

南立面图

北立面图

1. 入口
2. 鞋柜
3. 保育室
4. 屋顶露台
5. 员工办公室
6. 儿童厕所
7. 走廊

08 东京 LKC 保育园

项目概要

总占地面积：392.02m²
建筑面积：175.79m²
总使用面积：344.48m²
建造规模：木结构、地上二层

设计概要：人、自然和艺术往来交融的园舍

保育园建在东京的河边。这所现代化区域里的保育园，是一个让孩子们感受季节变化，体会人际往来的场所，同时也是一个融汇人、自然和艺术的据点。

这里设置了很多场地，可以让孩子们接触到大自然及最前沿的科技。比如反射窗映照出四季变换和人潮涌动，在大厅里不同年龄的人互相交流，在工作室可以看到制作物品的整个过程，在艺术长廊可以欣赏各种风格的艺术作品……如此一来，孩子们在这里可以每天受到自然艺术的熏陶，对事物的敏感性提升。跟其他年龄段的人以及艺术家交流，还会使孩子们对这个社会更好奇，更有利于感性的培养。

CLOVER
NAAM
Kleur

FREEDOM
Shmoodle
FINE POINT
Inflatable Marker

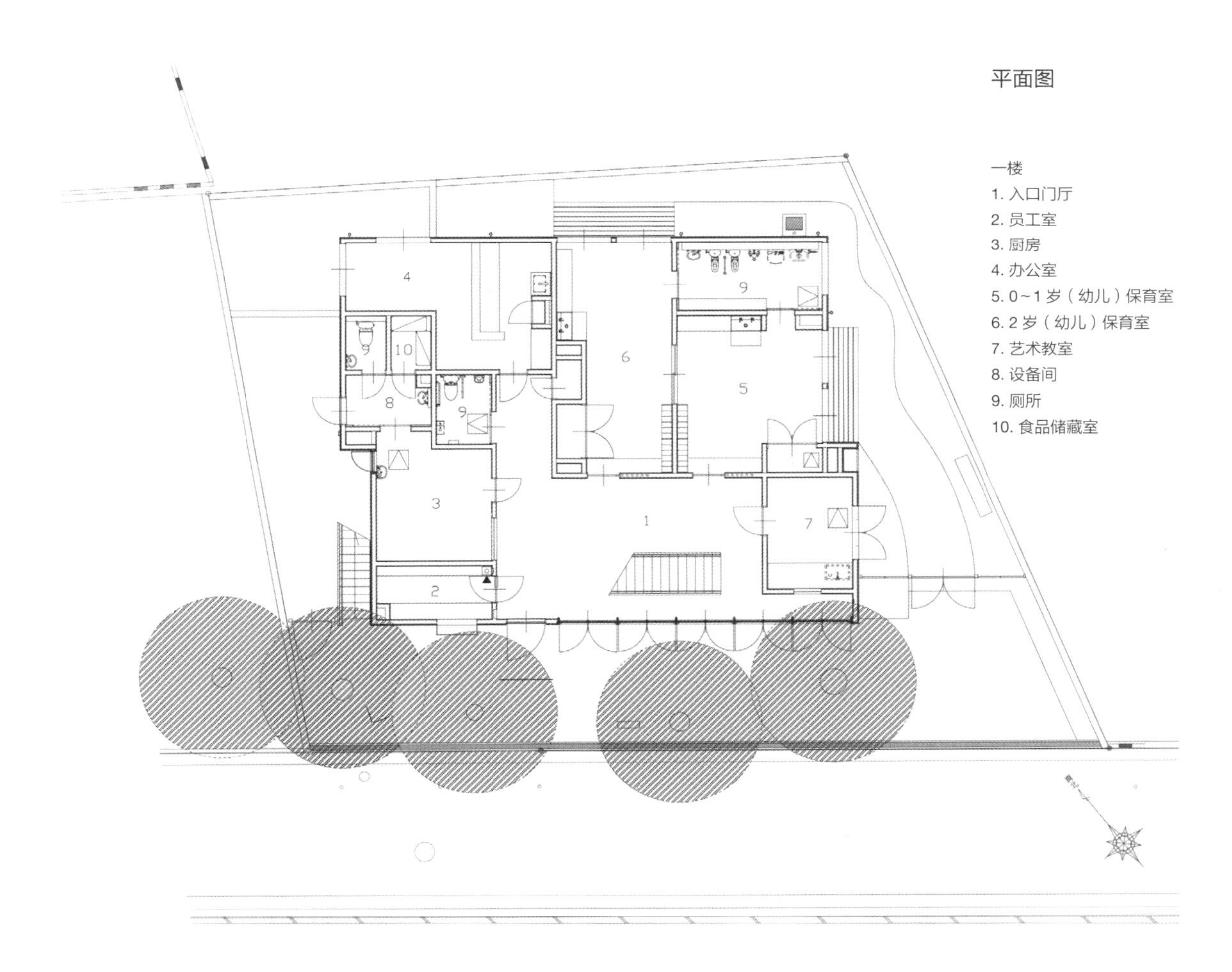

平面图

一楼
1. 入口门厅
2. 员工室
3. 厨房
4. 办公室
5. 0~1 岁（幼儿）保育室
6. 2 岁（幼儿）保育室
7. 艺术教室
8. 设备间
9. 厕所
10. 食品储藏室

立面图

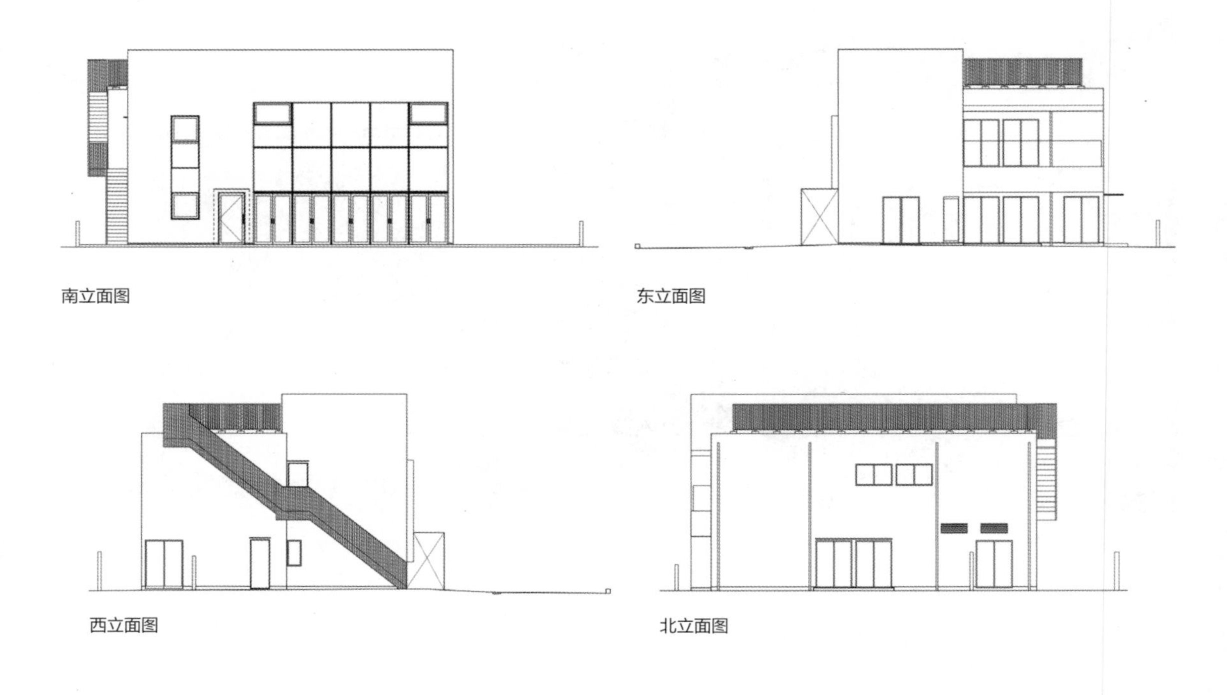

南立面图

东立面图

西立面图

北立面图

剖面图

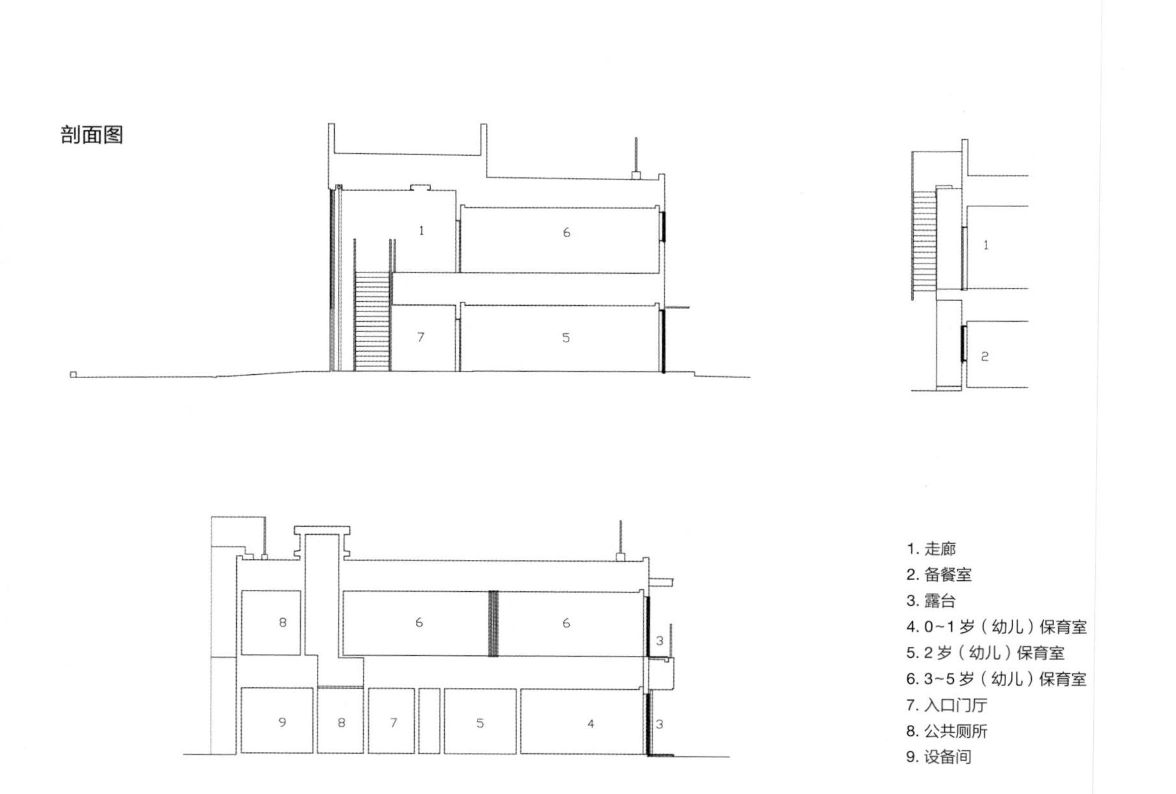

神奈川 MK-S 保育园

项目概要

地点：神奈川县横滨市

总占地面积：212.19m^2

建筑面积：80.37m^2

总使用面积：159.86m^2

构造：钢筋二层

竣工：2017 年 5 月

设计概要：以“卫星”为核心理念的小小基地

位于横滨的 MK-S 保育园为学龄前儿童提供教学和全托服务。该项目将一栋破旧的、有着 40 年历史的带商铺的双层住宅改造为 4 间教室。这里和幼稚园主楼隔街相望，以“卫星”作为核心理念，成为孩子们有别于幼稚园的小小基地。

建筑在保留原来外观的基础上，增加了一些象征银河的波点元素。设计师利用光影为建筑赋予了深度，让人耳目一新。

造型独特的窗户使路人可以看到室内，了解园内的日常活动，这样的设计不仅使室内更加明亮，也使室内外的关系变得更加密切。

在内装方面，使用了有点粗糙的合成木板，就像一个小型基地一样，所有的教具、机器设备都做了收纳，保持了内外形象的统一。

MURONOKIDS
SATELLITE

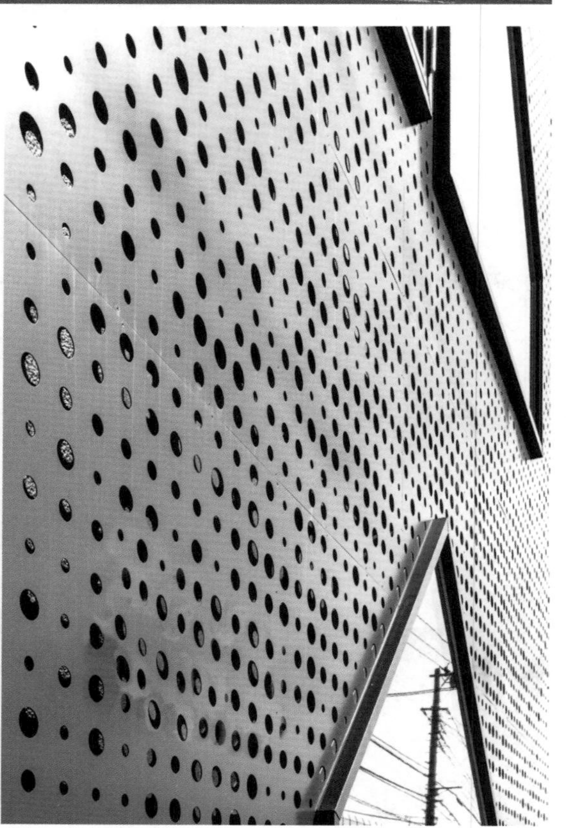

I Love "V"

平面图

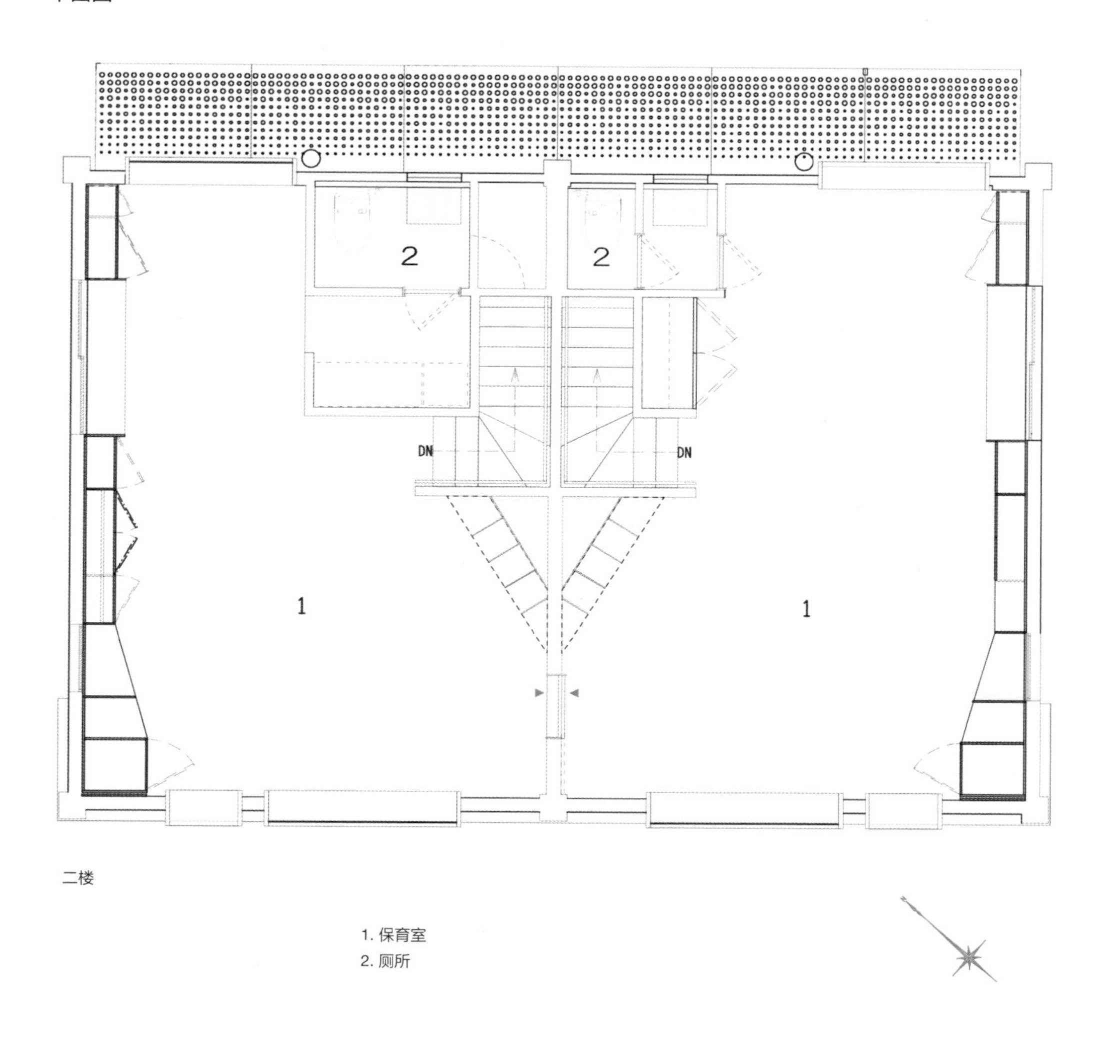

二楼

1. 保育室
2. 厕所

剖面图

1. 入口

立面图

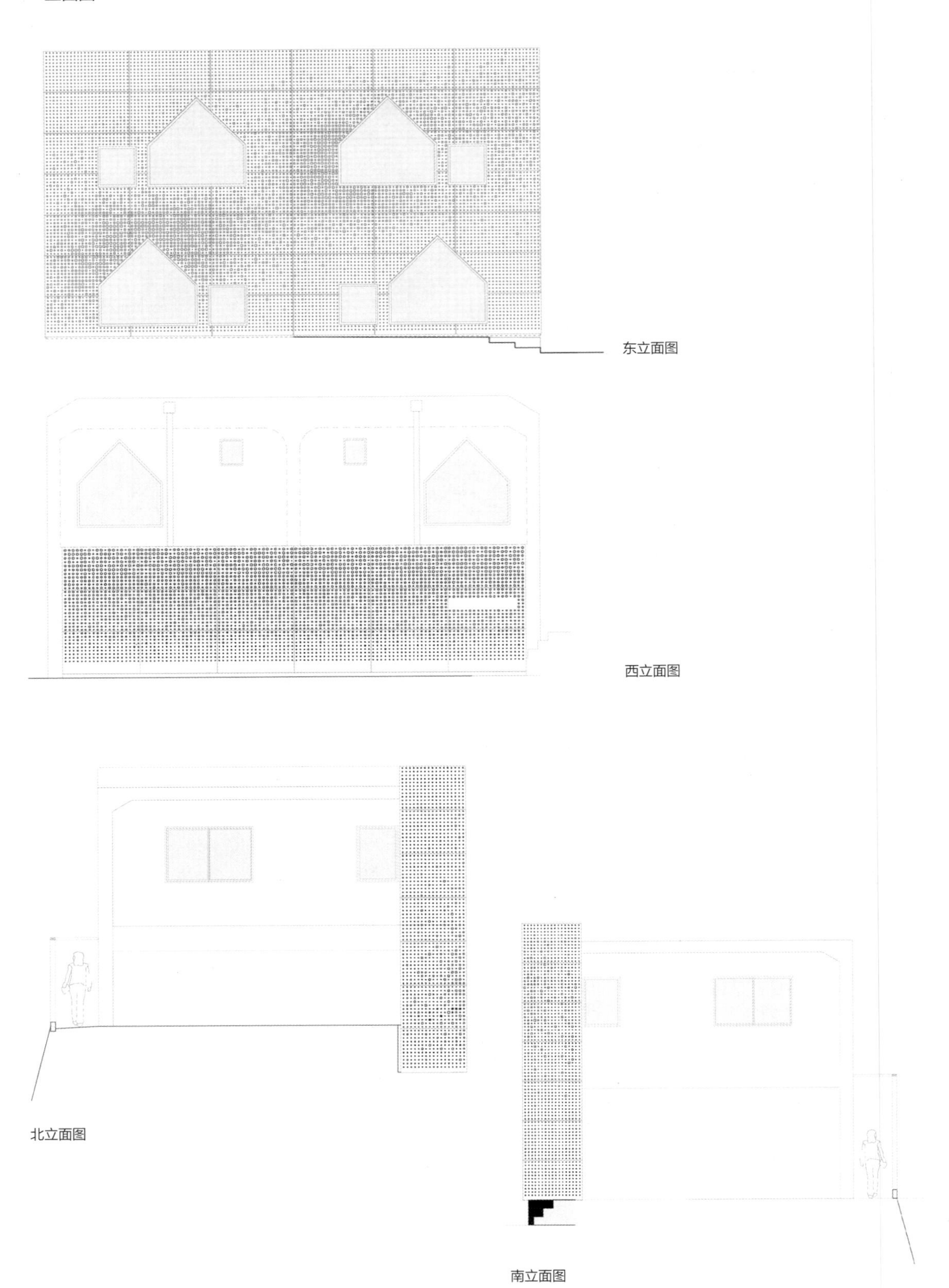

10 东京 MMT 保育园

项目概要

地点：东京都涉谷区

总占地面积：284.26m²

建筑面积：170.27m²

总使用面积：463.87m²

建造规模：钢筋造、地上三层

竣工：2017 年 10 月

设计概要：提供残疾儿童、患病儿童的特殊保育工作

该设施将考量当下残疾儿童和患病儿童及其监护人的工作环境，是日本首家集认定保育园、残疾儿童及患病儿童保育园、儿童康复保育室、小儿科于一体的教育支援设施。孩子不论是否残疾，也不论是否得病，都可以入园——这是该设施的宗旨。

目前，针对残疾儿童、患病儿童以及治疗后处于康复期的儿童的保育工作还不完善，孩子突然生病或者受了重伤，就很难再去普通的保育园了。在这样的大环境下，父母的工作势必受到影响。我们意识到，正是因为残疾儿童和患病儿童的家长不能方便地去申请教育咨询，也很少有机会和同样遭遇的家庭沟通，没有得到足够的社会支援，才使得这些孩子无法安心成长。

虽然四个设施在功能上有区分，但得益于建筑设计上的关联，孩子们相互之间、孩子和附近居民之间是有所联系的。共用的进出大门，可以让所有家长碰面、交流。室内玩耍的孩子可以透过飘窗台看到户外的人。此外，在动线上的共用区域设置了宽敞的开放空间，孩子们可以有视线交流，感受彼此的存在。

由此一来，孩子不论有没有残疾或者疾病，都可以顺利进入保育园，家长便能够安心工作。同时，在这里，普通的认定保育园和残疾儿童保育园之间的保育工作也能进行沟通和交流，园内有医生和护士，可以让人更放心，因此，这里成为了一个综合性的教育支援设施。

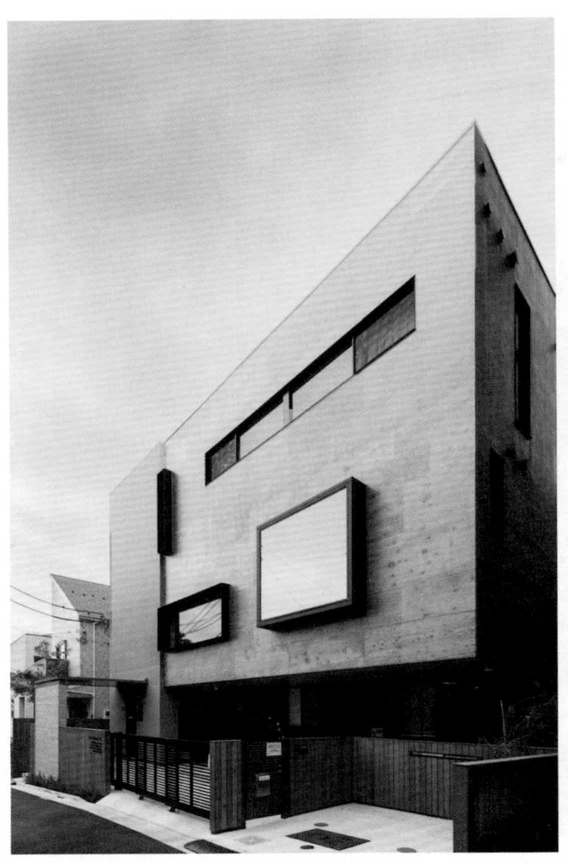

2
1

11 神奈川MN保育园

项目概要

地点：神奈川县横滨市
用途：企业保育园
总占地面积：3600.60m^2
建筑面积：392.71m^2
总使用面积：392.71m^2
建造规模：钢筋结构八层大楼的第二层
竣工：2017年8月

设计概要：将面向街道的一整面设计成多样的游戏空间

该项目是给一家企业保育所做的内部装修。

这是一家从事婚庆工作的企业。员工经常周末加班，一般的保育园不能满足员工的需求，因此，企业主导运营了这所全年无休的保育园。

保育园的理念：工作、育儿两不误，大人、孩子、公司、地域全方位兼顾。保育园对人数和年龄没有硬性规定，空间运用也很灵活。我们给两间婴儿室和一间幼儿室都设计了可以移动的家具，并且所有隔断都可以撤掉，让房间呈全开放式空间，这样一来可以根据需要调整空间大小。另外，幼儿的保育室面向街道呈“L”形，我们在临街那一边设计了一些矮矮的折叠墙，衍生出许多小角落。这些矮墙使原本有限的保育室变得更富于空间感，从外面可以看到孩子们在角落玩耍的场景，使大家对保育工作更加了解。

12 奈良 NFB 保育园

项目概要

总占地面积：3238m²
建筑面积：871m²
总使用面积：1193m²
建造规模：钢筋造、地上二层

设计概要：以“工业制造”为灵感激发孩子们的想象力和创造力

奈良县拥有八大“世界遗产”建筑，是一座历史文化名城。

在隶属奈良县的大和郡山市，有一所位于工业住宅中心的保育园，该保育园周围除了单调的工厂以外什么都没有。

此次的项目便是要将这个保育园进行改建。

在这样的环境里修建保育园实在没什么优势，但是我们总觉得可以利用周围的环境特点，创造出积极的因素。

我们把“工厂”定义为可以创造生产产品的场所，因此保育园的设计理念便是“梦工厂”。

在外观上，考虑到城市景观效果，建筑师选用了和工厂氛围契合的硬质外表皮纹理。与此同时，在庭园内布置了大量的绿色景观，刚中带柔的同时，也培养了孩子们的好奇心。

在室内，建筑师将通常需要掩藏起来的配置故意暴露在孩子的面前，不仅可以营造出工厂的氛围，而且让孩子们也能学到很多知识。比如，换气扇的配管做成透明的，通过观察里面螺旋桨的运动，孩子们明白了风的流动；通过观察连接洗手池的管道，了解整个排水系统的原理；通过反复踩踏地面的发电装置，学习到了电流的知识，等等。

我们认为，幼稚园是让孩子接受教育、学习成长的场所，花哨的颜色和过多的玩具并没有必要。幼稚园的设计应该做一些能引导孩子自主思考和创新的设计。

ホール
HALL
（大厅）
ダイニング
DINING ROOM
（餐厅）
保育室
NURSERY ROOM
1F AGE 0,1,2
2F AGE 3,4,5

总平面图

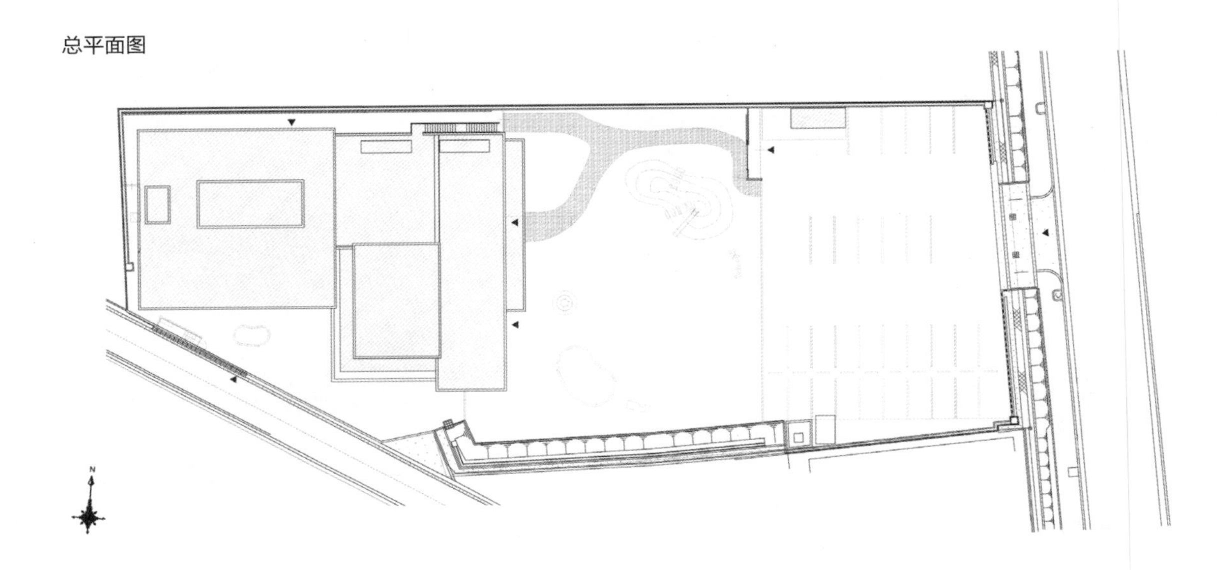

平面图

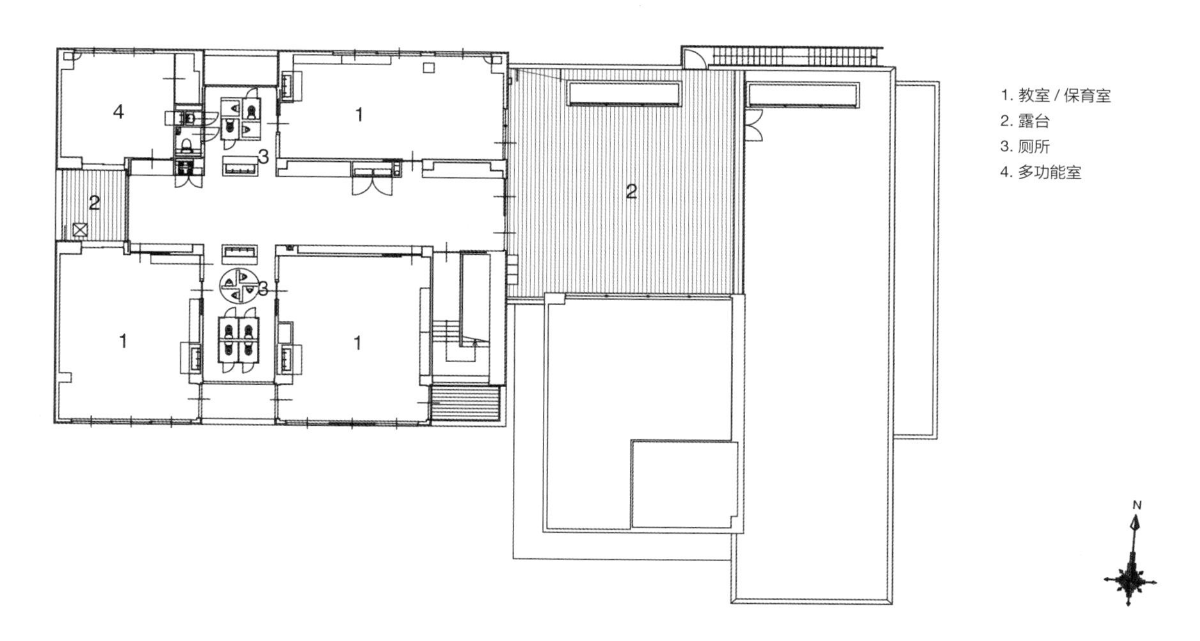
4
1
3
2
1
3
1
2
1. 教室 / 保育室
2. 露台
3. 厕所
4. 多功能室
N

立面图

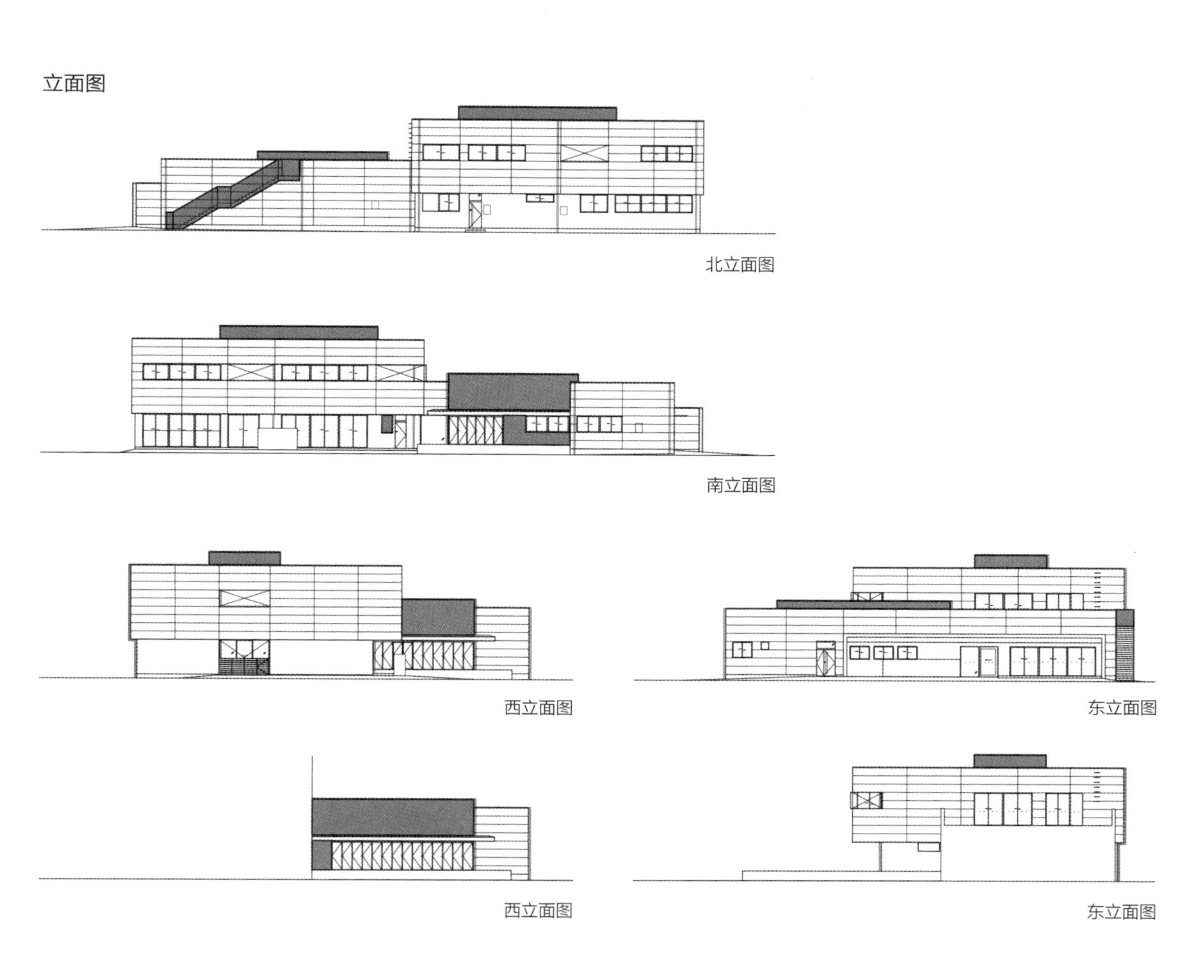
北立面图
南立面图
西立面图
东立面图
西立面图
东立面图

13 神奈川 SMW 保育园

项目概要

总占地面积：1888.75m^2

建筑面积：894.06m^2

总使用面积：822.14m^2

建造规模：平层，木结构

设计概要：利用留白创造自发性游戏

项目位于日本神奈川县座间市的一个低层住宅区。需要新建一所保育园，至少容纳 110 名等待入学的儿童。近年来，由于来自成年人的过度保护和过于严格的监管，孩子们很难创造性地玩耍。更糟糕的是，补习班盛行，孩子们大多数时间都是在被动学习，而自发思考的机会越来越少。考虑到这种情况，我们以“培养孩子自主性”为园舍设计理念，从三个方面着手，提高孩子的主观能动性，让他们更富有挑战精神。

第一，设置一些小空间。一般的分区规划是北建筑、南庭园，然而这次我们设计的是一个大平层，周围散布许多小庭园。像这样设计出来的大小不一的庭园之间就有很多小空间，一眼望过去，不知道前面是什么。孩子们好奇心被激发出来，还可以自己发明很多类似躲猫猫这样的游戏。

第二，重视垂直上下运动。庭园里有小山坡，室内有攀爬网，这些都是平面空间不能提供的游玩方式。像这样在平面运动的基础上增加了垂直上下的运动，有利于提高孩子的身体素质。

第三，引导孩子走向户外。主房间的屋顶由内向外逐渐变高变宽，面向庭园一侧安装的是可以全开的玻璃门，阳光洒进室内，微风穿堂而过。这种将大自然融入室内的设计可以让孩子对户外产生兴趣，促使他们去户外玩耍。玻璃门对着几棵不同品种的树，孩子们可以在日常生活中感受季节的变化，比如树上结果，树叶枯败。这有利于培养他们对大自然的兴趣以及感性认知。

这样设计出来的园舍，不论室内室外，在空间运用和保育内容上都是灵活多变的，孩子们主动探索新事物的机会也随之增多。并且，将自己的发现与周围的朋友分享，进行自主性创造和玩耍，孩子们的主观能动性自然而然得到提升。

平面图

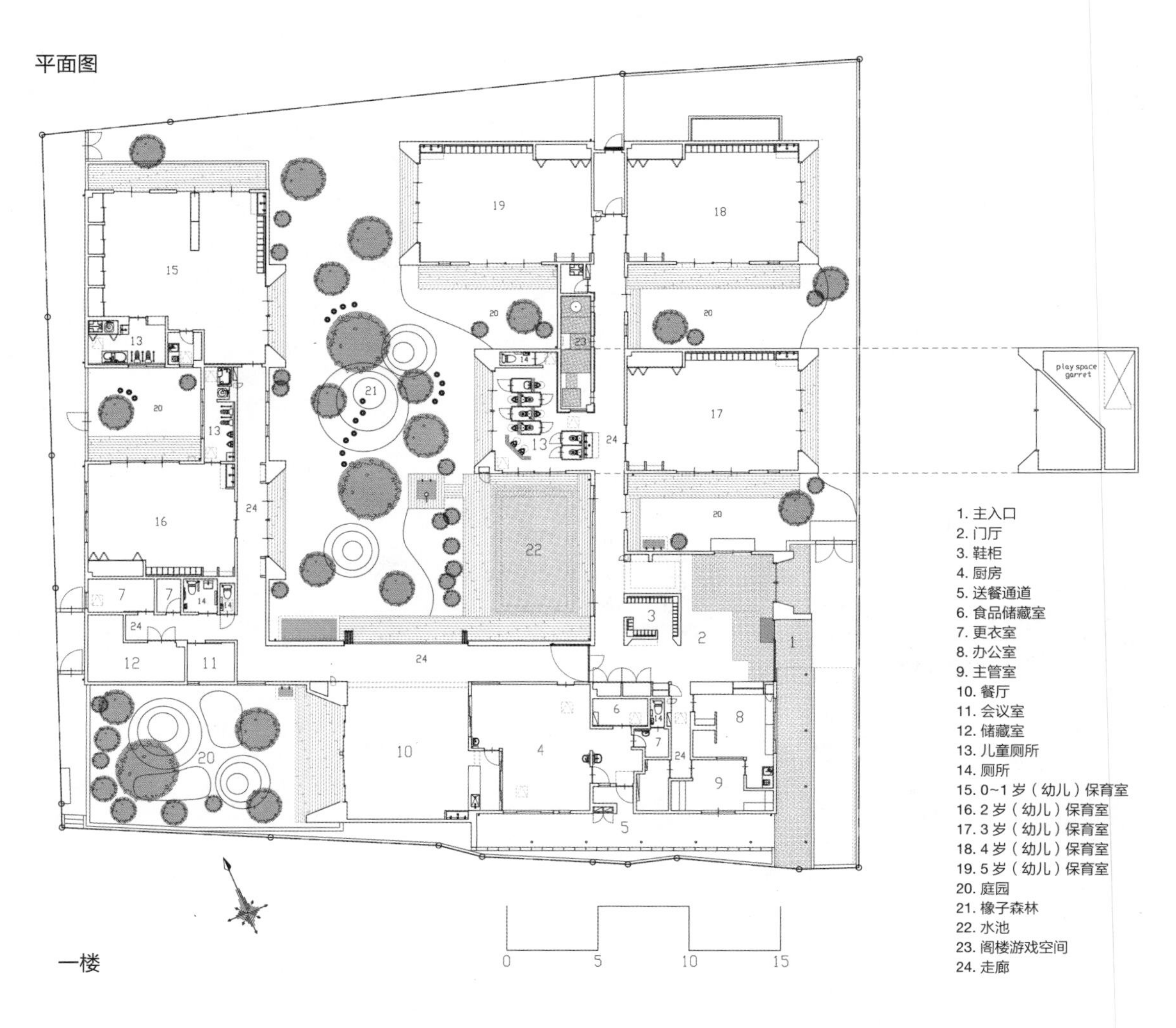
play space
garret
0
5
10
15
1. 主入口
2. 门厅
3. 鞋柜
4. 厨房
5. 送餐通道
6. 食品储藏室
7. 更衣室
8. 办公室
9. 主管室
10. 餐厅
11. 会议室
12. 储藏室
13. 儿童厕所
14. 厕所
15. 0~1 岁（幼儿）保育室
16. 2 岁（幼儿）保育室
17. 3 岁（幼儿）保育室
18. 4 岁（幼儿）保育室
19. 5 岁（幼儿）保育室
20. 庭园
21. 橡子森林
22. 水池
23. 阁楼游戏空间
24. 走廊

一楼

立面图

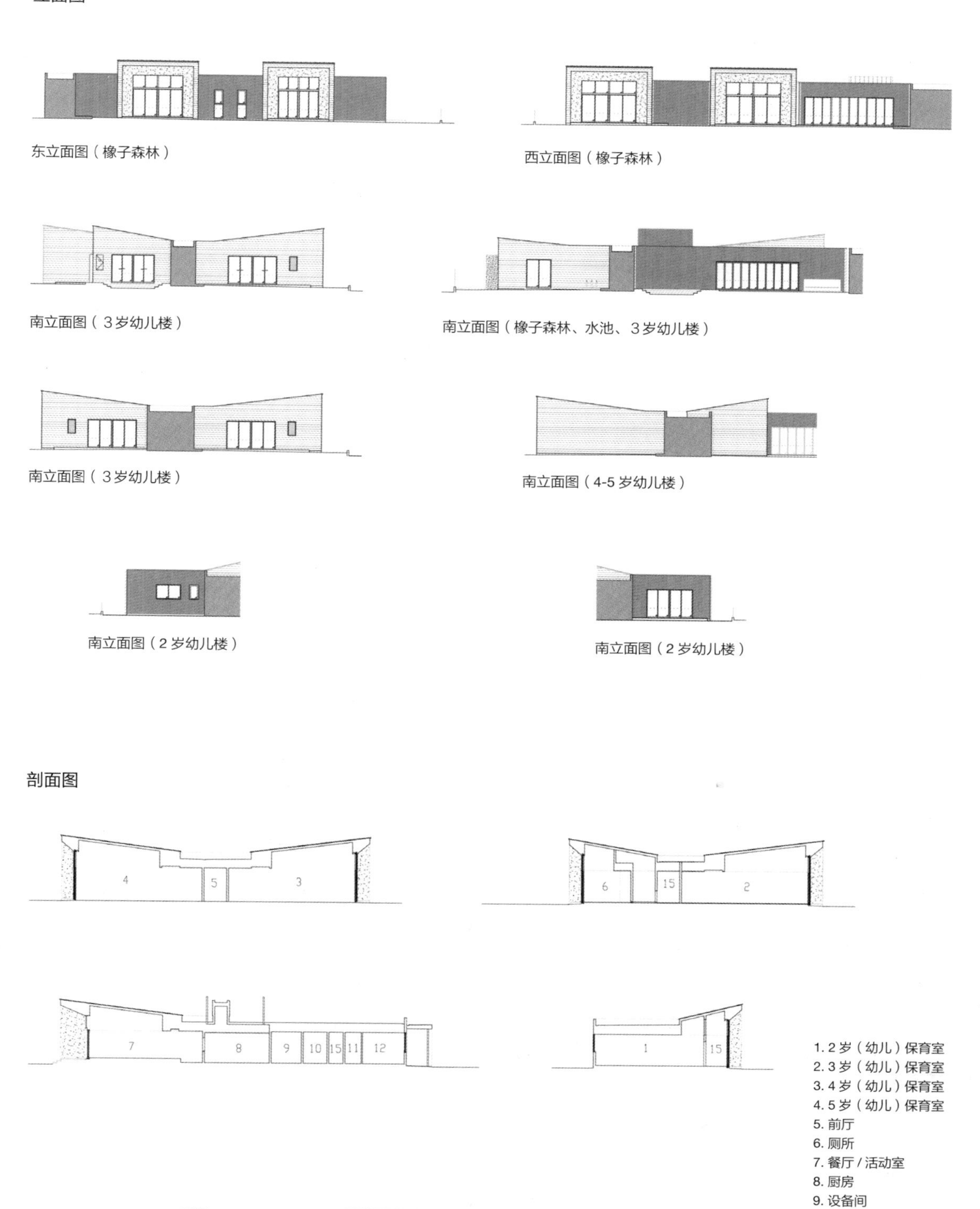

东立面图（橡子森林）

西立面图（橡子森林）

南立面图（3岁幼儿楼）

南立面图（橡子森林、水池、3岁幼儿楼）

南立面图（3岁幼儿楼）

南立面图（4-5岁幼儿楼）

南立面图（2岁幼儿楼）

南立面图（2岁幼儿楼）

剖面图

1. 2岁（幼儿）保育室
2. 3岁（幼儿）保育室
3. 4岁（幼儿）保育室
4. 5岁（幼儿）保育室
5. 前厅
6. 厕所
7. 餐厅/活动室
8. 厨房
9. 设备间
10. 储藏室
11. 会议室
12. 办公室
13. 图书角
14. 家长等候区
15. 走廊

14

神奈川 SR 保育园

项目概要

总使用面积：627.51m^2

建造规模：木造，地上一层

设计概要：可以与大自然充分互动的保育园

SR 保育园：坐落在一个安全、自然，非常适合养育儿童的城市，是一所可以与大自然充分互动的保育园。园长与设计师认为，保育园的任务是为儿童创造各种活动的场所，园所的设计在日常教育活动中实现以下三点：激励孩子成为喜欢运动的孩子；提供给孩子尽可能多的接触土壤的机会；鼓励孩子“要有创造力”。

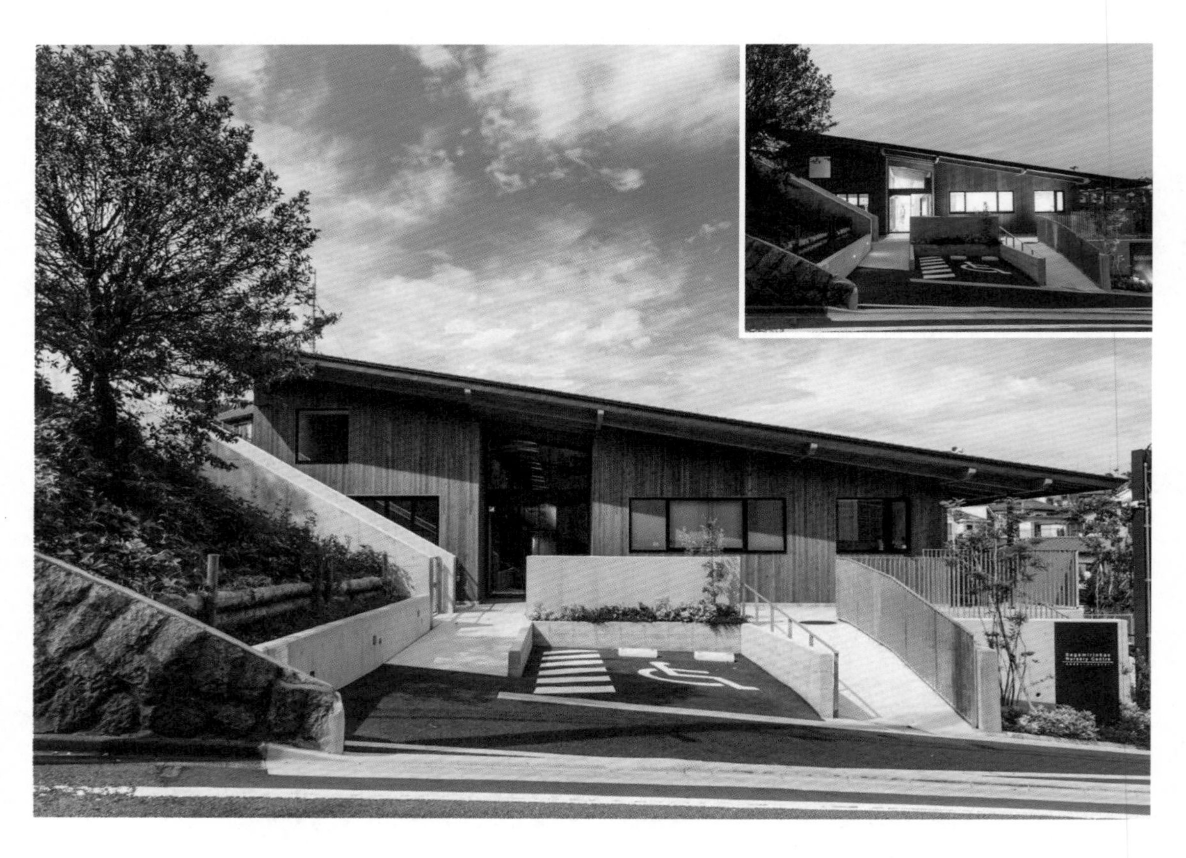

15 鸟取 YM 保育园

项目概要

地点：鸟取县米子市

总占地面积：2329m^2

建筑面积：1112m^2

总使用面积：1146m^2

建造规模：钢筋造、地上二层

竣工：2018 年 4 月

设计概要：感受自然，培养孩子感性认知能力的园舍

这是日本鸟取县米子市的一个幼托项目。虽然这里依山傍海，自然环境优美，但是旧园舍并没有充分利用这种环境优势，其设计循规蹈矩，和普通的保育园别无二致。因此，在新的保育园设计中，设计师将园舍定义为“感受自然，培养孩子感性认知能力的园舍”，希望孩子们能在日常生活中感受大自然。在建筑素材的选择上，也都是从孩子的角度出发。通过以下三方面可以看出我们在素材选择上的独具匠心。

第一，为了孩子们能够更好地感受自然，我们使用了许多自然素材。采用自然素材的益处并不限于此，孩子通过手脚来触碰自然素材产生的感官刺激可以促进大脑发育，对孩子的成长产生积极影响。我们希望这样的设计能让孩子们的感知能力得到提高，有利于他们的健康成长。木质地板的树种、形状、布局和外观都不同，脚的触感当然也有所不同。地板标识采用了四种不同的金属，触感也不太一样。像这样，通过接触各种各样的自然素材，孩子们的感知能力和想象力都可以得到提升吧。并且，由五感带来的刺激能够促进大脑发育已经得到证实，因此，在发育迅速的婴幼儿时期，获得五感刺激尤为重要。

第二，就地取材，学习本地文化。材料可以给孩子们提供深入了解当地的机会。入口处的墙壁灰浆，以及告示牌石笼里的石头，都取材于当地。扶手使用的木材是来自于鸟取县的智头杉。

而且，每个班级的标识由弓浜絣制成，这是鸟取县一种历史悠久的手工纺织品。每个班级都是以不同的花朵命名的，这些花朵生长在鸟取县附近的大山上。随着年级的增长，对应花朵盛开的海拔也在增高。建筑师以这些花为主题，设计了每个班级的标识。

此外，连厕所空间也可以成为儿童玩耍的场所。马桶蹲位之间的隔板由不锈钢制成，看上去像是镜子一般。这个设计理念来自于当地的传统陶器久古窑。

孩子们通过和这些自然素材的接触，学习了当地的文化。

第三，旧园舍素材再利用。为了体现保育园的发展历史，我们对旧园舍的建筑材料进行了再利用。石笼中除了取材于当地的石头外，还有拆除旧园舍时残留的混凝土。课后的日托中心建在保育园旁边，地板、墙壁和天花板都用从旧园舍拆下来的地板制成。这些材料营造出一种温暖的气氛，让人依稀回想起旧日时光。更重要的是，对孩子们来说，这应该是一个培养他们“惜物”品格的好机会吧。

平面图

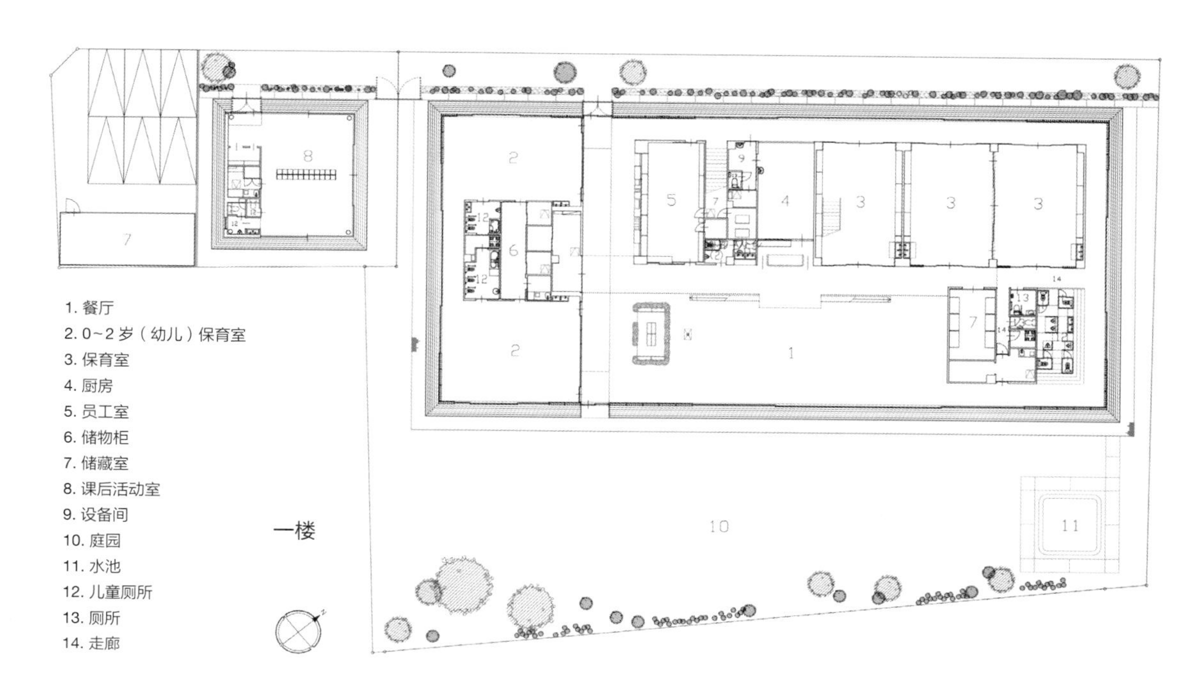

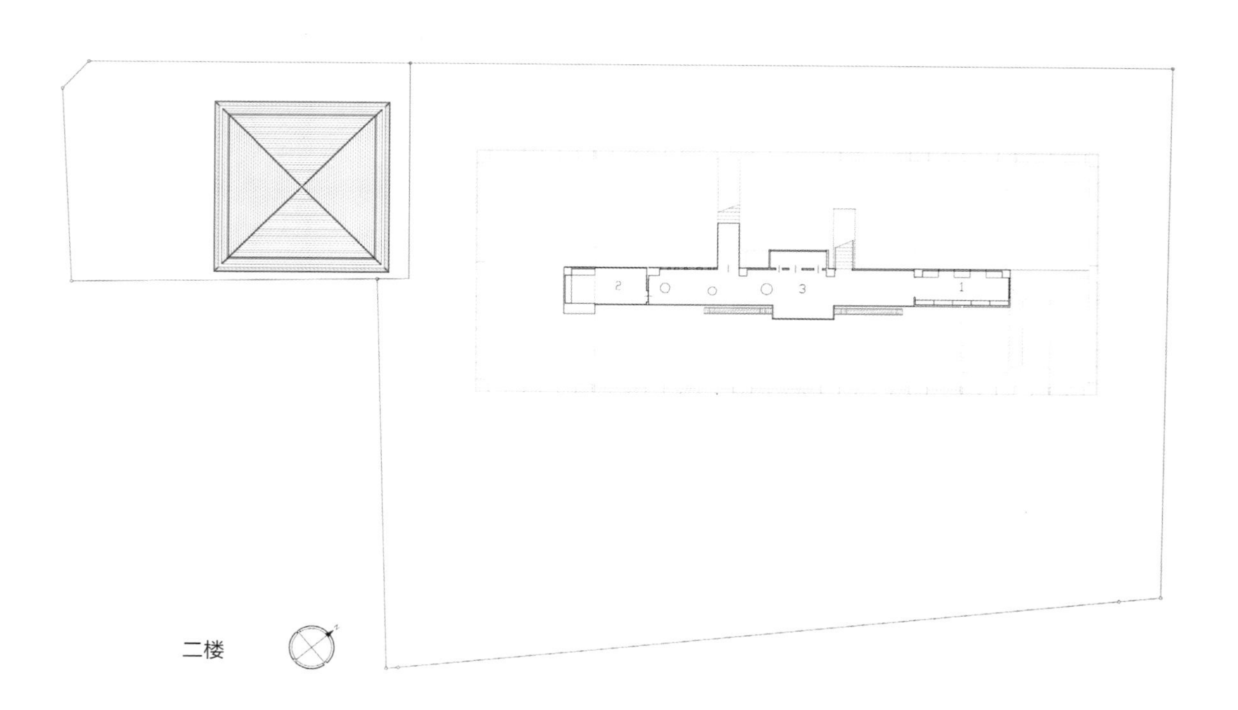

1. 绘本图书馆
2. 更衣室
3. 走廊

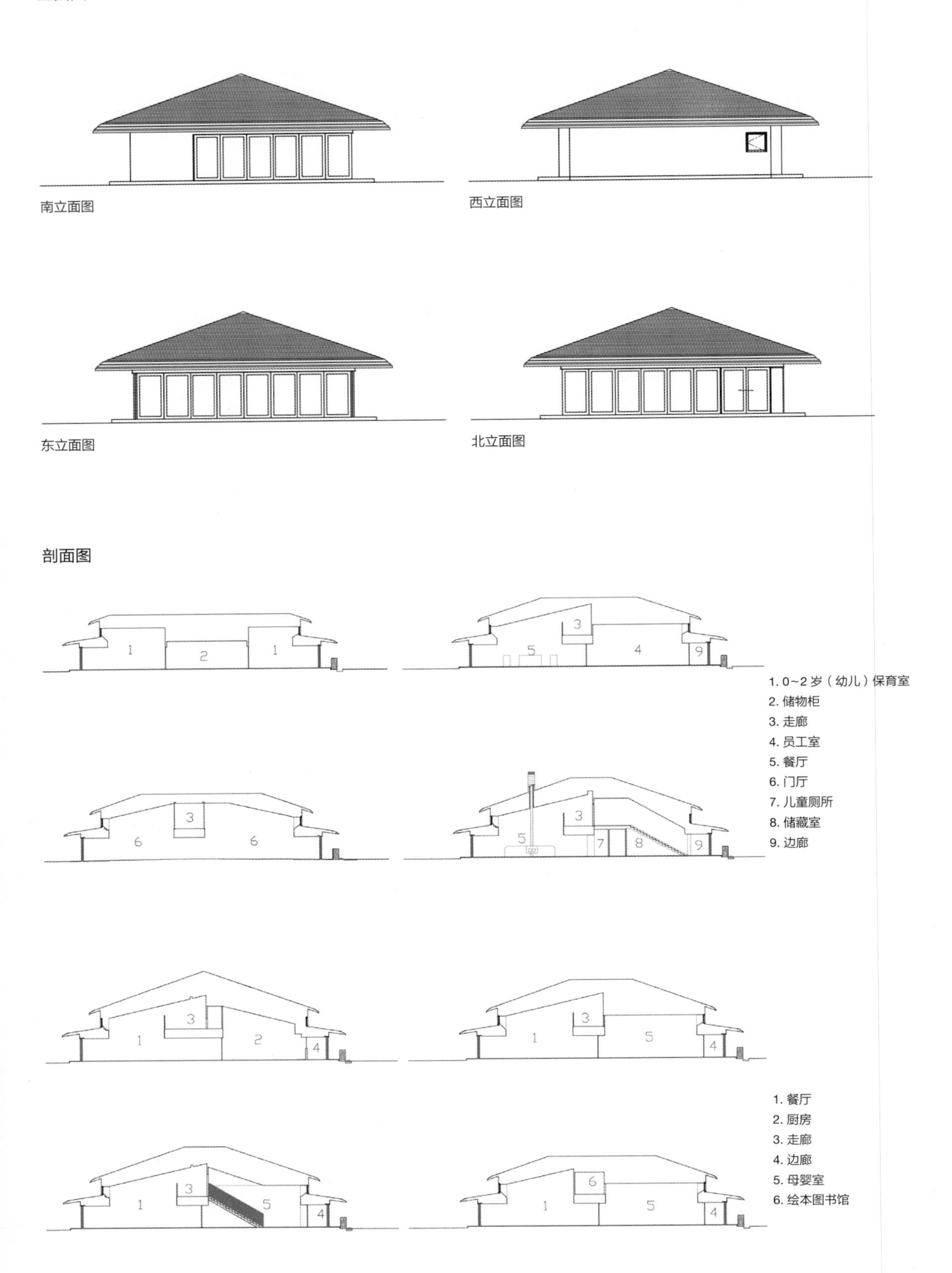
立面图
南立面图
西立面图
东立面图
北立面图
剖面图
1. 0~2 岁（幼儿）保育室
2. 储物柜
3. 走廊
4. 员工室
5. 餐厅
6. 门厅
7. 儿童厕所
8. 储藏室
9. 边廊
1. 餐厅
2. 厨房
3. 走廊
4. 边廊
5. 母婴室
6. 绘本图书馆

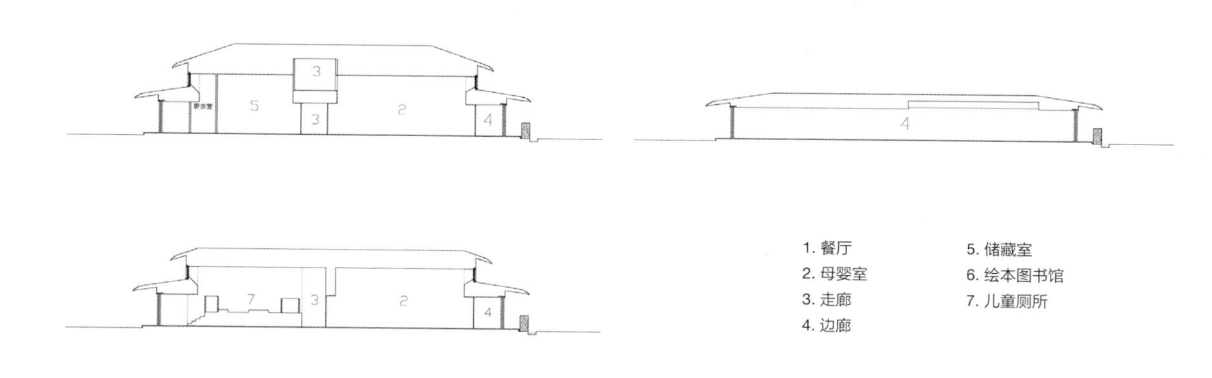
1. 餐厅
2. 母婴室
3. 走廊
4. 边廊
5. 储藏室
6. 绘本图书馆
7. 儿童厕所

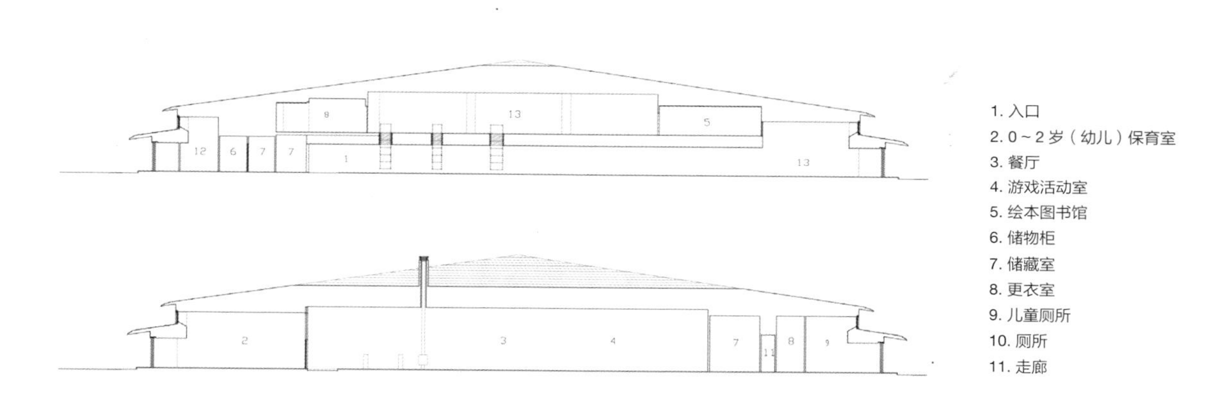
1. 入口
2. 0～2 岁（幼儿）保育室
3. 餐厅
4. 游戏活动室
5. 绘本图书馆
6. 储物柜
7. 储藏室
8. 更衣室
9. 儿童厕所
10. 厕所
11. 走廊

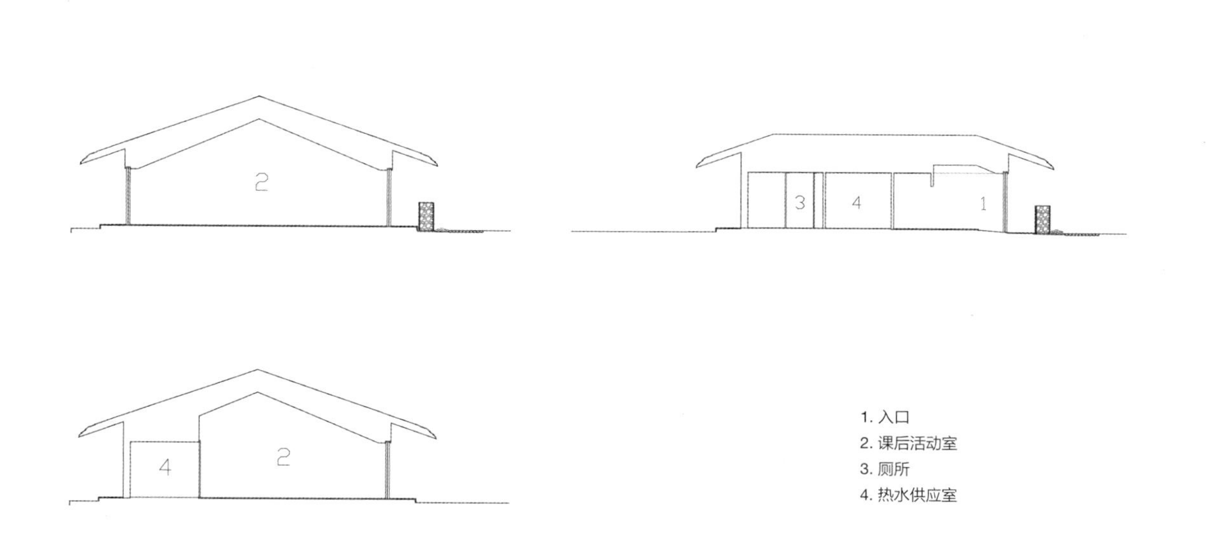
1. 入口
2. 课后活动室
3. 厕所
4. 热水供应室

16 贵阳 WZY 幼儿园

项目概要

占地面积：4085m^2

建筑面积：3150m^2

使用面积：1200m^2

结构规模：钢筋混凝土结构、12 层建筑的三楼

竣工：2019 年 6 月

设计概要：可以体验蒙特梭利教育的幼稚园

这是住宅开发区域内的房屋租赁型幼儿园的室内装修项目。和开发区域整体的氛围相对应，教育理念得到了体现。

新建大楼的三楼的一部分（大约 1200m^2 ）和 600m^2 左右的屋顶露台组成的幼儿园室内装修业务。客户是贵阳蒙特梭利教育的领军公司，活用蒙特梭利教育思想和贵阳当地丰富的自然风俗习惯。孩子们在日常生活中和自然相连接，感受蒙特梭利教育思想，使感官得到刺激，愉快的学习环境得到了充分的提供。

蒙特梭利教育使用丰富而独具特征的教具，这些教具使孩子们的五感得到刺激，为了能够提供让孩子们通过自然学习各种各样事物的环境，设计理念是包含园舍在内的全部环境都能作为教具。能够明白数量概念的外墙，绿色植被丰富变化的庭园，和庭园相连接的餐厅，带有装置的图书角，活用当地建材的构造……建筑物内外的设计都富含了蒙特梭利教育思想，孩子们自己去发现，思考，积累经验。而园舍也因此具备了独特性。

吾之幼·儿童之家
WU ZHI YOU CHILDREN'S HOME

总平面图

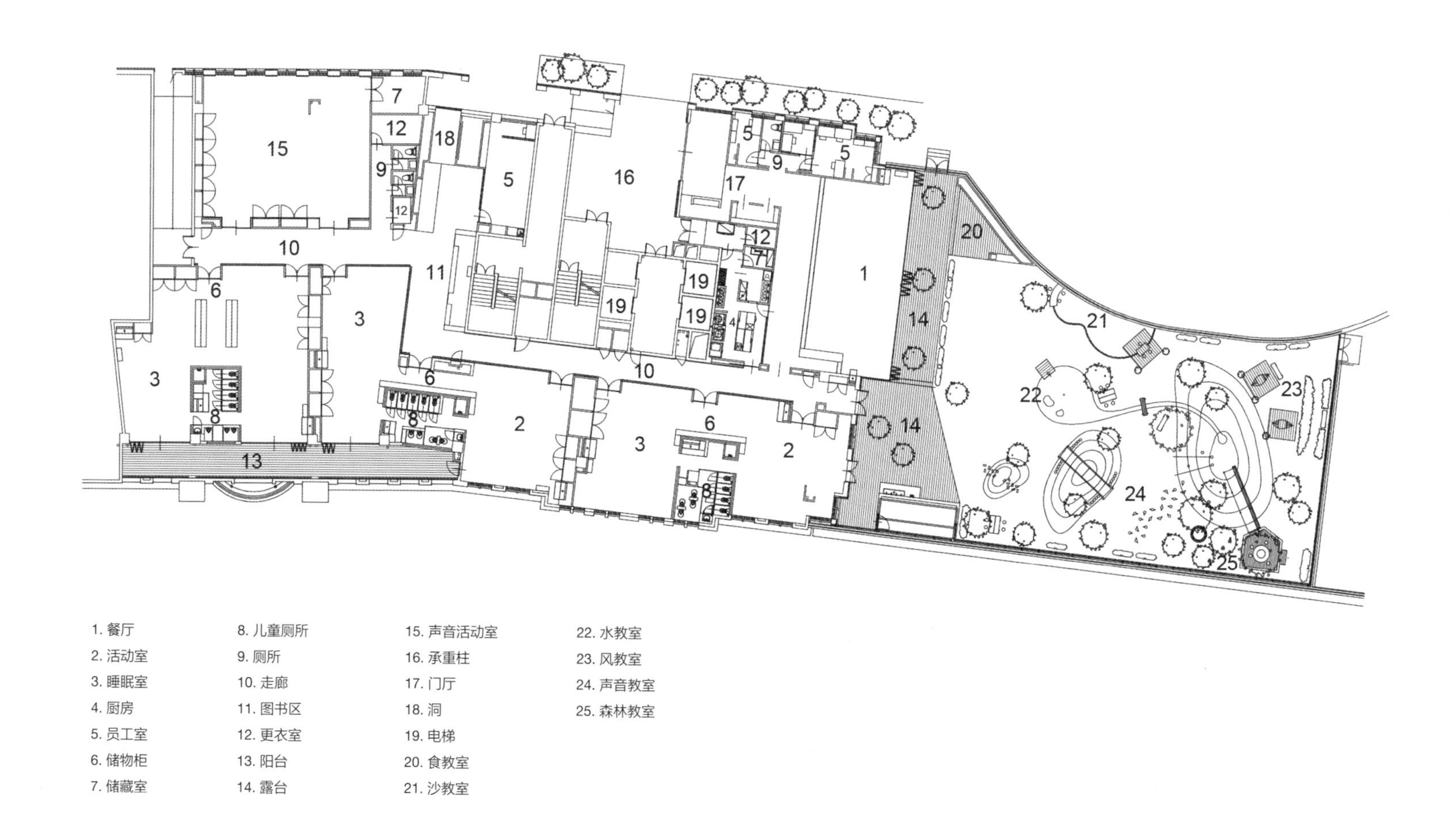

1. 餐厅
2. 活动室
3. 睡眠室
4. 厨房
5. 员工室
6. 储物柜
7. 储藏室
8. 儿童厕所
9. 厕所
10. 走廊
11. 图书区
12. 更衣室
13. 阳台
14. 露台
15. 声音活动室
16. 承重柱
17. 门厅
18. 洞
19. 电梯
20. 食教室
21. 沙教室
22. 水教室
23. 风教室
24. 声音教室
25. 森林教室

附录 1

日本幼儿设施的分类

日本现在的幼儿设施大致分为三种类型。

一、属于文部科学省（相当于中国教育部）管辖范围的教育设施，由学校法人运营的“幼稚园”。

二、属于厚生劳动省（相当于中国劳动和社会保障部、卫生部）管辖范围的福利设施，由社会福利法人运营的“保育园”。

三、由内阁府管辖的幼儿园与保育园的合并设施“认定幼稚园”。

学校法人、社会福利法人共同从行政处获得补助金，成为半公益法人。如果达到稳定运营，就可能避免极端的利益追求。

与这样的半公益法人的运营不同，也存在由股份公司负责运营的高自由度的保育园。但是由于不能接受大半的补助金，比起一般企业需要付出更多的经营上的努力。

一般的幼稚园是面向 3 岁至学龄前的孩童，上学时间为早上 8 点半至下午 2 点。

保育园招收 0 岁至学龄前幼儿，开设时间是早上 7 点半到下午 6 点。

认定幼稚园则结合了两者的时间。

但是，由于最近日本少子化的影响，孩童在幼稚园的托管时间也延长到了下午 6 点左右，甚至有些地方比保育园的时间更晚。地区根据当地的情况，为了满足家庭教育子女的要求，提供更多的服务，相应的改革正在进行。

附录 2

关于 Good Design Award

日本优良设计奖，即业内广受称道的“G Mark”大奖，拥有 45 年历史，是由日工业设计促进协会针对优良设计产品所颁发的奖项，也是亚洲最具权威性的设计大奖。该奖项不仅重视产品造型语言，更强调消费者使用经验与产品便利性的创新与突破，凡是获得“G”（Good Design）标志的产品，即代表设计和质量的双重保证。

关于 KIDS Design Award

儿童设计奖（日本）是一个由日本儿童设计协会做出评选，以所有产品、空间和服务为对象的表彰制度。设置这个奖项的目的是选出符合儿童设计三大使命的优秀作品，向广大社会更好地传达。除了孩子使用的产品，其他关心孩子和育儿的东西也有获奖可能。从日用品到住宅、城市建设、研讨会、调查研究等，这些广泛领域都是获奖对象。自 2007 年开始，儿童设计奖已走过了超过 10 年。

在儿童设计领域，因为对象的特殊性，所以设计上有特别要求，儿童设计协会总结了三大使命：

一、对儿童的安全及安心作贡献的设计。考虑到儿童的身体特性和行动特性，以及可能给儿童带来的不测影响；在技术和素材方面，实用性出色的设计。

二、拓展儿童创造性和未来的设计。唤起儿童的创造力；优化装置、适应儿童的身心发育；致力于提高儿童交流能力与表现能力的设计。

三、有助于儿童成长的设计确保儿童安全；减轻大人身体与精神的负担；使育儿安心愉快进行的设计。